材料科学与工程基础实验简明教程

吴秋洁　李建亮　刘　瑛
黄洁雯　王秀娟　樊新民　著

东南大学出版社
SOUTHEAST UNIVERSITY PRESS
·南京·

内容提要

本书契合工程教育理念和新工科背景的本科生专业培养方案更新，按照"回归传统、夯实基础、聚焦能力"的原则，将多门课程的课内实验项目与实验课程打通，融合重构。内容包括金相显微分析与晶体学基础、材料力学性能、材料物理性能、材料热处理、材料热分析、材料表面工程、材料制备加工和材料综合研究等8个部分，重组基础实验和综合研究性实验，并增加材料实验安全基础、实验设计与数据处理等应知应会部分内容。旨在建立完善的材料专业从基础到专业的实验素养和技能的培养体系，培养学生动手能力和分析问题、解决问题的能力，加强对学生创新能力和材料研究四要素的思维培养。

本书可作为高校材料类专业本科生基础实验教材，也可供实验教师授课时参考。

图书在版编目（CIP）数据

材料科学与工程基础实验简明教程 / 吴秋洁等著. 南京 : 东南大学出版社, 2025.1. -- ISBN 978-7-5766-1845-7

Ⅰ. TB3-33

中国国家版本馆CIP数据核字第20247T5D43号

责任编辑:张　煦　　**责任校对**:韩小亮　　**封面设计**:余武莉　　**责任印刷**:周荣虎

材料科学与工程基础实验简明教程

CAILIAO KEXUE YU GONGCHENG JICHU SHIYAN JIANMING JIAOCHENG

著　　者:吴秋洁　李建亮　刘　瑛　黄洁雯　王秀娟　樊新民
出版发行:东南大学出版社
出 版 人:白云飞
社　　址:南京四牌楼2号　　**邮　　编**:210096　　**电　　话**:025-83794844
网　　址:http://www.seupress.com
电子邮件:press@seupress.com
经　　销:全国各地新华书店
印　　刷:江苏凤凰数码印务有限公司
开　　本:787 mm×1092 mm　1/16
印　　张:14.5
字　　数:353千
版　　次:2025年1月第1版
印　　次:2025年1月第1次印刷
书　　号:ISBN 978-7-5766-1845-7
定　　价:58.00元

本社图书若有印装质量问题，请直接与营销中心调换。电话(传真):025-83791830

前　言

在工程教育理念和新工科背景下，本教材契合材料类本科生专业培养方案的更新，按照“回归传统、夯实基础、聚焦能力”的修订原则，将原有课程体系下的多门课程的实验项目与实验课程打通，融合重构。内容涵盖了《材料科学基础》《材料物理性能》《材料力学性能》《金属材料》等多门专业基础理论课程的实验项目，与原有《材料科学基础实验》课程进行有机结合，依照培养目标的更新和未来新材料领域发展趋势，重组基础实验和综合研究性实验。同时，在实验项目内容中，增加相应的材料实验安全基础、实验设计与数据处理等基础性实验前应知应会部分。旨在建立完善的材料专业从基础到专业的实验素养和技能的培养体系，培养学生动手能力和分析问题、解决问题的能力，加强对学生创新能力和材料研究四要素的思维培养。

本书所列实验总计 40 个项目，均是南京理工大学材料科学与工程实验教学中心多年教学过程中累积的教学项目。最早由材料科学与工程系组织包括吴锵、张新平、樊新民、孔见、朱和国、黄洁雯、王秀娟等老师，参与实验指导书的编写。经过多年实践与屡次修订后，依据材料科学与工程实验教学中心现有仪器与设备，融合多门基础课程的实验项目，对实验教学体系进行重构，结合材料学院专业培养方案的更新规划，不局限于材料具体研究方向，重点完善基础实验一综合实验递增式体系，培养学生材料研究四要素的研究思维。

本书由吴秋洁主编，李建亮任副主编。具体编写人员及分工：吴秋洁(实验 4～实验 11、实验 18～实验 21、实验 25～实验 29、实验 35～实验 38)、刘瑛(实验 1～实验 3)、王秀娟(实验 12～实验 14、实验 17)、黄洁雯(实验 15～实验 16、实验 22～实验 24)、李建亮(实验 30～实验 34、实验 39～实验 40)。由吴秋洁统稿，李建亮、樊新民审阅。

本书编写过程中得到南京理工大学材料科学与工程学院的鼎力支持，也得到东南大学出版社专业编辑的大力帮助，在此一并表示感谢。

由于编者水平有限，书中难免由不妥之处，欢迎广大读者批评指正。

编　者

2024 年 11 月

前　言

目 录

第一部分　金相显微分析与晶体学基础实验

实验 1　光学显微镜的成像原理、构造与使用

一、实验目的

1. 了解金相显微镜的基本原理与构造。
2. 掌握金相显微镜各部件的名称与用途。
3. 掌握金相显微镜的正确使用。

二、实验原理

1. 光学金相显微镜的基本原理

光学金相显微镜是观察分析材料微观组织的最常用、最重要的工具之一，它在可见光范围内对材料组织进行光学研究、定性描述和定量描述，可以在 0.2～500 μm 的尺度范围内显示材料的微观组织特征。

光学显微镜是利用光线的反射原理，将不透明的物体两次放大后进行观察的。图 1－1 为金相显微镜成像的光学原理示意图。图 1－1 中 AB 为被观察物体，对着被观察的物体的透镜 O_1 为物镜；对着人眼的透镜 O_2 叫目镜（二次放大）。物镜使物体 AB 经一次放大后形成放大倒立的实像 A′B′，目镜再将 A′B′二次放大后成仍然倒立的虚像 A″B″。正常人眼看物体时，最佳的距离大约在 250 mm 左右，在这一距离内，人眼可以很好地区分物体细微部分而不易疲劳，这个距离成为明视距离。虚像 A″B″的位置正好在人眼的明视距离处，因此处在显微镜中人眼所观察到的就是这个虚像。

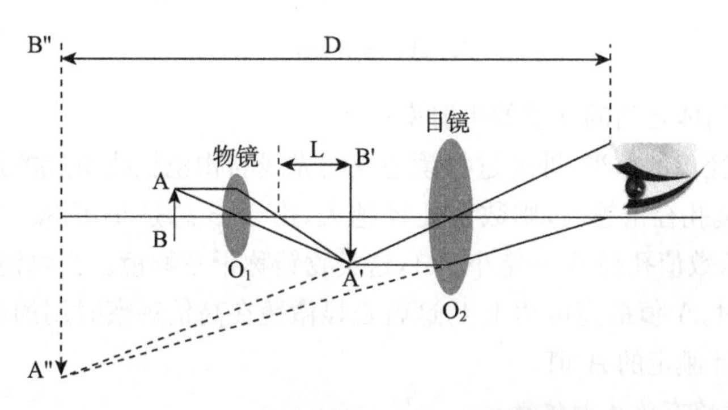

图 1－1　金相显微镜的成像原理示意图

为了获得清晰而明亮的理想图像，这就需要显微镜的各项光学技术参数达到一定的标准。根据GB/T 30067—2013《金相学术语》，显微镜的光学技术参数主要包括：放大倍数、分辨率、景深等，这些参数之间相互联系又相互制约。在使用时，应在保证鉴别率的基础上，合理协调各参数之间的关系。

1.1 显微镜的放大倍数

显微镜的放大倍数(Magnification)指的是被放大物体经两次放大后，人眼观察到的最终图像的大小与原物体大小的比值。显微镜的放大倍数由下式确定：

$$M = M_{物} \times M_{目} = \frac{L}{f_{物}} \times \frac{D}{f_{目}} \tag{1-1}$$

式中：M—显微镜总放大倍数；

$M_{物}$—物镜放大倍数；

$M_{目}$—目镜放大倍数；

$f_{物}$—物镜焦距；

$f_{目}$—目镜焦距；

L—显微镜光学镜筒长度；

D—明视距离。

由上式可知：$f_{物}$，$f_{目}$越短或者 L 越长，则显微镜的放大倍数越大。

1.2 物镜的分辨率

物镜的分辨率(Resolution)是指物镜能清晰分辨试样两点间最小距离的能力。物镜鉴别率的数学公式为：

$$d = \frac{\lambda}{2N.A.} \tag{1-2}$$

式中：d—物镜的鉴别率

λ—入射光源的波长

$N.A.$—物镜数值的孔径，它表示物镜的聚光能力。

由公式可知，波长 λ 越短，数值孔径 $N.A.$ 越大，则鉴别能力越高(d 越小)，在显微镜中就能看到更加细微的部分。数值孔径 $N.A.$ 可由下列公式求出：

$$N.A. = n\sin\varphi \tag{1-3}$$

式中：n—物镜和物体之间的介质的折射率；

φ—物镜孔径角的一半，即通过物镜边缘的光线与物镜轴线所成的角度。

n 越大或物镜孔径角越大，则数值孔径越大，由于 φ 总是小于 90°，所以在空气介质($n=1$)中使用时，数值孔径 A 一定小于 1，这类物镜称干系物镜。当物镜上面滴有松柏油介质($n=1.52$)时，A 值最高可达 1.4，这就是显微镜在高倍观察时用的油浸系物镜，每个物镜都有一个设计额定的 A 值。

1.3 显微镜的有效放大倍数

由 $M=M_{目} \cdot M_{物}$ 知，显微镜的同一放大倍数可由不同倍数的物镜和目镜来组合。如

45倍的物镜乘以10倍的目镜或者15倍的物镜乘以30倍的目镜都是450倍。对于同一放大倍数，如何合理选用物镜和目镜呢？应先选物镜，一般原则是使显微镜的放大倍数在该物镜数值孔径的500～1 000倍，即

$$M = 500A \sim 1\,000A \tag{1-4}$$

这个范围称为显微镜的有效放大倍数范围，若 $M < 500A$ ，则未能充分发挥物镜的鉴别率，若 $M > 1\,000A$ ，则形成"虚伪放大"，组织的细微部分将分辨不清。待物镜选定后，再根据所需的放大倍数选用目镜。常用国产金相显微镜的物镜放大倍数(常用数字加×表示)有：5×，10×，20×，50×等。

1.4　景深

即垂直鉴别率，反映了显微镜对于高低不同的物体能清晰成像的能力。

$$\text{景深} = \frac{1}{7M\sin R} + \frac{\lambda}{2n\sin R} \tag{1-5}$$

式中：M—放大倍数；

R—半孔径角；

λ—波长；

n—介质折射率；

由式可知 n、R、M 越大，景深越小。

1.5　透镜的几何缺陷

单色光通过透镜后，由于透镜表面呈球形，光线不能交于一点，则使放大后的像模糊不清，此现象称球面像差(Spherical Aberration)。

而多色光通过透镜后，由于折射率不同，使光线不能交于一点也会造成模糊图像，此现象称色像差(Chromatic Aberration)。

减小球面像差的办法：可通过制造物镜时采用不同透镜组合进行校正；调整孔径光栏部件，适当控制入射光束等办法降低球面像差。

减小色像差的办法：可通过物镜进行校正或采用滤色片获得单色光的办法降低色像差。

2. 显微镜的构造

金相显微镜通常由光学系统、照明系统、机械系统和摄影系统四大部分组成，目前大多光学显微镜系统均加配摄影系统，主要由CCD数码摄影及计算机图像处理系统构成，可进行金相组织图片的拍照、处理与分析等。金相显微镜按照光路和被观察的试样的抛光面的取向不同有正置式和倒置式两种基本类型。图1-2为正置和倒置类型的金相显微镜的基本构造及光学行程。

2.1　光学系统

虽然显微镜的型号很多，但基本构造大致相同，现以XJP-3A型金相显微镜为例介绍显微镜的构造，实物图和光学系统如图1-3所示。

以XJP-3A型显微镜为例，其光学系统如图1-3(b)所示。光路是由灯泡1发出的光线经聚光透镜组2及反光镜8聚集到孔径光栏9，再经过聚光镜3聚集到物镜的后焦面，

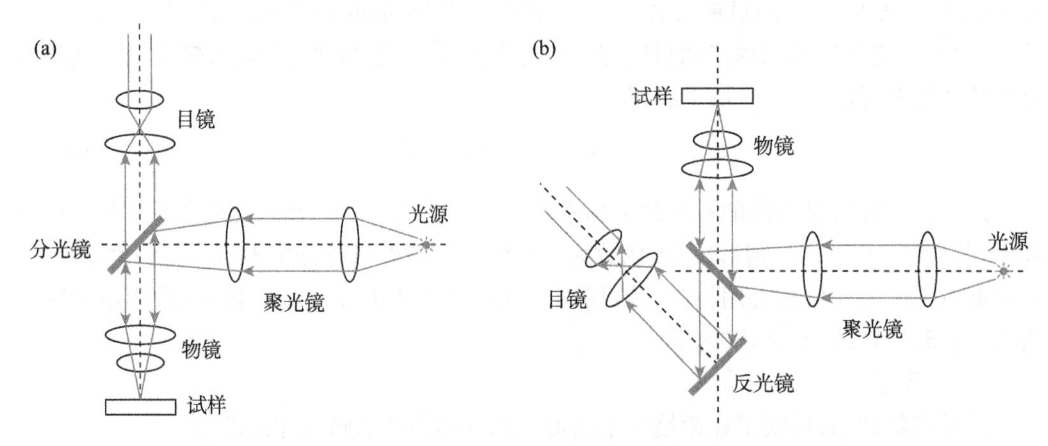

图 1-2　正置(a)和倒置(b)金相显微镜的基本构造及光学行程

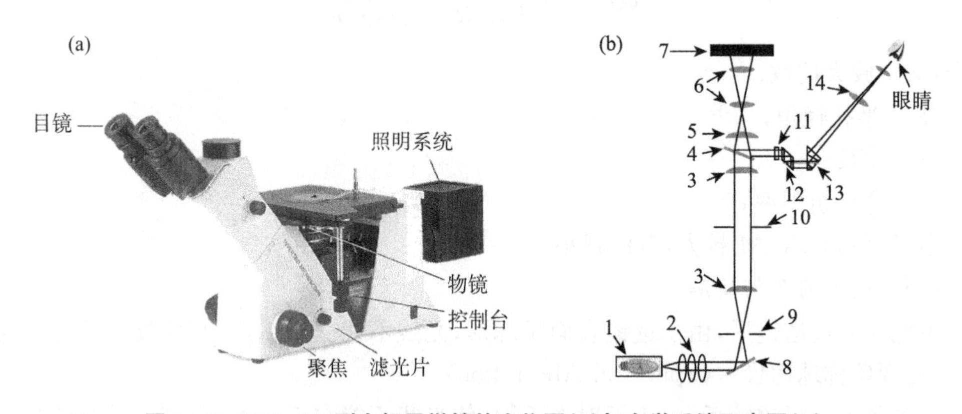

图 1-3　XJP-3A 型金相显微镜的实物图(a)与光学系统示意图(b)

1—灯泡;2—聚光透镜组;3—聚光镜;4—半反射镜;5—辅助透镜;
6—物镜组;7—试样;8—反光镜;9—孔径光阑;10—视场光阑;
11—辅助透镜;12、13—棱镜;14—目镜

最后通过物镜平行照射到试样 7 的表面上,从试样反射回来的光线又经过物镜组 6 和辅助透镜 5,由半反射镜 4 转向,经过辅助透镜 11 以及棱镜 12、13 形成一个被观察物体倒立的放大实像,该像再经过目镜 14 的放大,就成为在目镜视场中能看到的放大影像。

其中的光学部件主要包括物镜、目镜、聚光镜及照明装置几个部分。在物镜上通常刻有不同的标记,表示物镜类型、放大倍数、数值孔径、镜筒长度、浸蚀记号、盖玻璃片等信息。图 1-4(a)为显微镜的物镜及标识,其中 M 代表金相显微镜,以区分生物显微镜;Plan 表示平面场镜,物镜上的标识环的颜色是来区分放大倍数,5×红色、10×黄色、20×绿色、40/50×蓝色、100×白色,B 表示明场物镜、BD 表示明暗场物镜、BDP 表示明暗场与偏光、U 表示万能物镜、PH 表示相差或霍夫曼物镜、LCD 表示红/紫外物镜并带光阑调整物镜带校正物镜、DIC 表示微差干涉衬度物镜、WD 表示工作距离、PL 表示半复消色差。有些显微镜物镜中标有 LMPlan,L 表示长工作距离。图 1-4(b)为目镜的外形与标识,通常有目镜类型、放大倍数和视场大小。例如 WF10×/20 目镜如图 1-4(b)所示,WF 表示广视场目镜,放大倍率为 10×,视野大小为 20 mm,眼镜的标识为高眼点目镜。

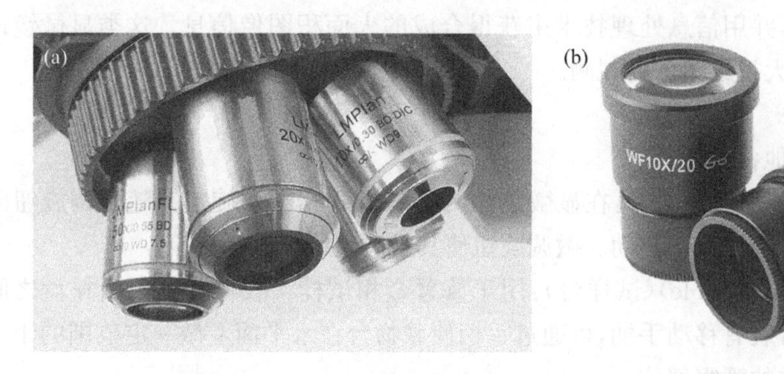

图 1－4　金相显微镜的物镜(a)与目镜(b)的外形与标识

2.2　照明系统

显微镜的照明系统由光源、聚光镜、孔径光阑、视场光阑等装置组成。一个常被忽视的方面是光源的使用，显微镜的常用光源主要有白光光源、高压汞灯、氙灯、金属卤素灯、LED 以及激光光源，如图 1－5 所示。按光源可将金相显微镜分为普通光、荧光以及激光扫描显微镜等。

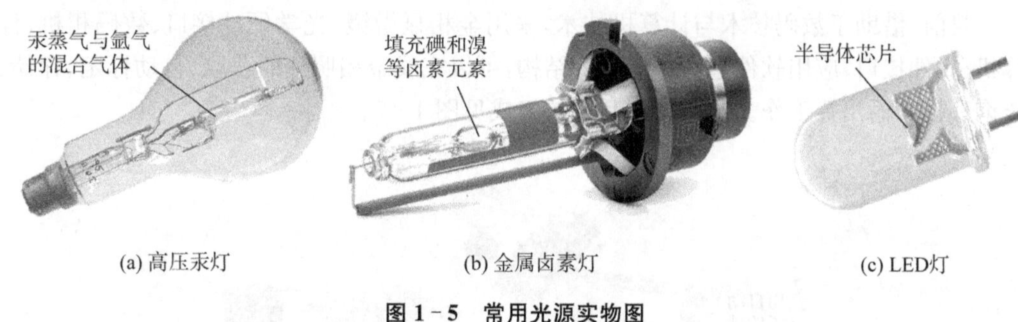

图 1－5　常用光源实物图

荧光显微镜指的是用一定波长的光激发荧光来进行观察的显微镜。某些标本在普通光下看不到结构细节，但经过染色处理后，使用一定波长的光进行照射可产生荧光效应，发射可见光，从而形成可见的图像，如图 1－6(a)所示。荧光显微镜在生物学、细胞学、免疫学等研究工作中也有广泛的应用。

激光共聚焦显微镜利用共聚焦系统可以有效地排除焦点以外的光信号的干扰，并且依靠缩小视场来保证物镜达到最高的分辨率，使无损伤的光学切片成为可能，达到了三维空间的定位，如图 1－6(b)所示。同时，它用光学或机械扫描的方法使成像光束在较大视

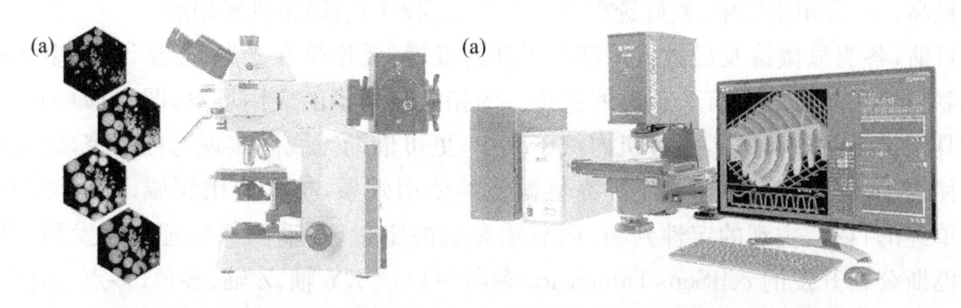

图 1－6　CX40 荧光显微镜(a)和 NS3500 激光共聚焦显微镜(b)的实物图

场范围内进行扫描,并用信息处理技术来获得合成的大面积图像信息。这类显微镜适用于需要高分辨率的大视场图像的观测。

2.3 机械系统

机械系统及其他各部件:

调焦装置(Focusing Device):在显微镜体两侧有粗调和微调旋钮。随粗调旋钮的传动,支撑载物台的弯臂作上下移动。微调旋钮使其沿滑轨缓慢移动。

载物台(Objective Table)(试样台):用于放置金相试样。载物台和下面托盘之间有导轨,同时载物台常装有移动手柄,可通过手柄使载物台在水平面上做一定范围的十字定向移动,以改变试样的观察部位。

孔径光阑(Aperture Stop):它是用于控制入射光束的粗细,以保证物像达到清晰的程度。

视场光阑(Field Diaphragm):它的作用是控制视场范围,使目镜中视场明亮而无阴影。在刻有直纹的套圈上还有两个调节螺钉,用来调整光栏中心。

2.4 摄影系统

摄影系统及其他各部件:

目前,借助于数码技术与计算机技术,采用金相显微镜、光学硬件接口、数码相机、计算机、软件接口、应用软件包和打印机的结构,可以完成金相照片的获取、自动标定、存储、查询和打印输出等工作。数码摄影系统的组成见图 1-7。

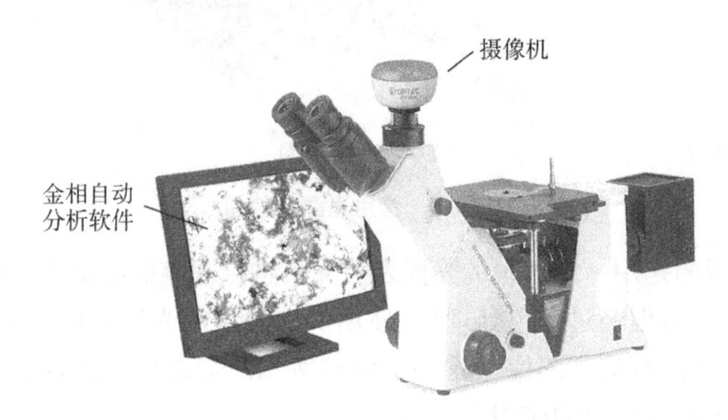

图 1-7 系统配置图

图 1-7 的系统中,最重要的技术参数是摄像机的像素指标,指的是组成图像的元素数。摄像机的像素高低决定了所采集的图像的质量,摄像头的像素数越高,金相照片的鉴别率越高。在金相摄影中,最好选择 500 万以上像素的数码相机来拍照。

目前,各类显微镜及显微技术都有了新的发展,无论是在光源、光路设计、多用途附件的联机使用等方面都有了长足的进步。为拓展显微镜的应用场景,图 1-7(a)所示显微镜具便携性,机身精巧,摄像机内藏于其中,更可借助无线网实现远程操控,极大地提升了使用的便捷性。此外,为了提高显微镜的使用效果,扩大应用领域,使传统的显微镜从单纯的目视、主观的定性判断,向显示客观的定量、自动图像处理方面发展。例如奥林巴斯公司开发的 cellSens Dimension 软件可以从 XY 轴、Z 轴、多色、多点、时间序列五个维度自动采集图像,并且可以采用深度学习技术(TruAI),根据展示或分析需要,灵活处理图片。同时,结合会议模式(Conference Mode),可以轻松共享实验图片,使用内置的报告模板,拖放图文即可生成专业的报告。因此,显微镜的发展是不可估量的。

3. 金相显微镜的观察方法

目前,光学显微镜有明场、暗场、正交偏光、锥光偏光、相衬、微差干涉相衬、干涉和荧光等观察方法,其中锥光偏光主要用于观察岩矿等晶体学样品,荧光主要用于生物样品和有机样品。在金相学中,主要使用的功能有明场、暗场、正交偏光和微差干涉相衬。

3.1 明场(Bright Field)与暗场(Dark Field)

明场照明和暗场照明是金相显微镜主要的照明方式和观察方法。在图 1-8(a)所示的明场照明模式下,光通过反射镜反射到物镜的中心;在暗场照明模式下,光源光线通过光阑后,在镜子的反射下沿物镜的边缘向下照射,见图 1-8(b)。

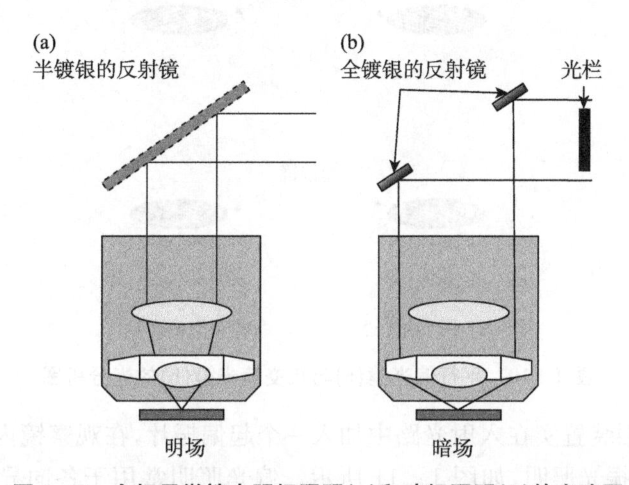

图 1-8 金相显微镜中明场照明(a)和暗场照明(b)的光路图

在样品处,这两种观察方法的主要区别在于照明光束入射的角度。通常,在明场照明下,光线垂直地(或接近垂直地)照射向试样表面,而暗场照明以很大的倾斜角投射到样品上。如果试样是一个抛光的表面,在明场照明中,锐角光几乎全部进入物镜成像,在目镜中可看到明亮的一片,见图 1-9(a);而在暗场照明中,试样上反射的光线仍以极大倾斜角向反方向反射,通常不会反射到物镜中,在视场内一片漆黑,只有试样凹洼之处才能有光线反射进入物镜,如图 1-9(b)所示。

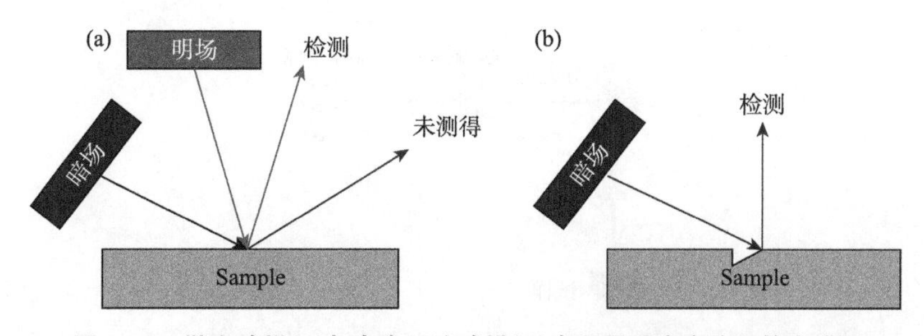

图 1-9 抛光试样(a)与存在凹洼试样(b)在不同观察方法下的光路图

暗场照明常用来观察组织固有的色彩,特别是用于鉴别非金属夹杂物,提高组织衬度,观察非常小的粒子等方面。

3.2　正交偏光(Crossed Polarized Light)

光是电磁波,属于横波(振动方向与传播方向垂直),并且光的振动在各个方向是均衡的。偏光照明是在光线投射到样品之前产生平面偏振光的照明方式。偏振光可利用偏光镜获得,在偏光显微镜中,产生偏振光的偏振镜叫起偏镜,另外在起偏镜的后面还有一个检偏镜,如图 1-10 所示。当起偏镜与检偏镜之间取向相差 90°时,只有偏振光与样品相互作用时改变了偏振方向的光才能到达相机,因此,某些晶体和小颗粒的对比度增强,如图 1-10(b)所示,这种照明称为正交偏光。

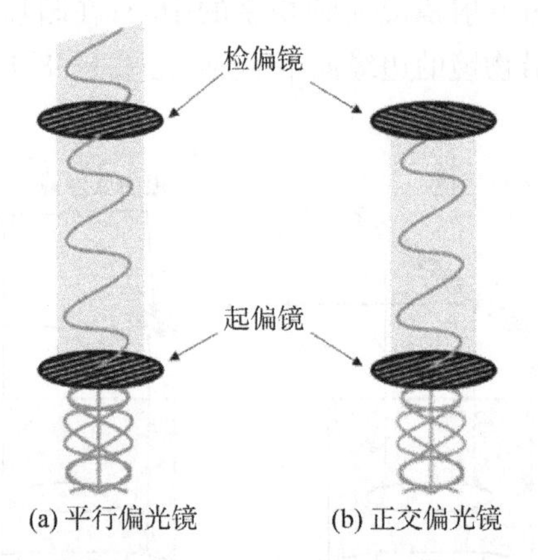

图 1-10　平行偏光镜(a)与正交偏光镜(b)的光分析图

显微镜的偏振装置实在入射光路中加入一个起偏振片,在观察镜内加入一个检偏振片,就可以实现偏振光照明,如图 1-11 所示。偏光照明常用于各向异性材料组织的显示、多相合金的相分析、塑性变形、择优取向及晶粒位向的测定和非金属夹杂物的鉴别等领域。

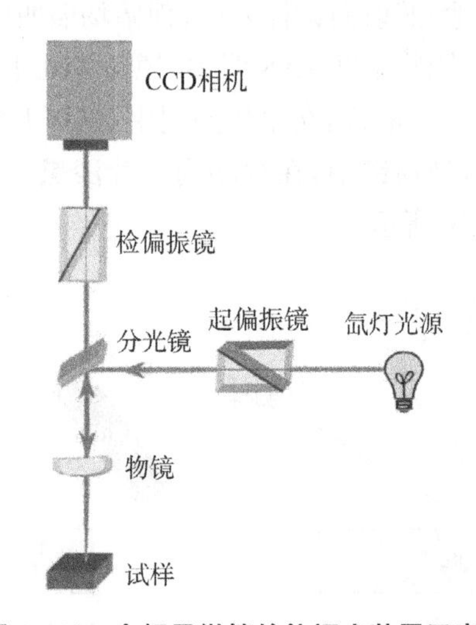

图 1-11　金相显微镜的偏振光装置示意图

例如,球磨铸铁的组织中的石墨属于六方点阵,是各向异性的物质,在同一石墨球中具有许多不同的石墨晶粒，这些石墨晶粒在偏振光下可显示出不同的亮度，从而分辨出石墨晶粒的位相、形状和大小，如图 1-12(a)所示。而在普通光照射下，只能看到黑暗的石墨球，不能分辨石墨的晶粒，如图 1-12(b)所示。

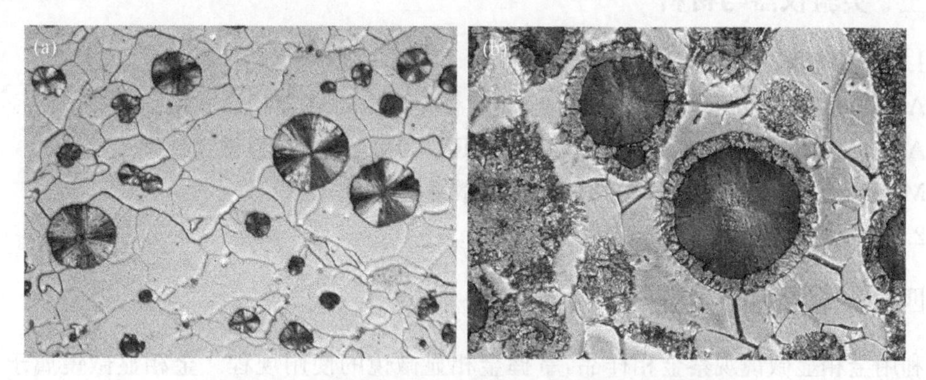

图 1-12　偏振光(a)和普通光(b)照明下的石墨球

3.3　微差干涉相衬(Differential Interference Contrast，DIC)

微差干涉相衬又称偏光干涉衬度，其利用偏光干涉原理，将偏振光源分成两路振动方向相互垂直的偏振光，这两路偏振光在样品平面上发生空间位移(剪切)，并在观察前重聚，复合时两路偏振光的干涉对它们的光程差很敏感，因此 DIC 的衬度与偏振光沿剪切方向的空间位移成正比。DIC 呈现出样品的三维物理起伏，强调线条和边缘，但不提供精确的图像。

DIC 光路图如图 1-13 所示，光源发出一束光线射入起偏镜，形成一线偏振光，射入涅拉斯顿棱镜后产生两束光：寻常光(O 光)和非常光(e 光)。这两束光再通过物镜射向试样，与试样相互作用后，两路偏振光再经涅拉斯顿棱镜合成一束光，在检偏镜上 O 光与 e 光重合产生相干光束，在目镜焦平面上形成干涉图像。

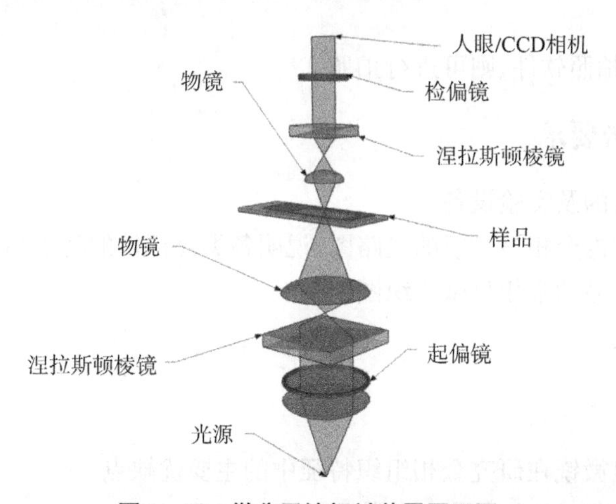

图 1-13　微分干涉相衬装置原理图

微差干涉相衬在金相分析中主要用于显示一般明场下观察不到的某些组织细节，如相变浮凸、铸造合金的枝晶偏析、表面变形组织等。利用不同相能呈现不同颜色的特点，可用作相鉴别的依据，特别适应分析复杂合金的组织。此外，DIC装置在晶体生长、矿物鉴定等方面也有广泛的用途，在高温显微技术中是一个非常有用的工具。

三、实验仪器与材料

1. 实验仪器：金相显微镜：
AE2000MET金相显微镜；GX41金相显微镜；BX60M金相显微镜；
AXIOVERT A1金相显微镜；AXIOVERT 40MAT金相显微镜；
MR5000金相显微镜；XJP-3A金相显微镜。
2. 实验材料：金相试样20钢。

四、实验内容与步骤

利用金相显微镜观察金相样品，掌握金相显微镜的使用规程。金相显微镜属于贵重精密光学仪器，使用时要细心谨慎。使用前应先了解显微镜的基本原理、构造及各主要部件的位置和作用，然后再按照使用规程和应注意事项进行操作。

光学金相显微镜的使用规程：

（1）调整载物台，将其对准物镜中心孔。

（2）接通电源。检查好各线路是否完好无损后，接通电源，按下开关键。

（3）根据放大倍数选用所需物镜和目镜，一般遵循先低倍观察，确定观察对象大致形貌，再进行高倍放大、细节观察。

（4）将试样放在载物台中心孔位置。

（5）调整视场光阑，确认待观察视场无遮挡、光线不均匀情况。

（6）用双手旋转**粗调**旋钮，将载物台降下，使样品靠近物镜，但不接触。然后边观察目镜边用双手旋转粗调旋钮，使载物台慢慢上升，待看到组织时，再旋转**微调**旋钮，直至图像清晰为止。

（7）如有金相拍照软件，则可进行拍照。

五、实验报告要求

1. 写出实验目的及实验设备。
2. 简述实验室内金相显微镜的光路图，说明各类元部件的特点与作用。
3. 绘制观察样品的金相显微组织图。
4. 完成思考题。

六、思考题

1. 光学金相显微镜在研究金相组织特征中的主要优缺点。
2. 现代光学金相显微镜的发展趋势。

七、实验注意事项

使用金相显微镜进行固体样品的显微组织分析时，要参考JY/T 0585—2020《金相显微镜分析方法通则》，进行实验时的注意事项：

1. 常规显微镜的灯泡常用钨丝灯，长期打开易累积热量而烧坏光源或熔化塑料护罩部分，故使用完毕需及时关闭。部分新型先进金相显微镜，如 AXIOVERT 40MAT 金相显微镜等为冷光源，但实验使用完毕也需及时关闭。

2. 在旋转聚焦旋钮时，动作要慢，碰到阻碍时立即停止操作，并报告指导教师进行处理。

3. 光学系统等重要部件不得自行拆卸。

4. 显微镜各种光学镜头严禁用手指触摸或用手帕等擦拭，擦拭镜头需用镜头纸。

5. 使用时如出现故障，应及时报告指导教师进行处理。

6. 使用完毕，关闭电源，将显微镜载物台恢复到非工作状态，使物镜与载物台保持一定距离，调整光源亮度至最暗，盖上防尘罩。经指导老师检查无误后，方可离开实验室。

7. 接触显微镜时，双手应清洗干净，不得沾有水、研磨膏、粉尘等，样品也不得残留有硝酸酒精等化学药品。

8. 金相显微镜应安装在阴凉、干净、无灰尘、无蒸汽、无酸、无碱、无振动的室内。如发现光学部分发霉，应立即进行清洁。

八、参考文献

[1] 陈宗简，李良德，阮志成. 金相显微镜[M]. 北京：机械工业出版社，1982.

[2] 陈洪玉，胡海亭，张鹤. 金相显微分析[M]. 哈尔滨：哈尔滨工业大学出版社，2013.

实验 2　金相显微试样的制备

一、实验目的

1. 掌握金相样品的制备过程与基本方法。
2. 掌握手工磨制、机械磨制等方法。
3. 掌握典型的机械抛光与化学浸蚀金相制样的规范流程。

二、实验原理

制备金相样品的目的，主要是为使用金相显微镜观察分析金相组织所用，要求观察面平整，能同时准确反应晶界、晶粒与第二相等宏观组织特征。金相样品的制备过程主要包括取样及蚀刻，蚀刻好的样品可进行下一步组织观察。取样操作至关重要，如果取样部位不具备典型性和代表性，那么组织分析将得不到正确的结论，而且很可能会造成错误的判断，浪费人力、物力。实际金相试样截取的方向、部位及数量应根据金属制造的方法、检验的目的、技术条件等选择有代表性的部位进行切取。

1. 取样

试样的选取应根据被检验材料或零件的特点，取其有代表性的部位。例如研究零件的失效原因时，应在失效部位与完好部位分别取样，以对比分析其组织变化。对于铸造态合金，考虑到其组织的不均匀性，应从表层到中心各个部位进行取样。对一般热处理后的零件，由于其组织均匀，可任意取样。对于轧制态合金，研究表层缺陷和夹杂物的分布时应取横截面(F)。研究夹杂物类型、形状、变形程度、带状组织时应取纵截面(D、E、G、H)，如图 2-1 所示。

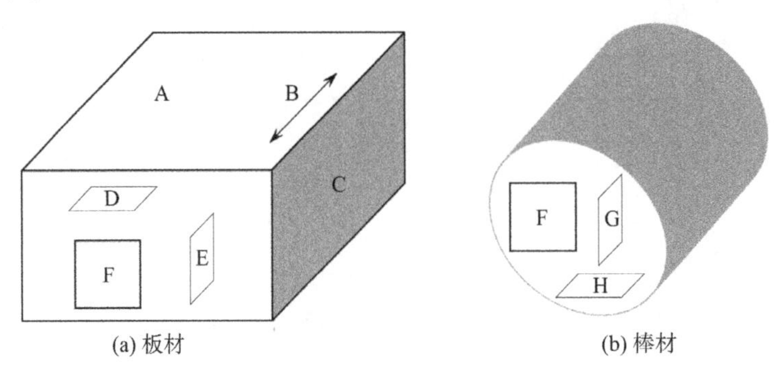

图 2-1　金相取样的示意图

A—锻轧制表面；B—轧制方向；C—轧制侧边；D—平行于轧制表面的纵截面；
E—垂直于轧制表面的纵截面；F—横截面；G—径向纵截面；H—切向纵截面

同时，取样时应保证试样观察面不发生组织变化，软材料取样可用锯、刨、车等方法，硬材料取样可用砂轮切片机、金刚石切割机等方法，脆性材料可用锤击等方法。试样尺寸不宜过大或过小，一般以手拿方便即可，其形状以便于观察为宜。

2. 磨制

磨制过程是制备金相样品最重要的阶段，除使样品表面保持平整外，主要是使组织损伤层减少到最低程度，甚至毫无损伤。

磨制通常在砂纸上进行，砂纸分为干砂纸（金相砂纸）和水砂纸两种。金相砂纸通常用于手工磨光，水砂纸用于机械磨光，即在磨光过程中需要用水、汽油、柴油的润滑冷却剂冷却。无论是水砂纸还是干砂纸都是由纸基、黏结剂和磨料组合而成。磨料主要为 SiC、Al_2O_3 等，按照磨料颗粒的粗细尺寸来编号，粗细是按单位面积内磨料的颗粒度来定义的，常用的砂纸编号为 80＃、120＃、240＃、320＃、400＃，600＃，800＃，1000＃，1200＃，1500＃等，号数越大，砂纸越细。

对于手工制样来说，应将金相砂纸放在玻璃板上，手持试样使得样品表面与砂纸接触，给予一定压力后向前推动样品，注意保持压力平衡，手工磨光操作示意图如图 2-2(a) 所示。在磨制时，首先进行粗磨，即用砂轮机或砂纸磨平样品的切割表面，此时砂纸可选用 80＃、120＃、240＃、320＃等目数较低的粗砂纸，以便于快速磨平至表面划痕方向相同。然后再进行细磨，选用稍高目数砂纸，如 400＃，600＃，800＃，1000＃，1200＃，1500＃等细砂纸进行细磨。整个磨制过程中试样磨面的变化如图 2-2(b)所示。

注意：在细磨时施加的压力大小要合适，在更换下道细砂纸时不必减少压力，因为在合适的范围内施加的压力大，磨制速率也大，而对损伤层的影响并不大。但是用力不宜过大，时间也不宜过长，以免试样表面氧化产生新的损伤层。一般而言，砂纸目数越高，磨制时施加给样品表面的压力也相应下降。

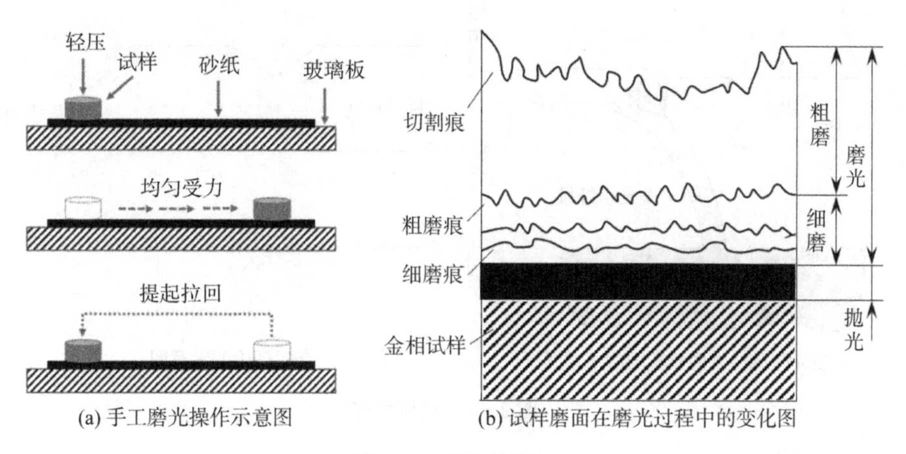

(a) 手工磨光操作示意图　(b) 试样磨面在磨光过程中的变化图

图 2-2　磨制过程

目前大多采用机械磨制法，磨样效率相对较高。该方法主要是借助于预磨机磨盘的高速旋转，代替人们手工往复式磨样。转盘式预磨机如图 2-3 所示，它使用水砂纸实现试样的粗磨、细磨和精磨。机械磨制具有效率高、不易产生变形层，样品质量容易控制等优点。在实际使用中，转盘转速通常控制在 300～500 r/min 为宜。由于转速较高，一旦出现按压时用力不均，样品表面极易出现整体倾斜、多个小平面等制样缺陷。因此，应结合实际情况，合理选择相应设备与方法进行磨制。当金属样品表面均为同一方向且细密的划痕时，可进行下一个操作——抛光。

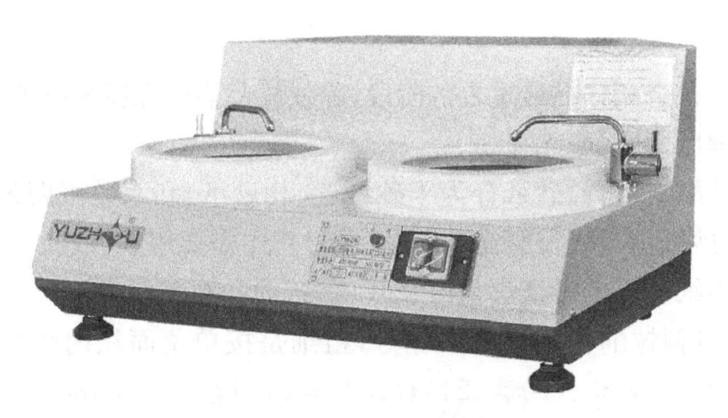

图 2-3　转盘式金相预磨机

3. 抛光

为去除试样在磨制后留下的细微磨痕，同时彻底去除变形层，得到一个适用的金相磨面，应对磨制后的试样进行抛光处理。常用抛光包括有机械抛光、电解抛光、化学抛光等方法，使用最广的是机械抛光。根据 Samuels 的局部形变理论[2]，在机械抛光中，每颗磨粒都可看作一把具有一定迎角的单面刨刀，其中，当磨粒的迎角大于切削临界角时，起切削作用，如图 2-4(a)所示；当磨粒的迎角小于切削临界角时，会在试样表面压出沟槽。这两种磨粒都会使得试样表面下出现不同程度的形变层(损伤层)，见图 2-4(b)，进而造成显微组织的假象，因此形变层需要在后续工作中去除。

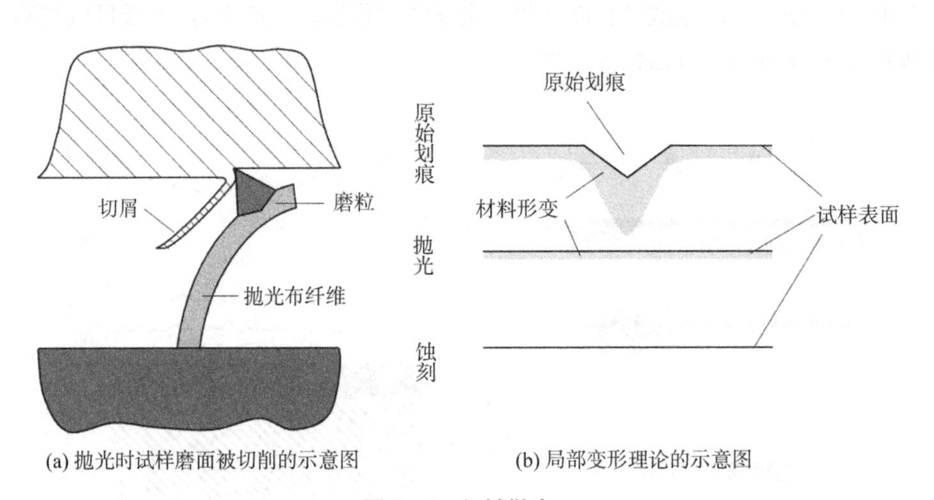

(a) 抛光时试样磨面被切削的示意图　　(b) 局部变形理论的示意图

图 2-4　机械抛光

在实际操作中，机械抛光是在抛光机上进行。抛光机由电动机带动抛光盘，抛光盘上铺有不同的抛光布。抛光布主要是用来起支撑抛光磨料、储藏部分水分和润滑剂以及产生摩擦的作用。常见的抛光布的种类主要有棉织物、呢子、丝织物和人造纤维等。抛光布的选择主要取决于试样材料的性质与检验目的。例如：

(1) 具有很厚绒毛的抛光布：是常用的抛光布，但由于长绒毛易使石墨或夹杂物产生拖尾的现象，故不能用于抛光检验夹杂物与铸铁试样。

(2) 质地坚硬致密不带绒毛的抛光布：如绸缎，主要用于抛光夹杂物及观察表面层组织的试样。

(3) 介于二者之间,具有较短绒毛的抛光布:如法兰绒、呢子、帆布等,这类抛光布耐用,效果和速度较好,常用于粗抛。

目前,磁吸式的抛光盘固定方式简单便捷、取放自如,得到了广泛的应用,在抛光之前,通常将抛光布贴在磁吸式的抛光盘上,再转贴到钢背上面。

在抛光过程中,还需要加入抛光磨料,使试样磨面达到质量要求。常用的抛光磨料有:

(1) 氧化铬(Cr_2O_3):呈绿色,具有很高的硬度,用来抛光淬火后的合金钢试样,也可用于铸铁试样。

(2) 氧化铝(Al_2O_3):硬度极高,硬度略低于金刚石与碳化硅。金相抛光采用透明氧化铝微粉,是较理想的抛光磨料,它可分为 M1～M10,M1 最细,M10 最粗,一般粗抛用 M7,精抛用 M3。

(3) 氧化镁(MgO):一种极细的抛光磨料,很适用于铝、锌等有色金属的抛光,也适用于铸铁及夹杂物检验的试样。氧化镁呈八面体外形,具有一定的硬度,并由良好的刃口,但很容易潮解,从而丧失磨削力。

(4) 金刚石研磨膏:它是由金刚石粉配以油类润滑剂制成,特点是抛光效率高,抛光后表面质量好,分 W20～W0.5,粗抛用 W7～W5,精抛用 W2.5～W1.5。

(5) 高效金刚石喷雾研磨剂:是一种新型高效抛光剂,硬度极高,磨削力极强,制备的样品表面粗糙度低,适用于宝石、玻璃、陶瓷、硬质合金及淬火钢试样的抛光。规格有 W40～W0.25,对于钢一般粗抛用 W5,精抛用 W1。

制备优秀光洁的金相试样,除抛光织物和抛光磨料的正确选择外,还需要正确的抛光方法和熟练的技巧。抛光前必须进行清洗试样、抛光盘、工作台和操作者的手,来去除残油或附着的磨料微粒。抛光过程中,样品磨面应平整地压在旋转的抛光盘上,压力也不宜过大,并使样品从抛光盘边缘到中心不断地作径向往复移动。同时要控制湿度、抛光液的浓度,要随时补充磨料及适量的水(润滑剂),通常湿度的控制以连续抛光 10～15 s 时间段内良好为宜,避免样品表面检查时有水汪汪的感觉。待试样表面磨痕全部被抛掉而呈现光亮镜面时,抛光即可停止,并迅速将试样用水或酒精洗干净,并吹干后转入浸蚀。

目前,金相制样设备在朝着高效率、高稳定性、人工智能化等方向发展。如将磨样与抛光两工序整合为一的磨抛一体机,如图 2-5 所示,它的速度调整可实现转速从 50 到 1 000 r/min 的无级变速装置;设计机械手按压,同时实现多个样品从粗到细到抛的全自动磨样;采用高清 LCD 触摸屏操控和显示,操作简便,清晰直观;磨盘部分采用独特的磁性设计,支持快速换盘。这些新设备、新技术的出现,大大地提升了金相制样人员的工作效率。

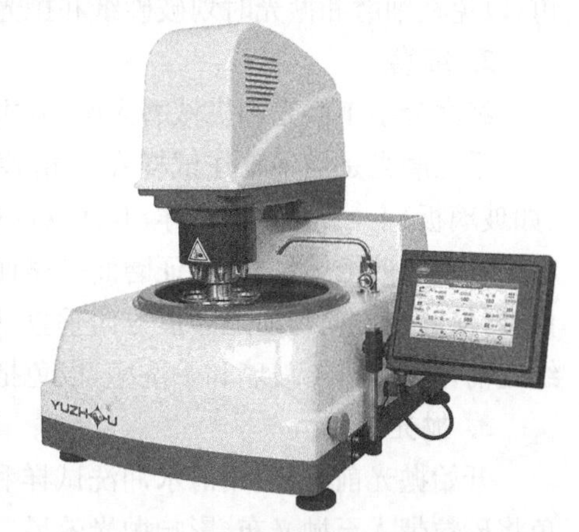

图 2-5　自动金相试样磨抛机

4. 浸蚀

经抛光后的样品若直接放在显微镜下观察，只能看到一片亮光，除了某些金属夹杂物（如 MnS 及石墨等）外，并不能辨别出各种组织及其形态。因此，必须用浸蚀剂对样品抛光面进行浸蚀，然后再利用金相显微镜进行观察。

钢铁材料通常用 3%～5%硝酸酒精溶液。

常用浸蚀方法有直接浸入法或表面擦拭法。前者指的是将待观察面直接浸入浸蚀剂中，后者则用竹夹夹住脱脂棉球蘸取浸蚀剂擦拭的方法。浸蚀时间要适当，浸蚀前清洗试样表面，然后放入浸蚀剂中进行浸蚀。当试样抛光后的光亮面呈灰色时即可停止，并立即用清水或酒精清除残酸，迅速用吹风机吹干后，即可在显微镜下进行观察。若试样浸蚀过度，显微组织模糊不清时，须重新抛光和浸蚀，若浸蚀不足，组织不能完全显露时，可进行补充浸蚀。

三、实验仪器与材料

1. 实验仪器：MP-2A 金相试样磨抛一体机、砂轮机。
2. 实验材料：金相砂纸、海军呢抛光布、人造金刚石抛光膏、Al_2O_3 抛光液、脱脂棉、3%～5%硝酸酒精溶液、竹夹子；20 钢、球墨铸铁 QT、纯铁、ZL102 等。

四、实验内容与步骤

利用手工或机械磨制、机械抛光和化学浸蚀的方法制备金相样品。准备工作：在正式磨样前，清理工作台面的灰尘或磨料砂纸颗粒，以免影响磨样质量。将砂纸放置合适位置，未使用的砂纸从上到下按照从细到粗的顺序叠放。

1. 粗磨

粗磨目的是获得一个平整的表面，软材料试样可用锉刀锉平；钢铁材料可用砂轮机磨平。磨削时应注意试样对砂轮的压力不宜过大，以免在试样表面上形成较深的磨痕而增加细磨的困难，磨削时应不断用水冷却试样，以免受热引起组织变化，试样边缘要进行倒角，以免在细磨和抛光时划破砂纸和抛光绒布或造成试样从抛光机上飞出伤人。

2. 细磨

细磨分手工磨光和机械磨光两种，本实验采用手工磨光。

手工磨光是用手拿住试样在金相砂纸上进行。细磨时应将砂纸放在光滑平整物体（如玻璃板）上，手指拿住试样，并使磨面朝下，均匀用力由后向前推行磨削。在回程时，提起试样不与砂纸接触，以保证磨面平整而不产生弧度。每换一号砂纸时，应将试样转 90°再磨，使磨削方向与前道磨痕方向垂直，以便观察前道磨痕是否全部消除。每更换一次砂纸之前，应把试样、玻璃和手洗净，以免把粗砂粒带到下一号细砂纸上去。

3. 抛光

开始抛光前，要使用清水冲洗试样和手，将磨制试样上可能黏结的砂粒冲洗干净，以免将砂粒带入至抛光布，影响抛光效果。在抛光机上滴研磨液或者研磨膏进行抛光，建议用拇指、食指和中指拿持试样，适当压力将试样抛面均匀压在抛光布表面。抛光时要注意抛光布要提前湿润，并抛光过程中及时补充水分；先进行倒角处理，以免抛光过程中将抛光布刮坏，或导致样品飞出。

4. 浸蚀

使用合适的腐蚀溶液对样品进行腐蚀。

五、实验报告要求

1. 写出实验目的和基本操作步骤。

2. 制备金相样品一块，观察其金相组织，绘制金相组织图。

3. 完成思考题。

六、思考题

1. 如何确定样品在腐蚀后观察时发现的直线型的映像是组织本身的特征还是磨痕或者划痕？

2. 简述光学金相显微镜在研究金相组织特征中的主要优缺点。

3. 研磨抛光的常见缺陷有哪些？

七、实验注意事项

金相试样的制备、磨抛及浸蚀进一步参照 GB/T 13298—2015《金属显微组织检验方法》、GB/T 34895—2017《热处理金相检验通则》的有关规定进行。

八、参考文献

[1] 葛利玲，卢正欣. 材料科学与工程基础实验教程[M]. 2 版. 北京：机械工业出版社，2019.

[2] Leonard E. Samuels. Metallographic Polishing by Mechanical Methods[M]. USA：ASM International Materials Park，2003.

[3] 清华大学. 金相试样制备与金相显微镜的使用[M]. 北京：清华大学音像出版社，2001.

实验 3　金属的电化学抛光与阳极覆膜制样

一、实验目的

1. 通过对纯铝表面进行电化学抛光与阳极覆膜，掌握金属电化学抛光与阳极覆膜操作步骤。

2. 观察显微镜镜下抛光与覆膜表面的形貌及组织缺陷。

二、实验原理

1. 电化学抛光的概念

电化学抛光(Electro-Polishing)也称电解抛光、电抛光，是利用阳极在电解池中所产生的电化学溶解现象，使阳极上的微观凸起部分发生选择性溶解以形成平滑表面的方法。它是一个复杂的阳极氧化过程，伴随着工件表面的溶解和和氧化，但又不同于阳极氧化。电解抛光的装置及示意图如图 3－1 所示，主要由电解槽、阳极、阴极、电解液等组成。

(a) 实物图

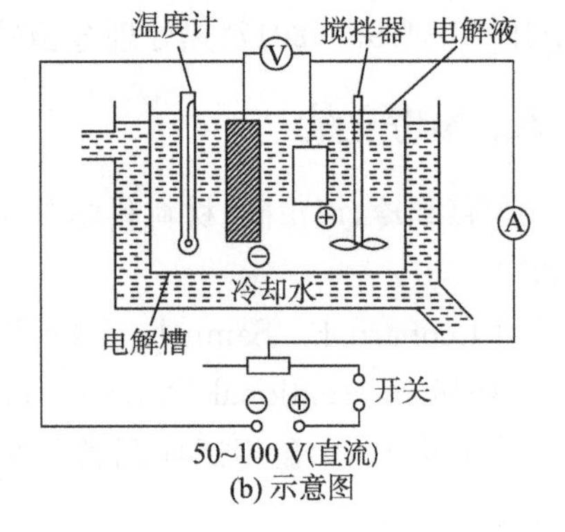

(b) 示意图

图 3－1　电解抛光装置

2. 电解抛光的抛光机理

(1) 黏膜理论

电解抛光在一定的条件下，金属阳极的溶解速度大于溶解产物离开阳极表面向电解液中扩散的速度，于是溶解产物就在电极表面积累，形成一层黏性膜，这层黏性膜沿阳极表面的分布是不均匀的。由于电解液的搅动，在表面的微凸处，扩散流动的较快，形成的黏膜厚度较薄，导致凸处的电阻也较小，从而造成电流较大；反之在微凹处，黏膜流动的慢，厚度较厚，电阻较大，从而使得电流较小。因此，微凸处更有利于黏膜的扩散流动，加快了金属的溶解，如图 3－2 所示。随着电解抛光时间的延续，阳极表面上的微凸处被逐渐削平，使整个表面变得平滑、光亮。

(2) 氧化膜理论

在电解抛光过程中，由于析出氧的作用在金属表面形成一层氧化膜，阳极表面呈钝

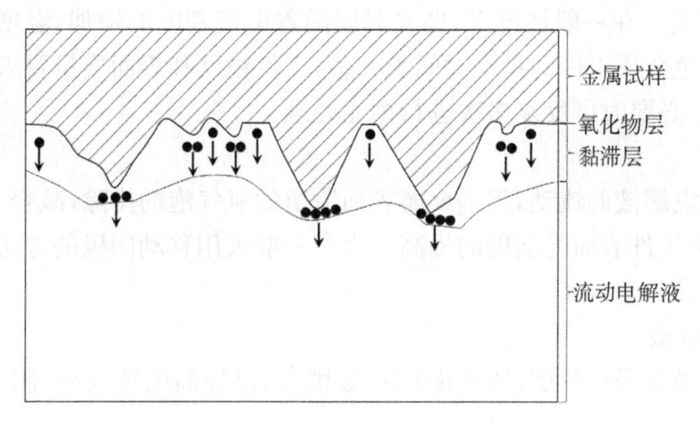

图 3-2　电解抛光的原理示意图

态，但是，这层氧化膜在电解液中是可以溶解的，所以钝态并不是完全稳定的。由于在阳极表面微凸处电流密度较高，形成的氧化膜比较疏松，而且该处析出的氧气也多，有利于阳极溶解产物向溶液中扩散，促使该处的氧化膜溶解加快。在整个抛光过程中，氧化膜的生成溶解不断进行，而且微凸处进行的速度比微凹处快，其结果就是微凸处金属被优先溶解削去，使阳极表面达到平滑、光亮。

3. 电解抛光阳极过程的特点

电解抛光过程根据金属表面的性质、溶液成分、工作条件，在阳极附近可能发生下列反应：

(1) 阳极溶解，当进行电抛光时，金属表面的原子就转入到电解液中成为离子，阳极发生溶解：$M = M^{z+} + ze^-$

(2) 氧化膜(或氧吸附层)形成，电抛光时，在阳极表面会生成一层氧化膜(或氧吸附层)，此膜的厚度决定于金属的性质、电解液成分、工艺规范。

$$2M^{z+} + 2zOH^- \longrightarrow M_2O_z + zH_2O \tag{3-1}$$

(3) 气态氧的析出：$4OH^- \longrightarrow O_2 + 2H_2O + 4e^-$

(4) 溶液中还存在多种物质的氧化。

4. 电解抛光溶液的控制参数

(1) 温度

不同的电解抛光液有不同的温度控制范围，温度升高有利于金属的溶解，但有可能产生过腐蚀，降低表面的光泽性。一般温度升高时要相应提高电流密度，才能保证工件表面的光洁度。

(2) 电流密度

电流密度也是工件在电抛光(EP)过程中一个重要参数，电流密度要根据不同的工件材料选用不同的电流密度。电流密度过高，氧气析出过多，难以形成致密的氧化膜或稳定的黏膜，电极表面过热，电化学反应剧烈，容易产生腐蚀点和条纹；电流密度过低，阳极一直处于阳极溶解状态，也不能提高金属工件表面的光洁度。

(3) 抛光时间

在电解抛光过程中，抛光时间并不是越长越好，它要根据电解抛光液温度的高低和电流密度的大小来定。在一般情况下，抛光时间随着电流密度的增加，温度的升高而减少，钢铁工件可比有色金属工件的抛光时间长一些，工件精度和表面质量要求较高时，也应相应缩短抛光时间，必要时可反复多次进行抛光处理。

(4) 搅拌

搅拌可加快电解液的流动，促进金属表面滞留的氧气泡的排除，减轻金属表面的过热现象，从而有利于工件表面光洁度的提高。生产一般采用移动阳极的方法，也有用压缩空气来搅拌电解液。

(5) 槽内阴极板

阴极板材料通常采用铅版，阴极面积一般稍大，以提高电流效率，阴阳极面积比通常为：1.1～1.5∶1。

(6) 电位

在将抛光液的温度控制在一定的温度范围之内的前提下，如果电位太低，则无黏液膜形成，也无电解抛光作用发生，试样表面灰白；若电位略为升高时，虽有黏液膜的产生，但很不稳定，一旦形成也会立即溶入电解液中，也不产生抛光作用，仅有浸蚀现象产生；如果电位进一步增加，达到某一定值之后，才开始产生稳定的黏液膜，电解抛光才得以产生，并有氧气逸出，抛光效果逐步提高。随着电位的持续升高，黏液膜的厚度也相应增加，薄膜层的电阻上升，抛光电流基本保持不变，在这种电位下，氧气逸出较为迅速，局部溶液升温很快，抛光效果最佳，光亮度显著增加，这一区域是电解抛光的最佳区域。在这一区域中若电位很高，由于局部温度较高，抛光质量较好，但操作工艺不易控制，若电位再度升高，薄膜被击破，电阻反而下降。此时，便有凹坑出现、抛光效果变差。

抛光温度、抛光时间、抛光电流密度、抛光电位、电解抛光液的比重，这几个参数是相互影响相互制约的，一个因素变化就会引起其余几个因素相应的变化。式(3-2)给出了电解时电极上发生化学反应的物质的量与通过电解池的电量、抛光时间和电流的关系。

$$m = q/(z \times F) \times M = M/(z \times F) \times I \times t \tag{3-2}$$

式中：m—电极上参与化学反应的物质的量，kg；

M—参与反应物质的摩尔质量，kg/mol；

F—法拉第电解常数，96 485 C/mol；

z—电极反应的计量方程式中电子的计量系数，kg/mol；

t—时间，s；

I—电流，A。

因此，若提高温度和电位，则溶液的导电能力和金属的溶解速度也会提高。但在一定的电位下，电流密度同时也会随着溶液导电能力和金属溶解速度的增加而增加。因此，在高电位作用下，必须采用较短的时间完成抛光任务，反之，在低电位作用下，电流密度必将减少，抛光时间则须延长，但不能太长，否则会产生浸蚀现象。

总之，电解抛光是一个受前处理、抛光温度、电位、时间、电流等综合因素相互影响的过程，应根据现场情况灵活应用，适度掌握各种条件，才能获得最好的抛光效果。

5. 电解抛光的优缺点

由于抛光原理、抛光设备等方面的不同，与机械抛光相比，电解抛光有着独特的优势：

(1) 对于一些难以使用机械抛光方法制备金属抛光面的试样而言，电解抛光由于具有无机械力的作用，不产生附加的表面变形，易消除表面变形扰动层等优势，是制备无擦划残痕磨面的理想手段。在极低载荷的显微硬度试验、TEM薄膜制样以及制备奥氏体不锈钢、高锰钢等极易加工变形的合金样品等试验过程中，采用电解抛光更为合适。

(2) 对于较硬的金属材料，用电解抛光法比机械抛光快得多。并且由于在抛光液中的试样表面都能够进行抛光处理，所以电解抛光可以对多面的或非平面异形试样进行加工。

(3) 抛光工艺参数一旦确定，效果较稳定。对于大面积的金相试样，同样可获得良好的结果。

尽管电解抛光具有很多优点，然而对于部分材料也不适用，在试验中应根据实际情况进行选择，存在的问题如下：

(1) 部分材料会在电解过程中发生钝化，从而使表面难以进行浸蚀，容易出现假象。

(2) 电解抛光对金属材料成分的不均匀性及显微偏析特别敏感，所以对具有偏析的金属材料难以进行良好的电解抛光，甚至不能进行电解抛光。含有夹杂物的金属材料，不少溶液会先浸蚀非金属夹杂物，如果夹杂物受电解浸蚀，则夹杂物会被全部抛掉，如果夹杂物不被电解浸蚀，则保留下来的夹杂物会在试样表面上凸起形成浮雕。

(3) 电解抛光因金属材料的不同，相适应的电解抛光液也不同，电解抛光液的配制过程较为烦琐。同时，直流电压的高低、电流密度的大小也有差异，在没有参考依据时，需进行相当多的试验来确定相适应的电解抛光规范。

(4) 有些电解液不仅有毒而且还有强腐蚀性，甚至会爆炸。

6. 电解抛光的常见缺陷

高质量的电解抛光后获得的平面应有明亮的光泽和反射率，通常待电解抛光的平面粗糙度越低，工艺完成后获得的平面亮度和反射率越高。根据标准YB/T 4377—2014《金属试样的电解抛光方法》，高质量的电解抛光应无表3-1中所述缺陷：

表3-1　电解抛光中的问题及修正方法

问题	可能的原因	推荐的修正方法
试样中心浸蚀过深	试样中心未出现薄膜	(1) 增加电压 (2) 减小搅动 (3) 使用黏性更大的电解液
试样边缘有浸蚀或点蚀	薄膜过黏或过厚	(1) 减小电压 (2) 增加搅拌 (3) 使用黏性更小的电解液
表面过脏	阳极产物不能溶解	(1) 试用其他的电解液 (2) 增加温度 (3) 增加电压
表面粗糙或不光滑	无抛光薄膜或抛光薄膜不够	(1) 增加电压 (2) 使用黏性更大的电解液

续表

问题	可能的原因	推荐的修正方法
抛光表面有条纹出现	(1) 时间不足 (2) 搅动不正确 (3) 前期表面处理不充分 (4) 时间太长	(1) 增加或减小搅动 (2) 更精细的前期表面处理 (3) 增加电压和减少时间
抛光表面的污迹	抛光电流断开后抛光表面受到浸蚀	(1) 电流断开前先取下试样 (2) 使用浸蚀性弱一点的电解液
未抛光斑(牛眼)	电解液中有气泡	(1) 增加搅动 (2) 减小电压
组织被显示	抛光膜不足	(1) 增加电压 (2) 更精细的前期表面处理 (3) 减小时间
点蚀	(1) 抛光时间过长 (2) 电压过高	(1) 更精细的前期表面处理 (2) 减小电压 (3) 减少时间 (4) 试用其他的电解液

区分电解抛光工艺是否恰当的最好方法是了解高质量电解抛光表面的外观、亮度和微观结构。然后,通过目视检查或使用金相显微镜观察显微照片,可以很容易地识别出较差的电解抛光后的平面,如图 3-3 所示。

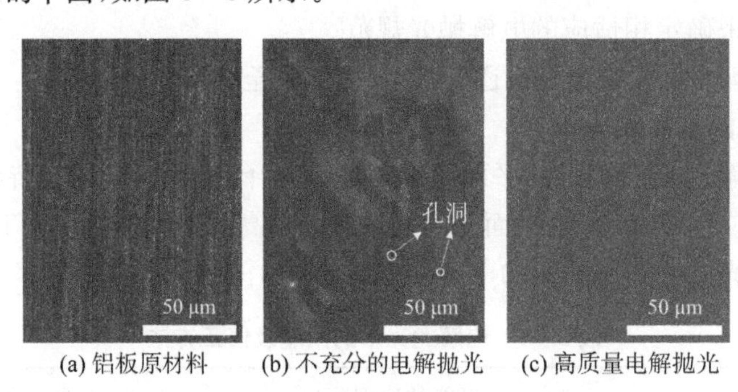

(a) 铝板原材料　(b) 不充分的电解抛光　(c) 高质量电解抛光

图 3-3　不同程度电解抛光后的微观组织

7. 阳极覆膜的机理

阳极覆膜是干涉层法中的一种成膜方法,就是在抛光磨面上形成一层透明薄膜,当光在磨面上发生干涉时,由于试样内各相间光学参数的区别、薄膜厚度的差别,使得各相的干涉色发生变化,从而显示出试样的组织。

阳极覆膜的原理与电解抛光类似,阳极化处理是在金属表面上外延生成一层氧化膜的电解过程,因此使用的设备也相同。但需要注意的是在实际情况下,对于有些金属试样(如:铝、铜、铌、钛等),即使通过阳极氧化处理后获得了表层上沉积一层氧化膜后,在普通明场下一般无彩色反应,必须用偏光以获得理想的组织图像。图 3-4(a)为高纯铝阳极氧化后加偏光的效果,晶粒大小明显可见,同时清晰地显示了晶粒的位相,在发生了变形后,如图 3-4(b)所示,晶粒发生了转动与拉长,由于晶粒的择优取向,致使多晶体具有一致的光轴,因此在正交偏光下,整个视野明亮,或整个视野黑暗,且颜色趋近于统一。

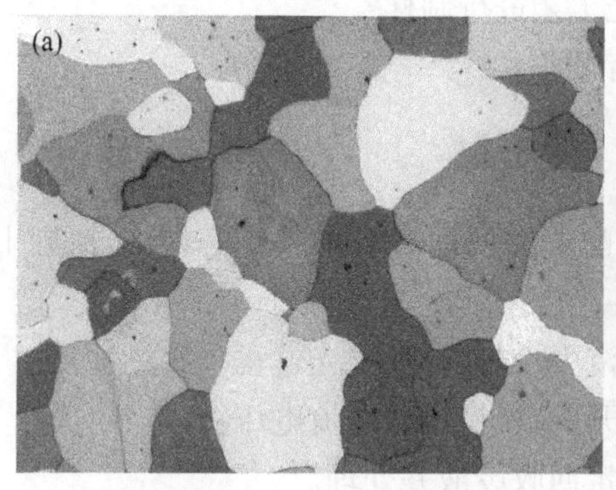

图 3－4　高纯铝退火态(a)和锻造后(b)采用阳极氧化后加偏振光(50×)的金相照片

三、实验仪器与材料

1. 实验仪器：直流稳压电源 4 台、金相显微镜 30 台。

2. 实验材料：试样退火态纯铝箔片；其他耗材：电解抛光电极用铅板、金相砂纸、镊子、导线两根、清洗用乙醇、烧杯、干燥滤纸、吹风机等；试剂：高氯酸、乙醇、硝酸等。

四、实验内容与步骤

1. 配置纯铝的电解抛光溶液：常见的配比为 10％高氯酸＋90％乙醇、30％硝酸＋70％乙醇为主。

2. 对铝箔片进行前处理：表面打磨、除油等。

3. 样品为阳极、电极板为阴极，将两极分别置于烧杯中，并倒入新配置的电解液中。

4. 用镊子夹好样品后，打开直流稳压电源，调整电压到 16～22 V，用镊子夹住样品后，手持镊子塑料端，将待抛光表面浸入到抛光液中，随时观察样品表面光亮程度，1～3 min 后从溶液中取出，立即浸入乙醇中进行清洗，吹干。

5. 观察样品表面形貌。宏观肉眼观察，表面呈镜面光亮，无明显坑点。金相显微镜下观察，表面应无任何坑点、划痕、第二相出现。

五、实验报告要求

1. 写出实验目的和基本操作步骤。

2. 设计不同工艺参数，并记录拍摄不同工艺条件下所观察到的试样的宏观与微观表面形貌，给出最佳抛光工艺。

3. 针对获得的金属箔照片，分析照片中出现的各种制样缺陷，并给出可能的改进措施。

4. 完成思考题。

六、思考题

1. 通过查询文献，请给出不锈钢、纯铜、铝合金等常见金属的电解抛光溶液配方及工艺参数，并标出对应引用的参考文献。

2. 哪些实验研究手段需要用到电解抛光工艺进行制样?
3. 请列举电解抛光的工业化用途分别有哪些。

七、实验注意事项

1. 电解液具有很强的腐蚀性和危险性,配置和使用时要格外小心仔细,原则上不允许学生进行溶液的配置。
2. 电解抛光过程中,电解池要置于冰水浴中冷却,防止抛光过程中放热过大。
3. 装置设置连接完毕后,方可开启电源开关,慢慢增加电流电压。
4. 电解液以及覆膜液使用后,均需按规定回收废液并处理。

八、参考文献

[1] 李异,刘钧泉,李建三,等. 金属表面抛光技术[M]. 北京:化学工业出版社,2006.
[2] E. Baraha, B. Shipigler,林慧国. 彩色金相[M]. 北京:冶金工业出版社,1984.

实验 4　铁碳合金平衡组织的观察

一、实验目的

1. 进一步了解铁碳合金相图($Fe—Fe_3C$ 相图)。

2. 观察铁碳合金平衡状态下的显微组织及其金相形貌特征(珠光体、铁素体、渗碳体、莱氏体等)。

3. 分析含碳量对铁碳合金显微组织的影响,加深理解成分、组织与性能之间的相互关系。

二、实验原理

本实验主要研究铁碳合金在平衡状态下的显微组织,铁碳合金的显微组织是研究钢铁材料性能的基础。铁碳合金平衡状态的组织是指合金在极为缓慢的冷却条件下(如退火状态)所得到的组织,其相变过程均按相图进行,因此可以根据该相图来分析碳钢合金的平衡组织。

如图 4-1 所示,含碳量小于 2.11%的合金为碳钢,含碳量大于 2.11%的合金为铸铁。所有碳钢和铸铁在室温下的组织均有铁素体(Fe)和渗碳体(Fe_3C)这两个基本相所组成。只是因为含碳量的不同,使合金中的铁素体和渗碳体的相对数量及分布形态有所不同,因而呈现不同的组织形态。

铁碳合金的组织在金相显微镜下有**铁素体(F)、渗碳体(Fe_3C)、珠光体(P)、莱氏体(Ld')**四种。

1. 铁素体(F)

铁素体是碳溶于 α-Fe 中的固溶体,有较高的塑性,但硬度低,经 3%~5%硝酸酒精溶液浸蚀后,在显微镜下呈白色大粒状或块状(见图 4-2)。钢中随含碳量的增加,铁素体量减少。铁素体较多时呈块状分布见图 4-3、图 4-4。当含碳量接近共析成分时,往往呈断续网状,分布在珠光体周围(见图 4-5)。

2. 渗碳体(Fe_3C)

渗碳体是铁与碳的化合物,含碳量为 6.69%。渗碳体的硬度很高,可达 800 HBW,但脆性很大,强度和塑性也差。

一次渗碳体$(Fe_3C)_{Ⅰ}$是从液态合金中析出的,呈长条状(板状,见图 4-6);二次渗碳体$(Fe_3C)_{Ⅱ}$是由奥氏体中析出的,在奥氏体转变为珠光体后,呈网状分布在珠光体的边界上,见图 4-7;三次渗碳体$(Fe_3C)_{Ⅲ}$是由铁素体中析出的,通常呈不连续薄片状存在于铁素体晶界处,数量极微,可忽略不计。

渗碳体的抗浸蚀能力强,经 3%~5%硝酸酒精溶液浸蚀后呈白亮色(图 4-6、4-7),这与亚共析钢中的网状铁素体很难区分。若用苦味酸钠溶液浸蚀后,二次渗碳体在显微镜下呈黑色,就能比较清楚地区分出亚共析钢中的铁素体与过共析钢中的二次渗碳体了。

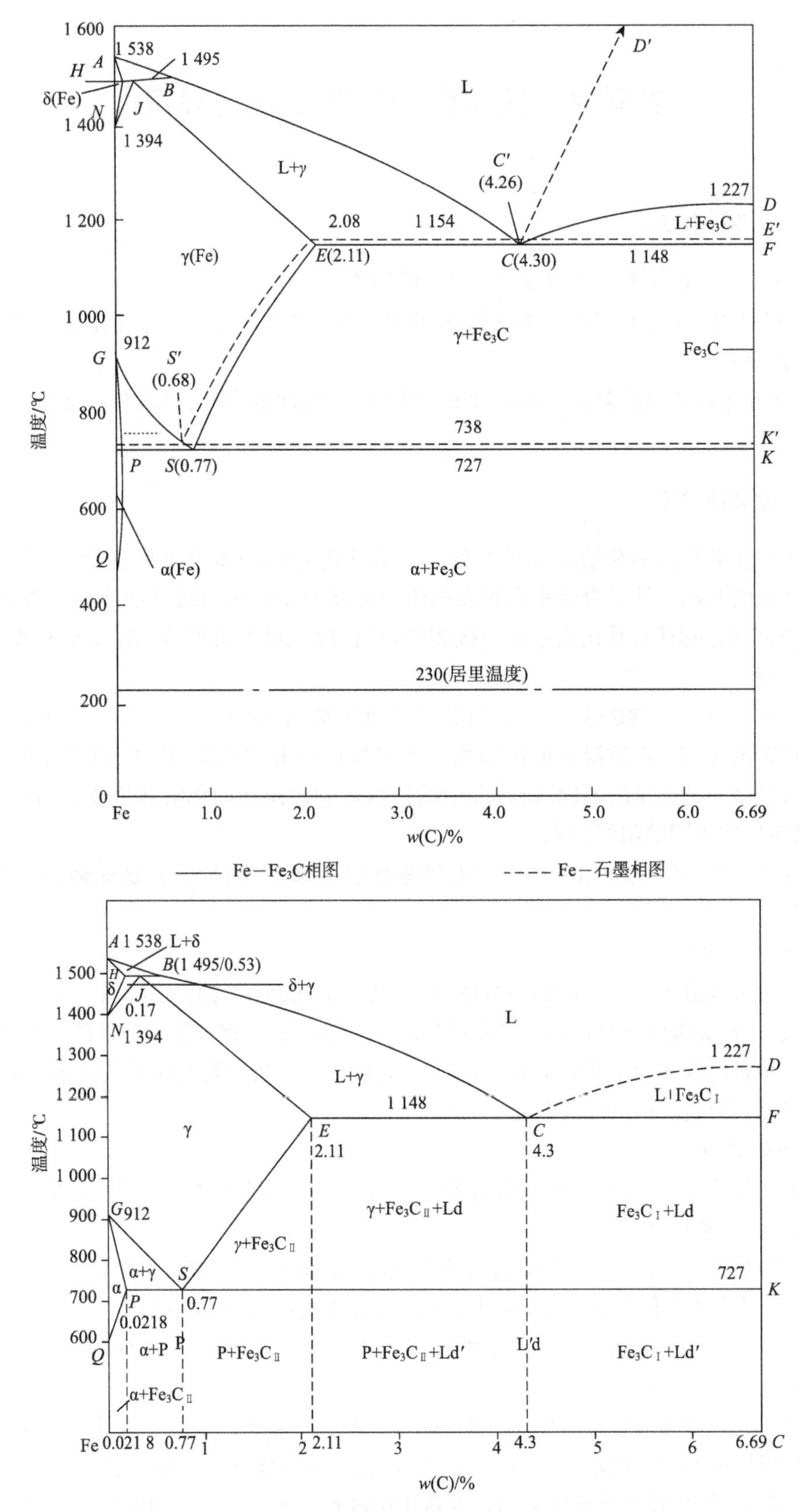

1 600
1 538
A
H
1 495
B
δ(Fe)
N
J
1 400
1 394
L
L+γ
C′
(4.26)
D′
1 227
D
1 200
2.08
1 154
L+Fe₃C
E′
γ(Fe)
E(2.11)
C(4.30)
1 148
F
1 000
912
γ+Fe₃C
Fe₃C
G
S′
(0.68)
温度/℃
800
738
K′
P
S(0.77)
727
K
600
Q
α(Fe)
α+Fe₃C
400
230(居里温度)
200
0
Fe
1.0
2.0
3.0
4.0
5.0
6.0
6.69
w(C)/%
Fe－Fe₃C相图
Fe－石墨相图
A 1 538
L+δ
B(1 495/0.53)
1 500
δ+γ
1 400
0.17
1 394
L
1 300
1 227
1 200
L+Fe₃C Ⅰ
1 148
γ
1 100
E
2.11
C
4.3
1 000
γ+Fe₃C Ⅱ+Ld
Fe₃C Ⅰ+Ld
900
G912
γ+Fe₃C Ⅱ
800
α+γ
S
727
700
α
P
0.77
0.0218
600
α+P
P
P+Fe₃C Ⅱ
P+Fe₃C Ⅱ+Ld′
L′d
Fe₃C Ⅰ+Ld′
Q
α+Fe₃C Ⅱ
Fe 0.021 8
0.77
1
2
2.11
3
4
4.3
5
6
6.69
C
w(C)/%

图 4－1　铁碳平衡相图

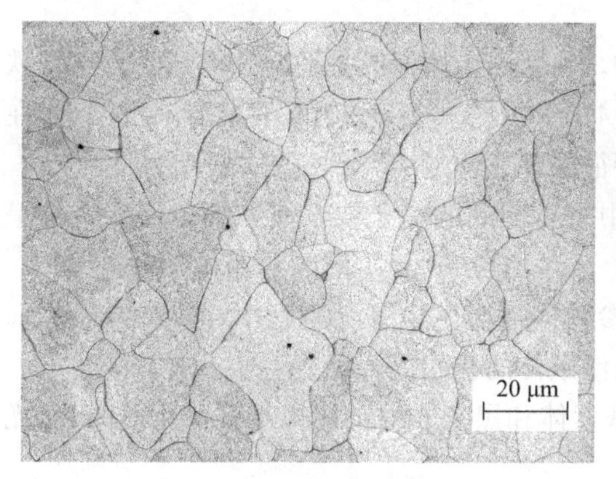

图 4-2 工业纯铁组织 500×

组织：F

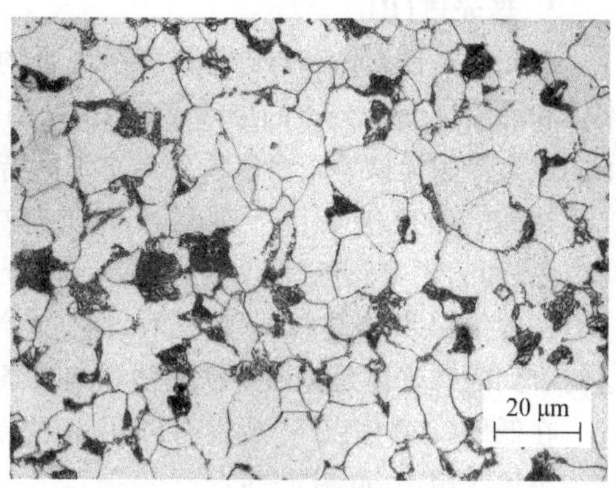

图 4-3 20 钢的显微组织 500×

组织：F(白块)＋P(黑块)

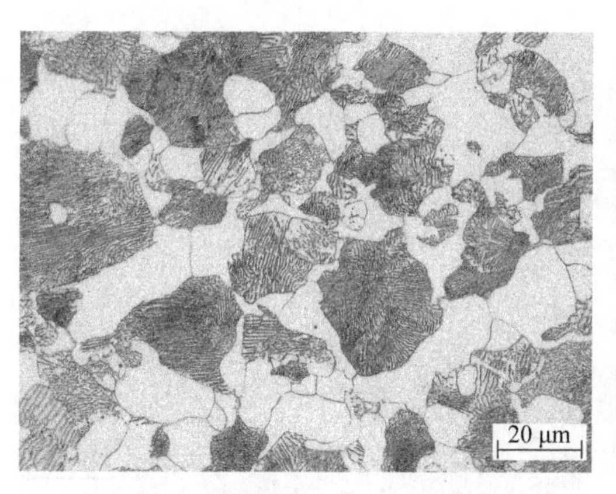

图 4-4 45 钢的显微组织 500×

组织：F＋P

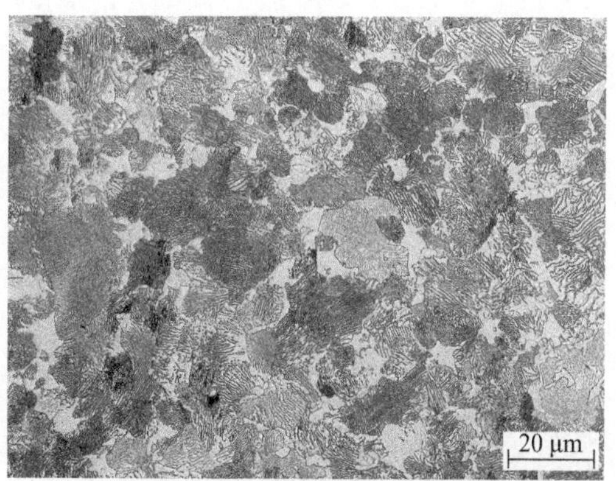

图 4-5 65 钢的显微组织 500×

组织：F(白色)＋P(黑色)

图 4-6 T8 钢的显微组织 500×

组织：P(片状)

图 4-7 T12 钢的显微组织 500×

组织：P(层片状)＋Fe_3C_{II}(白色网状)

3. 珠光体(P)

珠光体是铁素体和渗碳体的共析混合物。片状珠光体一般是经退火得到的。它是铁素体和渗碳体交替分布的层片状组织(见图 4-6、图 4-7)。经硝酸酒精溶液浸蚀后,在不同放大倍数显微镜下可以看到具有不同特征的珠光体组织。

在高倍(600 倍以上)下观察时,珠光体中平行相间的宽条铁素体和细条渗碳体都呈亮白色,而边界呈黑色(见图 4-8)。

在中倍(400 倍左右)下观察时,白亮色渗碳体被黑色边界所“吞食”,而成为细黑条。这时看到的珠光体是宽白条铁素体和细黑条渗碳体的相间混合物。

在低倍(200 倍以下)观察时,宽白条的铁素体和黑条的渗碳体很难分辨。此时,珠光体为黑块状组织(见图 4-9)。

球状珠光体是共析钢或过共析钢经球化退火,使渗碳体球化后而得到的。经 3%~5%硝酸酒精溶液浸蚀后,球状珠光体为白亮色铁素体基体上均匀分布着白亮色渗碳体小颗粒,其边界为黑圈。

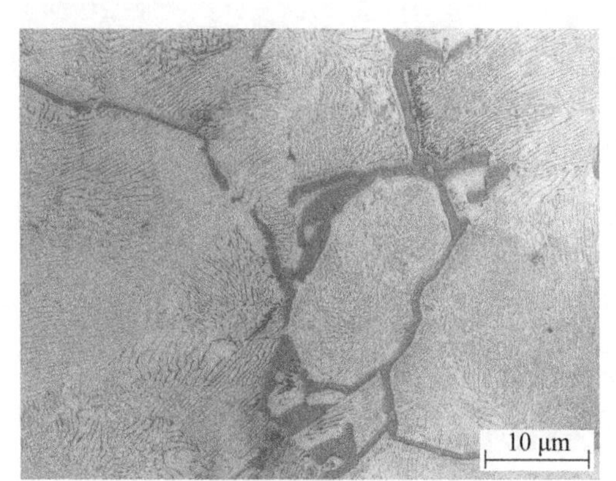

图 4-8 T12 钢的显微组织 1000×

组织:P(白色块状)+Fe_3C_{II}(黑色网状)

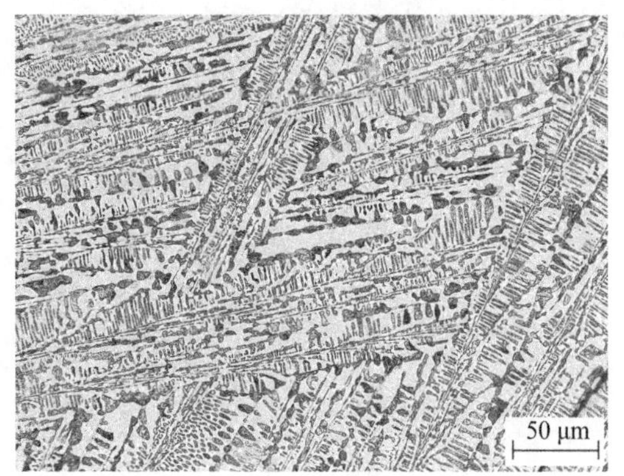

图 4-9 亚共晶白口铁显微组织 200×

组织:P(黑色团状)+Fe_3C_{II}+Ld′

4. 莱氏体(Ld′)

莱氏体在室温时是珠光体和渗碳体的混合物。此时渗碳体中包括共晶渗碳体和二次渗碳体两种,但它们相连在一起,而分辨不开。经 3%~5%硝酸酒精溶液浸蚀后,莱氏体的组织特征是,在白亮色的渗碳体基体上均匀分布着许多黑点(块)状或条状珠光体(见图 4-10)。莱氏体的硬度很高,达 700 HBW,性脆。一般存在于含碳量大于 2.11%的白口铸铁中。

亚共晶白口铸铁的组织包括:莱氏体、呈黑粗树枝状分布的珠光体和周围白亮圈的二次渗碳体(见图 4-9)。二次渗碳体与莱氏体中的渗碳体相连,无法区别。

过共晶白口铸铁的组织由莱氏体和长白条一次渗碳体组成(见图 4-11)。

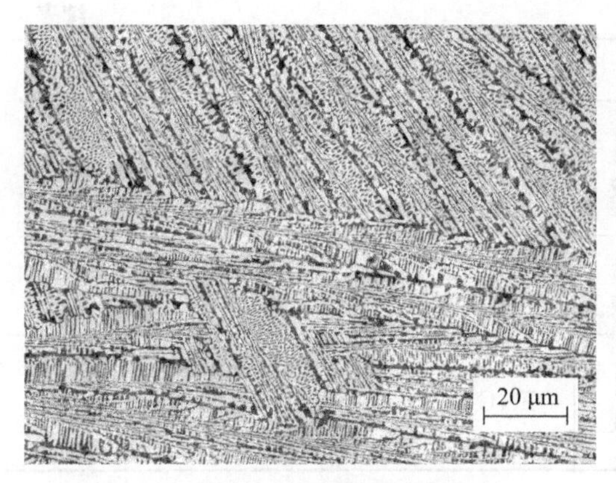

图 4－10　共晶白口铁显微组织 500×

组织：Ld′(小黑色条、点、白色 Fe_3C 基体)

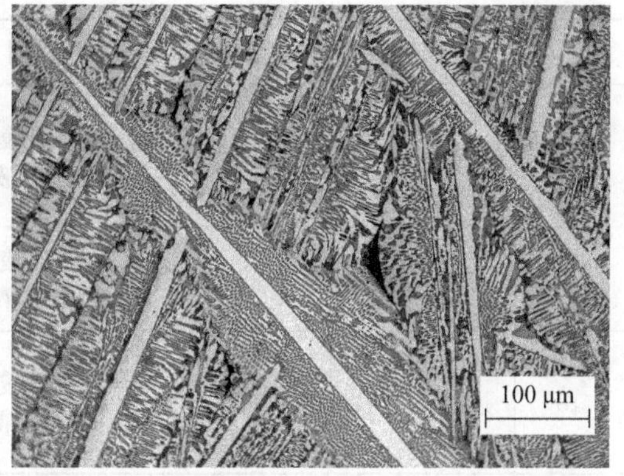

图 4－11　过共晶白口铁显微组织 100×

组织：$Fe_3C_Ⅰ$(白色宽条)＋Ld′(小黑色条、点、白色 Fe_3C 基体)

三、实验仪器与材料

1. 实验仪器：金相显微镜。
2. 实验材料：纯铁、20 钢、45 钢、T8 钢、T10 钢、亚共晶生铁、共晶生铁等。

四、实验内容与步骤

1. 用金相显微镜观察铁碳合金的组织(如下表 4－1)，了解各组织的形貌特征。
2. 绘出上述观察的各成分铁碳合金的组织示意图。
3. 分析合金成分与组织之间的关系，根据显微组织近似确定亚共析钢中的含碳量。

表 4－1　铁碳合金平衡组织样品

样品号	牌号	状态	浸蚀剂	显微组织	观察要点
1	纯铁	完全退火	4%硝酸酒精溶液	F	白色等轴晶为铁素体，黑色线条为铁素体晶界
2	20 钢	完全退火	4%硝酸酒精溶液	F+P	白色为铁素体，黑色块为片状珠光体
3	45 钢	完全退火	4%硝酸酒精溶液	F+P	白色为铁素体，黑色块为片状珠光体
4	T8 钢	完全退火	4%硝酸酒精溶液	P	层片状珠光体
5	T10 钢	完全退火	4%硝酸酒精溶液	$P+Fe_3C_Ⅱ$	基本为片状珠光体，白色网络状为二次渗碳体
6	T10 钢	完全退火	苦味酸钠溶液	$P+Fe_3C_Ⅱ$	基本为片状珠光体，黑色网络状为二次渗碳体
7	T10 钢	球化退火	4%硝酸酒精溶液	$F+Fe_3C$	铁素体基体上分布着颗粒状渗碳体

续表

样品号	牌号	状态	浸蚀剂	显微组织	观察要点
8	亚共晶生铁	铸态	4%硝酸酒精溶液	$P+Fe_3C_{II}+Ld'$	黑色枝晶状为细珠光体(初生奥氏体转变产物),基体为共晶莱氏体
9	共晶生铁	铸态	4%硝酸酒精溶液	Ld'	白色基体为渗碳体,黑色为珠光体
10	过共晶生铁	铸态	4%硝酸酒精溶液	Fe_3C_I+Ld'	白色宽条状为一次渗碳体,黑白相间的斑点状为共晶莱氏体

五、实验报告要求

1. 写出实验目的和基本操作步骤。

2. 在直径为 50 mm 的圆内画出所观察样品的显微组织示意图(用箭头和代表符号表明各组织组成物,并注明样品成分、浸蚀剂,放大倍数)。

3. 根据所观察的组织,说明含碳量对铁碳合金的组织和性能的影响规律。

4. 根据杠杆定律计算未知样品的碳含量。

5. 完成思考题。

六、思考题

1. 铁碳平衡相图的不足之处是什么?

2. 铁碳合金中组织与相的区别与联系,并分析各组织特征以及形成过程。

3. 分析各组织对铁碳合金性能的影响。

4. 比较所观察到的显微组织与标准图谱说明之间是否存在区别,分析其问题存在的原因。

七、实验注意事项

1. 在观察时注意保证显微镜的清洁,禁止用手触摸显微镜镜头和目镜。

2. 注意保持样品的清洁卫生,防止样品被污染。

3. 绘制组织图时应抓住组织形态的特点,画出典型区域的组织,不要将磨痕或杂质画在图上。

4. 实验完毕后,设备及样品归位,收拾实验台面。

八、参考文献

[1] 李镇江. 工程材料基础概论[M]. 北京:清华大学出版社,2012.

[2] 王章忠. 材料科学基础[M]. 北京:机械工业出版社,2005.

[3] De Jong M, Rathenau G W. Mechanical properties of an iron-carbon alloy during allotropic transformation[J]. Acta Metallurgica, 1961, 9(8): 714 - 720.

[4] Link H S, Schmitt R J. Iron, Carbon Steel, and Alloy Steel. Materials of Construction Review[J]. Industrial & Engineering Chemistry, 1961, 53(7): 590 - 595.

[5] Berns H, Broeckmann C. Fracture of hot formed ledeburitic chromium steels [J]. Engineering Fracture Mechanics, 1997, 58(4): 311 - 325.

[6] Taleef Eric M, Syn Chol K, Lesuer Donald R, et al. Pearlite in Ultrahigh Carbon Steels: Heat Treatments and Mechanical Properties [J]. Metallurgical and Materials Transactions A, 1996, 27A: 111 - 118.

[7] 刘宗昌,李雪峰,计云萍等. 珠光体、贝氏体、马氏体等概念的形成和发展[J]. 金属热处理,2013(02):15 - 20.

[8] 梁宇,余凌锋,梁益龙. 珠光体钢微观组织与拉伸性能关系[J]. 材料热处理学报,2013(07):73 - 77.

实验5 晶粒度的测定及评级方法

一、实验目的

1. 学习晶粒尺寸及其他组织单元长度的基本测量方法。
2. 了解国家标准规定的相应晶粒度测定评级方法。

二、实验原理

材料的晶粒的大小叫晶粒度。它与材料的有关性能有密切关系,因此测量材料的晶粒度有十分重要的实际意义。

金属及合金的晶粒大小与金属材料的机械性能、工艺性能及物理性能有密切的关系。细晶粒金属的材料的机械性能、工艺性能均比较好,它的冲击韧性和强度都较高,在热处理和淬火时不易变形和开裂。粗晶粒金属材料的机械性能和工艺性能都比较差,然而粗晶粒金属材料在某些特殊需要的情况下也被加以使用,如永磁合金铸件和燃气轮机叶片希望得到按一定方向生长的粗大柱状晶,以改善其磁性能和耐热性能。硅钢片也希望具有一定位向的粗晶,以便在某一方向获得高导磁率。金属材料的晶粒大小与浇铸工艺、冷热加工变形程度和退火温度等有关。

晶粒度通常使用长度、面积或体积表示不同方法评定或测定晶粒的大小。而使用晶粒度级别指数表示的晶粒度与测量方法及使用单位无关。为测定和评定金属材料晶粒度的大小,国际有关组织和各个国家制定了相应等效的标准,我国目前正在实行国家标准是GB/T 6394—2017《金属平均晶粒度测定方法》。根据实际晶粒的大小,分为不同的等级并采用晶粒度级别指数进行表征,晶粒度级别指数越大,晶粒越细。

晶粒度级别指数分为显微晶粒度级别指数和宏观晶粒度级别指数,其中最常用的是显微晶粒度级别指数,GB/T 6394—2017《金属平均晶粒度测定方法》对这两个晶粒度级别指数给出的定义。

显微晶粒度级别指数:以 G 表示,在100倍放大条件下,一平方英寸(645.16 mm^2)面积内包含的晶粒数 N 与 G 存在如下关系:

$$N_{100}=2^{G-1} \tag{5-1}$$

宏观晶粒度级别指数:以 G_m 表示,在1倍条件下,一平方英寸(645.16 mm^2)面积内包含的晶粒数 N 与 G_m 存在如下关系

$$N_1=2^{G_m-1} \tag{5-2}$$

GB/T 6394—2017《金属平均晶粒度测定方法》规定的金属组织平均晶粒度的表示及测定方法,包含有**比较法、面积法和截点法**,适用于单相组织,但经具体规定后也适用于多相或多组元试样中特定类型的晶粒平均尺寸测定。非金属材料如组织形貌与比较评级图

中金属组织相似也可参照使用。在有争议时，以截点法为仲裁方法。

1. 比较法

比较法不需计数晶粒、截点或截矩。与标准系列评级图进行比较，评级图有的是标准挂图、有的是目镜插片。用比较法评估晶粒度时一般存在一定的偏差(±0.5 级)。评级值的重现性与再现性通常为±1 级。当晶粒形貌与标准评级图的形貌完全相似时，评级误差最小。

比较法主要用于等轴晶粒平均晶粒度的测定。对于等轴晶组成的试样，使用比较法评定晶粒度既方便又实用。对于批量生产的检验，其精度已足够。

国家标准给出了四个系列标准评级图：

(1) 评级图Ⅰ：无孪晶晶粒(浅腐蚀)100 倍；

(2) 评级图Ⅱ：有孪晶晶粒(浅腐蚀)100 倍；

(3) 评级图Ⅲ：有孪晶晶粒(深腐蚀)75 倍；

(4) 评级图Ⅳ：钢中奥氏体晶粒(渗碳法)100 倍。

下表 5-1 给出常用材料推荐使用的标准评级图片。

表 5-1　常用材料推荐使用的标准评级图片

标准评级图	适用范围
图Ⅰ	1) 铁素体钢的奥氏体晶粒即采用氧化法、直接淬硬法、铁素体网法及其他方法显示的奥氏体晶粒； 2) 铁素体钢的铁素体晶粒； 3) 铝、镁和镁合金、锌和锌合金、高强合金
图Ⅱ	1) 奥氏体钢的奥氏体晶粒(带孪晶的)； 2) 不锈钢的奥氏体晶粒(带孪晶的)； 3) 镁和镁合金、镍和镍合金、锌和锌合金、高强合金
图Ⅲ	铜和铜合金
图Ⅳ	1) 渗碳钢的奥氏体晶粒； 2) 渗碳体网显示的晶粒； 3) 奥氏体钢的奥氏体晶粒(无孪晶的)

通常使用与相应标准系列评级图相同的放大倍数，直接进行对比。通过有代表性视场的晶粒组织图像或显微照片与相应表 5-1 的系列评级图或标准评级图复制透明软片比较，选取与检测图像最接近的标准评级图级别数或晶粒直径，记录评定结果。介于两个整数级别标准图片之间，以两个图片级别的平均值记录。

当待测晶粒度超过标准系列评级图片所包括的范围，或基准放大倍数(75 倍或 100 倍)不能满足需要时，可采用其他的放大倍数，通过式(5-3)进行换算处理。通常，所选用的放大倍数是基准放大倍数的简单整数倍。

若采用其他放大倍数 M 进行比较评定，将放大倍数 M 的待测晶粒图像与基准放大倍数 M(100 倍)的系列评级图片比较，评出的晶粒度级别数 G'，其显微晶粒度级别数 G 为：

$$G = G' + 6.6439\lg \frac{N}{100} \tag{5-3}$$

在晶粒度图谱中，最粗的一端即 00 级一个视场中只有几个晶粒，在最细的一端晶粒的尺寸非常小，准确评定级别很困难。当试样的晶粒尺寸落在图谱的两端时，可以变换放大倍数使晶粒尺寸落在靠近图谱中间的位置。

晶粒度的评定应在试样截面上随机选取三个或三个以上的代表性视场测量平均晶粒度，以最能代表试样晶粒大小分布的级数报出。

2. 面积法

面积法是计数已知面积内晶粒个数，利用单位面积内晶粒数 N_A 来确定晶粒度级别数 G。该方法的精确度是晶粒计数的函数。通过合理计数可达到±0.25 级的精确度。面积法的测定结果是无偏差的，重现性与再现性小于±0.5 级。面积法精确度关键在于计数时一定要标记出已计数过的晶粒。

将已知面积 A（通常使用 5 000 mm^2）的圆形或矩形测量网格置于晶粒图像上，选用合适的放大倍数 M，然后计数完全落在测量网格内的晶粒数 $N_{内}$ 和被网格所切割的晶粒数 $N_{交}$，该面积内的晶粒数 N 按式(5－4)或式(5－5)计算：

(1) 对于圆形测量网格：

$$N = N_{内} + \frac{1}{2}N_{交} \tag{5-4}$$

(2) 对于矩形测量网格，$N_{交}$不包括四个角的晶粒：

$$N = N_{内} + \frac{1}{2}N_{交} + 1 \tag{5-5}$$

为了取得的晶粒个数的精确计数，应想法将已计数的晶粒区分开，例如用笔勾画。在试验圆内的晶粒个数 N 不应超过 100 个，采用的放大倍数以使试验圆内产生约有 50 个晶粒的计数是每一个视场精确计数的最佳选择。由于精确的计数需要区分晶粒，所以面积法比截点法略逊色一些。

如果试验圆内的晶粒数 N 降至 50 以下，那么使用面积法评估出的晶粒度会有偏差，有较大的分散性。偏差程度随 N 从 50 开始减小而增大。为了避免这个问题，选择合适的放大倍数，使 N 大于或等于 50，或者使用矩形和正方形试验图形，采用式(5－5)的计算晶粒数 N 如果采用的倍数使 N 大于 100 时，计数变得冗长，增加计数误差，结果会不准确。随机选择多个视场，晶粒总数至少为 700 时，测定晶粒度的相对准确度可达到 10%。

通过测量网格内晶粒数 N 和观察用的放大倍数 M，可按式(5－6)计算出实际试样检测面上(1 倍)的每平方毫米内晶粒数 N_A：

$$N_A = \frac{M^2 \cdot N}{A} \tag{5-6}$$

晶粒度级别数 G 按式(5－7)计算：

$$G = 3.321928\lg N_A - 2.954 \tag{5-7}$$

随机的、不带偏见地选取视场。不允许刻意去选取典型视场。在抛光面上从不同位置随机地选取视场，才真实有效。为了确保有效的平均值，最少要计算三个视场。

3. 截点法

截点法是计数已知长度的试验线段(或网格)与晶粒截线或者与晶界截点的个数，计算单位长度截线数 N_L 或者截点数 P_L 来确定晶粒度级别数 G。截点法的精确度是截点或截线计数的函数，通过有效的计数可达到优于±0.25级的精确度。截点法的测量结果是无偏差的，重现性和再现性小于±0.5级。对同一精度水平，截点法由于不需要标记就能准确的计数，因而较面积法测量快而简便。

对于非均匀等轴晶粒应使用截点法。对于非等轴晶粒度，截点法既可用于分别测定三个相互垂直方向的晶粒度，也可计算总体平均晶粒度。

截点法有直线截点法和圆截点法。圆截点法可不必过多的附加视场数，便能自动补偿偏离等轴晶而引起的误差，克服了试验线段端部截点法不明显的毛病。圆截点法作为质量检测评估晶粒度的方法是比较合适的。推荐使用 500 mm 测量网格，尺寸见图 5-1。

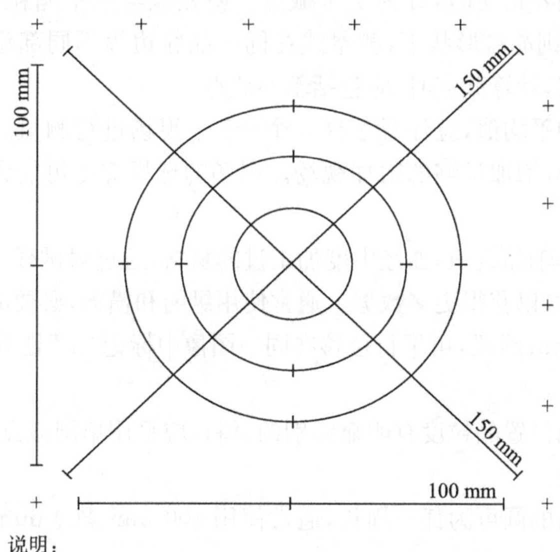

说明：
直线总长 500 mm；周长总和：250+166.7+83.3=500.0 mm。
三个圆的直径分别：79.58 mm、53.05 mm、26.53 mm。

图 5-1　截点法用的 500 mm 测量网格

对于每个视场的计数，按式(5-8)和式(5-9)计算单位长度上的截线数 N_L 或截点数 P_L：

$$N_L=\frac{N_i}{L/M}=\frac{M\cdot N_i}{L} \tag{5-8}$$

$$P_L=\frac{N_i}{L/M}=\frac{M\cdot P_i}{L} \tag{5-9}$$

对每个视场按式(5-10)计算平均截距长度值 $\bar{l}$：

$$\bar{l}=\frac{1}{N_L}=\frac{1}{P_L} \tag{5-10}$$

用 N_L、P_L 或 $\bar{l}$ 的 n 个测定值的平均数值按式(5-11)～式(5-13)来确定平均晶粒度 G。

$$G=6.643\ 856\lg N_L-3.288 \tag{5-11}$$

$$G=6.643\ 856\lg P_L-3.288 \tag{5-12}$$

$$G=-6.643\ 856\lg \bar{l}-3.288 \tag{5-13}$$

(1) 直线截点法

在晶粒图像上，采用一条或数条直线组成测量网格，选择适当的测量网格长度和放大倍数，以保证最少能截获约 50 个截点。根据测量网格的所截获的截点数来确定晶粒度。

计算截点时，测量线段终点不是截点不予计算。终点正好接触到晶界时，计为 0.5 个截点。测量线段与晶界相切时，计为 1 个截点。明显地与三个晶粒汇合点重合时，计为 1.5 个截点。在不规则晶粒形状下，测量线在同一晶粒边界不同部位产生的两个截点后有伸入形成新的截点，计算截点时，应包括新的截点。

为了获得合理的平均值，应任意选择 3 个～5 个视场进行测量。如果这一平均值的精度不满足要求时，应增加足够的附加视场。视场的选择应尽可能大的分布在试样的检测面上。

对于明显的非等轴晶组织，如经中度加工过的材料，通过对试样三个主轴方向的平行线束来分别测量尺寸，以获得更多数据。通常使用纵向和横向，必要时也可使用法向。图 5-1 中任一条 100 mm 线段，可平行位移在同一图像中标记“+”处五次来使用。

(2) 单圆截点法

对于试样上不同位置晶粒度有明显差别的材料，应采用单圆截点法，在此情况下需要进行大量视场的测量。

使用的测量网格的圆可为任一周长，通常使用 100 mm、200 mm 和 250 mm，也可使用图 4-1 中所标识圆。

选择适当的放大倍数，以满足每个圆周产生 35 个左右截点。测量网格通过三个晶粒汇合点时，计为 2 个截点。

将所需要的几个圆周任意分布在尽可能大的检验面上，视场数增加直至获得足够的计算精度。

(3) 三圆截点法

试验表明，每个试样截点计数达 500 时，可获得可靠的精确度。对测量数据进行 X^2 检验，结果表明截点计数服从正态分布，从而允许对测量值按正态分布的统计方法处理。对每次晶粒度测定结果可计算出结果的偏差及置信区间。

测量网格由三个同心等距，总周长为 500 mm 的圆组成，见图 5-1。将此网格用于测量任意选择的五个不同视场上，分别记录每次的截点数。然后计算出计数相对误差百分数、平均晶粒度和置信区间。一般相对误差百分数为 10%可更小是可以接受的精度等级，如相对误差百分数不能满足要求，需增加视场数，直至相对误差百分数满足要求为止。

选择适当的放大倍数，使三个圆的试验网格在每一视场上产生 40～100 截点计数，目的是通过选择 5 个视场后可获得 400～500 总截点计数，以满足合理的误差。

通过三个晶粒汇合点时，截点计数为 2 个。

4. 图像分析法

自动图像分析法是利用计算机处理图像信息，包括几何信息（尺寸、数量、形貌、位置）和色彩信息的装置，并能自动完成数据的统计处理。图像分析测量速度快，能快速进行多次测量，同时还避免了人为误差（如漏数或重数），提高了测量精度。

图像分析信息处理的流程如下：

光学成像→光电转换→信号预处理→检测→图像变换→分析→分析识别→数据处理

图像分析经常进行的测定工作有：

（1）第二相的体积分数的测量，如珠光体、碳化物、磷共晶等；

（2）各类夹杂物的数量、形状、平均尺寸及分布；

（3）碳化物的平均尺寸及平均间距；

（4）晶粒度及晶界总长度、总面积；

（5）高合金工具钢中碳化物的带状偏析。

图像分析法对试样的制备要求很高，因为它是依靠灰度或边界辨认组织的，故残留磨痕、抛光粉等异物的嵌入、浸蚀程度过浅或过深、某些组织的剥落都会引起测量误差，尽管软件中已考虑到这些影响因素，但误差仍不可避免，有时还相当严重。因此为了提高图像分析法的测量精度，除了配备分辨率高的显微镜外，必须保证良好的制样质量，各种组织的衬度要分明，轮廓线要尽可能细而清晰、均匀。采用各种染色或选择性显色技术可取得更佳效果。

三、实验仪器与材料

1. 实验仪器：ZEISS Axio Vert A1 金相显微镜（含数码摄像系统、图像分析系统）。

2. 实验材料：供测量晶粒度用的实验样品。

四、实验内容与步骤

1. 学习国家标准 GB/T 6394—2017《金属平均晶粒度测定方法》。

2. 用截点法测量给定样品的晶粒大小，并给出晶粒度评级。

3. 学习使用金相显微镜拍摄样品显微组织图片，并使用图像分析软件进行晶粒度测定与评级。

（1）用金相显微镜，10 倍目镜与 10 倍物镜构成 100 倍的显微观察，观察碳钢试样。

（2）图像采集：用数码摄像系统及图像分析软件将图像采集到程序主界面中，在主界面中将该图像直接以 JPG 的格式存到磁盘，以便分析，同时采集窗口关闭。

（3）图像定标、叠加标尺：在图像测量菜单中对图像进行“定标”，在编辑菜单中“叠加标尺”后保存图像。

(4) 测量碳钢组织中铁素体晶粒大小。

(5) 图像中的浅色是铁素体晶粒,在测量中计算机习惯处理深色部分,所以在图像处理菜单中对图像进行"图像反相",使颜色发生逆转,将铁素体晶粒变成深色;在目标处理菜单中进行"自动分割",铁素体晶粒变成红色,对连在一起的晶粒进行"颗粒切分",每个晶粒间出现明显界线;在编辑菜单中进行"测量设置",测量晶粒度只选取参数"等效圆直径"即可;在图像测量菜单中进行"目标测量",自动显示出图像中铁素体相对量,进行数据传送 Excel,保存数据。

五、实验报告要求

1. 写出实验目的和基本操作步骤。
2. 用截点法计算给定显微组织的晶粒平均直径,计算金相晶粒度评级。
3. 用图像分析法测奥氏体不锈钢的晶粒度。
4. 完成思考题。

六、思考题

1. 评价一下各种不同平均晶粒度计算方法的优缺点。
2. 讨论影响图像分析法分析显微组织中定量参数准确性的因素和解决办法。
3. 简述晶粒度对钢的性能的影响。
4. 思考实验科学中试样和实验区域选择的典型性和代表性的意义。

七、实验注意事项

1. 进行实验时,操作要细心。使用金相显微镜的过程中动作要轻微。
2. 实验室内各实验仪器不得自行拆卸。
3. 使用时如出现故障,应及时报告指导教师进行处理。
4. 显微镜各种镜头严禁用手指触摸或用手帕等擦拭,擦拭镜头需用镜头纸。
5. 在旋转聚焦旋钮时,动作要慢,碰到阻碍时立即停止操作,并报告指导教师进行处理。
6. 使用完毕,关闭电源,将显微镜恢复到使用前状态,经指导老师检查无误后,方可离开实验室。

八、参考文献

[1] Liu D X, Ding Y T, Guo T B, et al. Influence of fine-grain and solid-solution strengthening on mechanical properties and in vitro degradation of WE43 alloy[J]. Biomedical materials, 2014, 9: 15014.

[2] GB/T 14999.7—2010. 高温合金铸件　晶粒度、一次枝晶间距和显微疏松测定方法[S]. 2010.

[3] Lewis A C, Eberl C, Hemker K J, et al. Grain boundary strengthening in copper/niobium multilayered foils and fine-grained niobium[J]. Journal of materials

Science，2007，23(2)：376－382.

[4] 杜林秀，孙建伦，杨海峰，等. 500 MPa 超级钢的强化方式与显微组织[J]. 机械工程材料，2006，30(6)：30－33.

[5] GB/T 6394—2017. 金属平均晶粒度测定方法[S]. 2017.

[6] JB/T 7946. 4—2017. 铸造铝合金金相 第 4 部分：铸造铝铜合金晶粒度[S]. 1999.

[7] R Mahmudi. Grainboundary strengthening in a fine grained aluminum alloy[J]. Scripta Metallurgica，1995，32(5)：781－786.

[8] GB 4335—1984. 低碳钢冷轧薄板铁素体晶粒度测定法[S]. 1984.

[9] 石鑫，徐胜利. 超细晶强化技术在热锻模增寿中的应用[J]. 锻压装备与制造技术，2017，52(4)：101－103.

[10] 刘沿东，刘顺臻，宋华丁，等. 低碳马氏体钢的细晶强化机理及其力学性能[J]. 东北大学学报(自然科学版)，2014，35(4)：499－503.

[11] 李德强，叶其斌，周成，等. 含 Nb-Ti 低碳钢的析出与细晶强化效应研究[J]. 鞍钢技术，2012(4)：21－25.

实验 6　定量金相的测定

一、实验目的

学习用网格数点法、网格截线法、显微镜测微目镜测定法、线段刻度测定法及图像分析测定法测定物相体积百分数的方法。

二、实验原理

体视学是由二维截面或投影面上的图像特征参数复原(或推证)三维空间图像形貌的科学。定量金相则是根据体视学原理,由金相试样磨面上测量和计算出的二维参量来确定三维空间中物相体积分数。

1. 测定方法总则

体视学原理中,体视学互换公式如下式(6-1):

$$V_V = A_A = L_L = P_P \tag{6-1}$$

其中:A_A——待测物相面积,%;

L——某角度测量线段长,mm;

L_L——待测物相线,%;

$L_1 \sim L_8$——某角度的测量线段被物相所截割的线段长,mm;

P_P——待测物相点,%;

V_V——待测物相体积,%。

试样的切取和制备按国家标准 GB/T 13298《金属显微组织检验方法》的有关规定进行。

放大倍数的选择应以清晰地分辨待测物相的形貌和边界为准,在此基础上,选择较低倍数。

测量时应选择具有代表性的视场。测量视场数取决于待测物相均匀性,一般不少于五个视场并应避免视场间的重叠,取平均值作为测量结果。

物相含量的计算结果应至少保留小数点后一位。

物相常见形态有近似等轴状、条带状及不规则状,如下图 6-1 物相形态参考图所示。

近似等轴状待测物相(黑色)见图 6-1(a)、(b);条带状待测物相(黑色)见图 6-1(c)、(d);不规则状待测物相(黑色)见图 6-1(e)、(f)。

需要注意的是,网格数点法仅适用于形态近似等轴状物相的含量测定,而其他方法适用于所有形态物相的含量测定。

2. 网格数点法

采用网格数点法对物相进行测量,网格间距与待测物相间的距离接近,参见图 6-2(a)。

将网格覆盖在待测图像上,数出落在待测物相上的格点数。待测物相边界上的格点,以 1/2 计算。

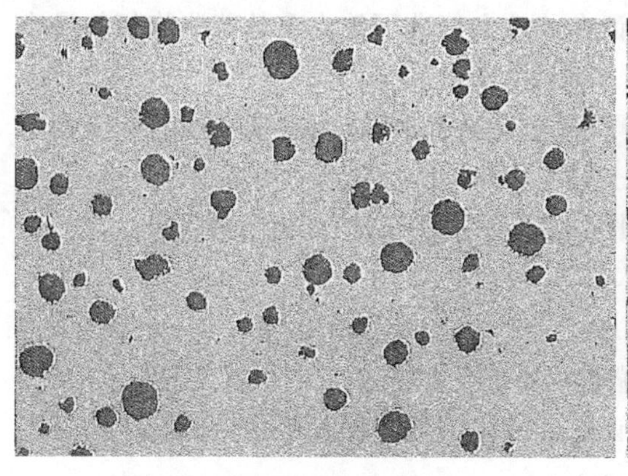

(a) 球墨铸铁中球状石墨 100×

(b) 正火钢中珠光体 200×

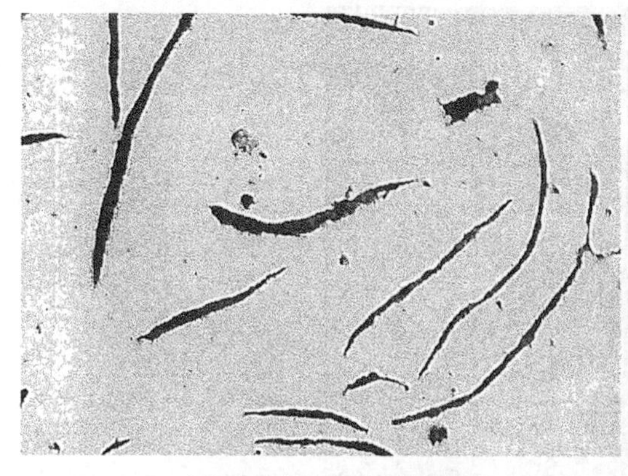

(c) 灰铸铁中条状A型石墨 500×

(d) 轧制钢中带状珠光体 500×

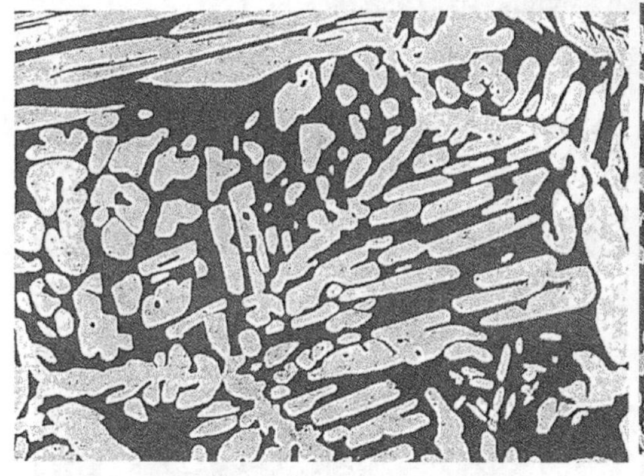

(e) (铁素体＋奥氏体)双相不锈钢中铁素体 200×

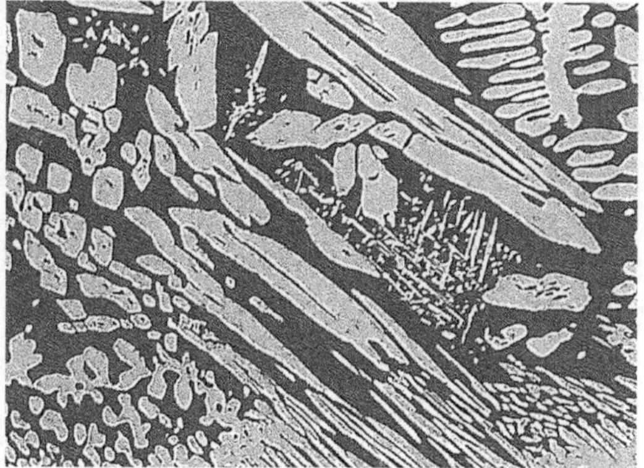

(f) (铁素体＋奥氏体)双相不锈钢中铁素体 200×

图6-1　物相形态参考图

点百分数 P_P 为落在待测物相上的格点数与网格总格点数的百分比，按公式(5-1)计算待测物相的体积百分数 V_V。

3. 网格截线法

采用网格截线法对物相进行测量，网格间距与待测物相间的距离接近，参见图6-2(a)。

放大倍数在满足总则中要求时，还应保证在此放大倍数下绝大多数待测物相的最小截距不小于测量网格的最小刻度(1 mm)。

将网格覆盖在待测图像上，测出落在待测物相上的线段长。当测量线段与待测物相边界重合时，以重合线段的1/2计算。

线百分数 L_L 为落在待测物相上的线段长与网格总线段长的百分比，按照公式(6-1)计算待测物相体积百分数 V_V。

4. 显微镜测微目镜测定法

采用可旋转的显微镜测微目镜直接在显微镜视场中对物相进行测量，参见图6-2(b)。

放大倍数在满足总则中要求时，还应保证在此放大倍数下绝大多数待测物相的最小截距不小于显微镜测微目镜的最小刻度(1 mm)。

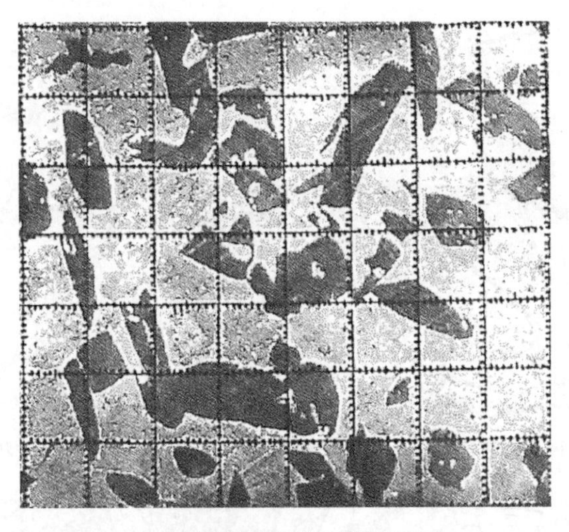

(a) 网格数点法及网格截线法测量

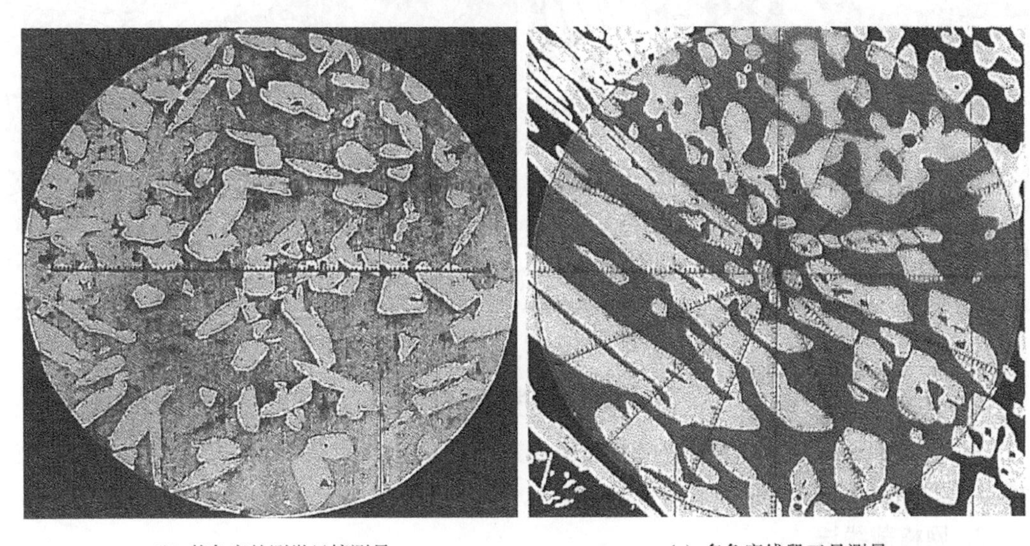

(b) 某角度的测微目镜测量　　(c) 多角度线段工具测量

图6-2　测量参考图

对于所有形态的待测物相，都需要近似等分的八个角度上的待测物所截割的线段长。当测量线段与待测物相边界重合时，以重合线段的 1/2 计算。

按照公式(6 - 2)计算线百分数 L_L，再按公式(6 - 1)计算待测物相体积百分数 V_V。

$$L_L = \frac{L_1 + L_2 + L_3 + L_4 + L_5 + L_6 + L_7 + L_8}{8 \times L} \times 100 \qquad (6-2)$$

5. 线段刻度测定法

在待测图像上画出最小刻度为 1mm 的多角度线段或采用最小刻度为 1mm 的多角度线段工具对物相进行测量，参见图 6 - 2(c)。

放大倍数在满足总则中要求时，还应保证在此放大倍数下绝大多数待测物相的最小截距不小于测量工具的最小刻度(1 mm)。然后按照前述方法进行测定。

6. 图像分析测定法

采用可实现自动化的图像分析法对物相进行测量。

浸蚀试样要求待测物相衬度明显且轮廓线清晰。

测量步骤主要为：

(1) 在图像分析软件中打开待测图像；

(2) 加载标尺；

(3) 若图像为灰度图像，直接进行阈值分割提取待测物相；若图像为真彩色图像，可直接进行阈值分割提取待测物相，也可将图像彩色灰度化后进行阈值分割提取物相；

(4) 自动测量待测物相面积百分数 A_A，按公式(6 - 1)计算待测物相体积百分数 V_V。

三、实验仪器与材料

1. 实验仪器：金相显微镜(含数码摄像系统、图像分析系统)、带毛玻璃投影屏的金相显微镜。

2. 实验材料：供测量晶粒度用的实验样品、物镜测微尺、目镜测微尺。

四、实验内容与步骤

1. 学习用网格数点法、网格截线法、显微镜测微目镜测定法、线段刻度测定法及图像分析仪测定法等多种方法来测定不同物相的体积百分数。

2. 学习使用 ZEISS Axio Vert A1 金相显微镜拍摄样品显微组织图片，并使用图像分析软件进行物相的定量测定。

五、实验报告要求

1. 写出实验目的和基本操作步骤。

2. 简述测定待测物相体积百分数的主要方法。

3. 用网格数点法或者网格截线法计算给定显微组织的体积百分数。

4. 采集给定实验样品的金相图片，使用图像分析法测定样品的体积百分数。

5. 完成思考题。

六、思考题

1. 为何说网格数点法仅适用于形态近似等轴状物相的含量测定，而其他方法适用于所有形态物相的含量测定？

2. 简述不同方法的优缺点各是什么？

七、实验注意事项

1. 进行实验时，操作要细心。使用金相显微镜的过程中动作要轻微。

2. 实验室内各实验仪器不得自行拆卸。

3. 使用时如出现故障，应及时报告指导教师进行处理。

4. 显微镜各种镜头严禁用手指触摸或用手帕等擦拭，擦拭镜头需用镜头纸。

5. 在旋转聚焦旋钮时，动作要慢，碰到阻碍时立即停止操作，并报告指导教师进行处理。

6. 使用完毕，关闭电源，将显微镜恢复到使用前状态，经指导老师检查无误后，方可离开实验室。

八、参考文献

[1] GB/T 15749—2008. 定量金相测定方法[S]. 2008.

实验 7　常用铸铁的微观组织分析

一、实验目的

1. 通过磨制样品，熟练掌握金相磨制的基本过程和方法。
2. 通过典型样品观察，熟悉常用铸铁基体组织并区分不同铸铁的形貌特征。
3. 认识石墨在基体中的不同形态，了解石墨形态对集体性能的影响。

二、实验原理

铸铁是碳质量分数大于 2.11%的铁碳合金，工业用铸铁一般含碳量为 2%～4%。碳在铸铁中多以石墨形态存在，有时也以渗碳体形态存在。除碳外，铸铁中还含有 1%～3%的硅，以及锰、磷、硫等元素。碳、硅是影响铸铁显微组织和性能的主要元素。在性能上铸铁强度、塑性、韧性较差，但却具有许多优良的力学性能，如优良的抗震性、耐磨性、铸造性和可切削性等，而且生产工艺和融化设备简单，因此在工业中得到普遍应用。

1. 普通灰口铸铁

普通灰口铸铁是由片状石墨和金属基体组成。其含碳量较高(2.7%～4.0%)，断口呈灰色，简称灰铁。熔点低(1 145～1 250℃)，凝固时收缩量小，抗压强度和硬度接近碳素钢，减震性好，用于制造机床机身、汽缸、箱体等结构件。普通灰铸铁基体有三种形式：铁素体基体、(铁素体＋珠光体)基体(图 7－1)和珠光体基体(图 7－2)。灰铸铁的力学性能与基体的组织和石墨的形态有关。灰铸铁中的片状石墨对基体的割裂严重，在石墨尖角处易造成应力集中，使灰铸铁的抗拉强度、塑性和韧性远低于钢，但抗压强度与钢相当，也是常用铸铁件中力学性能最差的铸铁。同时，基体组织对灰铸铁的力学性能也有一定的影响，铁素体基体灰铸铁的石墨片粗大，强度和硬度最低，故应用较少；珠光体基体灰铸铁的石墨片细小，有较高的强度和硬度，主要用来制造较重要铸件；铁素体—珠光体基体灰铸铁的石墨片较珠光体灰铸铁稍粗大，性能不如珠光体灰铸铁。故工业上较多使用的是珠光体基体的灰铸铁。

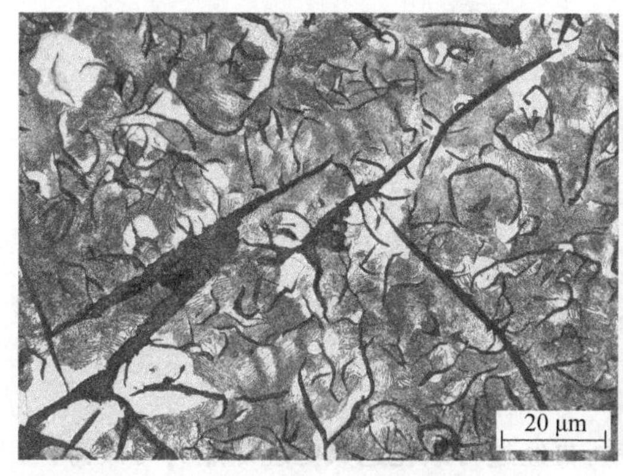

图 7－1　(F＋P)基体＋片状石墨 500×

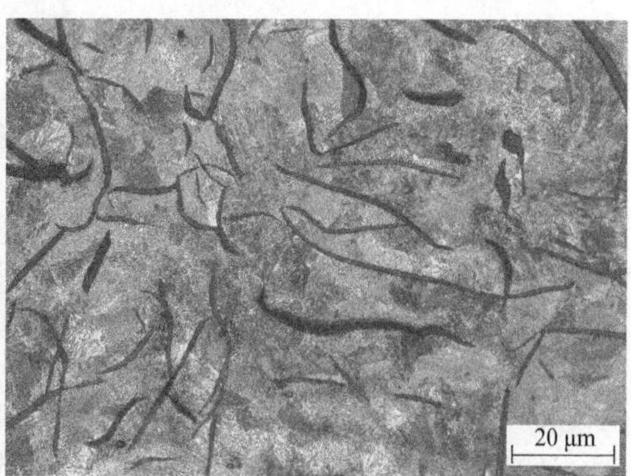

图 7－2　P 基体＋片状石墨 500×

2. 球墨铸铁

球墨铸铁是一种优质铸铁，是低磷、硫的灰口铸铁成分在浇注前加入球化剂(镁铁活稀土合金)和墨化剂(硅铁)，使石墨结晶成球状，见图 7－3 所示。由于球状石墨对集体的割裂作用很小，因而可以强化基体以提高其强韧性。球墨铸铁的力学性能取决于球墨的大小、数量和分布。球墨数量越少、越细小、分布越均匀球墨铸铁的力学性能越高。其综合性能接近于钢。用于制造内燃机、汽车零部件及农机具等。其中(铁素体＋珠光体)基体的球墨铸铁见图 7－4(又称为牛眼状石墨，它是加稀土镁球化剂而形成)应用最广。

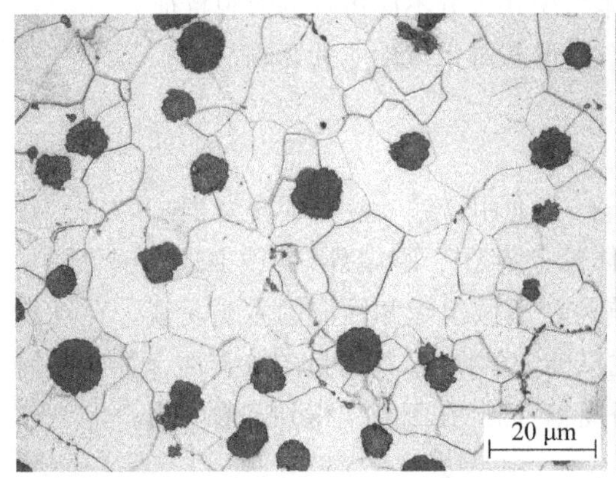

图 7－3　F 基体＋球状石墨 500×

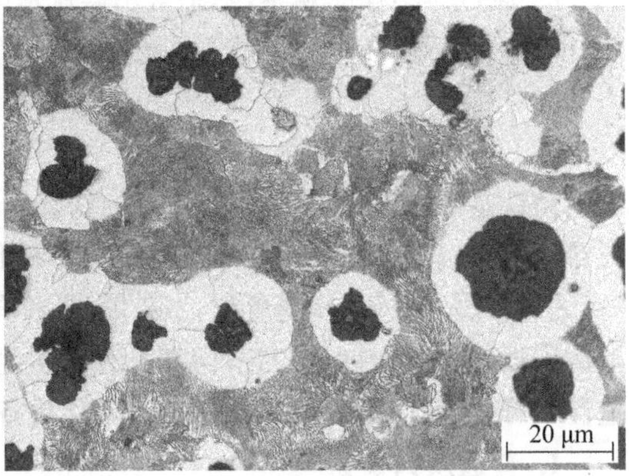

图 7－4　(F＋P)基体＋球状石墨 500×

3. 蠕墨铸铁

蠕墨铸铁(图 7－5)是近 30 多年来迅速发展起来的一种新型铸铁材料。将灰口铸铁在浇注前加入稀土硅铁，使石墨结晶球化不完善而成蠕虫状，蠕墨铸铁是介于片状石墨和球状石墨之间的石墨形态，故其组织和性能处于球墨铸铁和灰铸铁之间，具有良好的综合性能，其铸造性能比球墨铸铁好，与灰铸铁相近，可制造形状复杂的铸件。

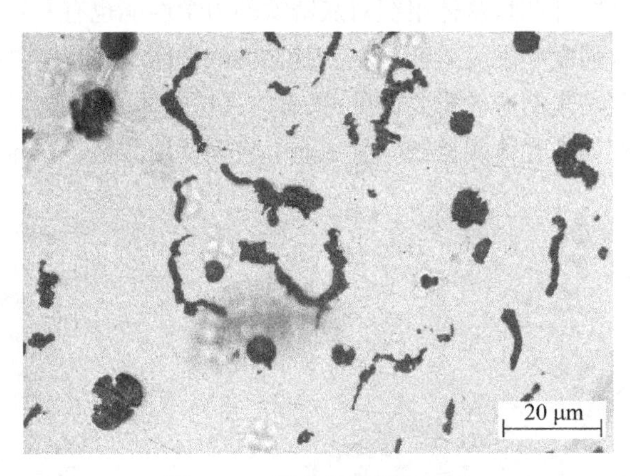

图 7－5　蠕虫状石墨 500×

4. 可锻铸铁

通过控制成分和冷却速度得到的白口铸铁，再经过可锻化退火处理即成为可锻铸铁，又称为延性铸铁。可锻铸铁的中的石墨成团絮状。由于可锻铸铁中的石墨呈团絮状，对基体的割裂作用较小，它的性能优于灰口铸铁，接近于同样基体的球墨铸铁，质量稳定，塑性和韧性好，但可锻铸铁并不能进行锻压加工，且退火时间较长，生产效率较低。在球墨铸铁出现以前，它是综合性能最佳的铸铁。可锻铸铁一般分为两种：① 铁素体(F)＋团絮状石墨(G)(图7－6)；② 珠光体(P)＋团絮状石墨(G)(图7－7)。可锻铸铁的基体组织不同，其性能也不一样，其中黑心可锻铸铁具有较高的塑性和韧性，而珠光体可锻铸铁具有较高的强度、硬度和耐磨性。可锻铸铁常用于制造形状复杂、能承受强动载荷的零件。

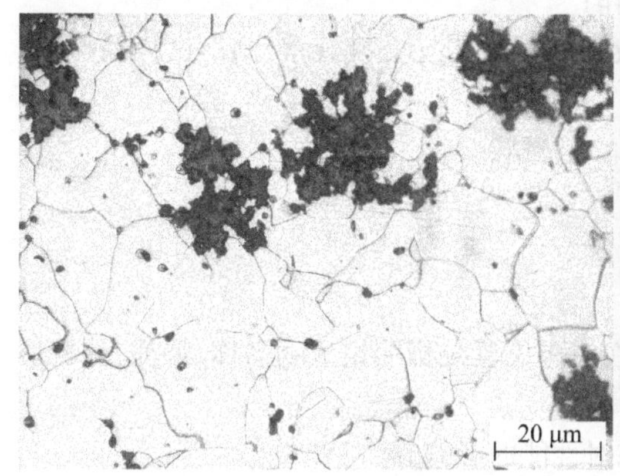

图7－6　F基体＋团絮状石墨 500×

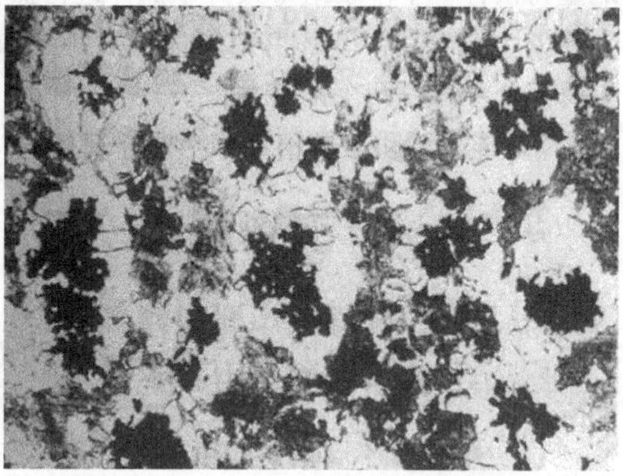

图7－7　(F＋P)基体＋团絮状石墨 100×

三、实验仪器与材料

1. 实验仪器：金相显微镜、磨抛机。

2. 实验材料：灰铸铁、球墨铸铁、可锻铸铁、蠕墨铸铁样品，不同型号的金相纸若干、抛光粉或抛光膏、4%硝酸酒精溶液、吹风机、棉花、玻璃培养皿等腐蚀套餐用品。

四、实验内容与步骤

1. 试样标号并打磨金相

将给定的四组试样标样，贴上标签以区分不同试样，将四个试样逐个进行打磨。试样经水磨机上预磨平整后分别使用不同粗细的金相纸进行打磨，由粗到细，直至待观察试样表面无划痕为止；再配置抛光液(每 500 ml 抛光液中含 1～2 勺抛光粉)或使用金刚石抛光膏，在抛光机上进行抛光，直至在显微镜下观察不到明显划痕为止。

2. 对试样进行腐蚀

将抛光完毕的试样采用 4%的硝酸酒精溶液进行腐蚀。在腐蚀前先用流动的清水冲洗试样表面以去除待观察试样表面的杂物，再用酒精冲洗表面，在吹风机上将试样表面吹干。待试样表面清理干净以后，用镊子将棉花在腐蚀皿中蘸取少量腐蚀液，并铺盖在试样抛光面表面，腐蚀 1～2 min 左右。腐蚀结束以后分别用清水和酒精将表面冲洗干净，用吹风机吹干表面，即可在显微镜下观察表面组织。

3. 显微镜下观察试样表面并画出图样

将腐蚀完毕的试样放于载物台对表面金相进行观察，调节焦距直至清晰观察到表面形貌为止，并画出所观察到的金相图样。

4. 将所画出的金相试样图与图谱对照

将画出的金相试样图与预先做好的金相照片进行对比，指出试样的材料名称，并标出图中组织的名称。

5. 实验分组与具体实施

(1) 实验分组，每组四人，每个小组领取一组试样(包括灰铸铁、球墨铸铁、可锻铸铁、蠕墨铸铁各一个)，小组每人一个试样进行操作；

(2) 试样观察、画图并对照完毕后小组成员将试样相互交换观察、画出试样图样，直至每人全部画完四个样品为止。

(3) 实验后由教师组织学生进行交流讨论和总结。

五、实验报告要求

1. 写出实验目的和基本内容步骤等。

2. 画出所观察到的铸铁组织示意图，并在对应位置处标明组成物名称、特征、分析形成过程。

3. 分析比较不同铸铁的组织中石墨形态对性能的影响。

六、思考题

1. 简述石墨在上述四种常用铸铁中分布形态以及与力学性能的关系。

2. 从力学性能的角度出发，试论述“以铁代钢”的说法有没有根据。

七、实验注意事项

1. 硝酸具有强腐蚀性，在腐蚀过程中，不可将手与腐蚀液进行接触。

2. 在使用显微镜时，试样及手要洗净擦干，试样不得接触镜头，显微镜每次使用完毕一定要关闭电源。

3. 在用吹风机吹干试样表面时，选用冷风吹干，温度不得过高以防破坏试样组织。

八、参考文献

[1] Collini L，Nicoletto G，Konečná R. Microstructure and mechanical properties of pearlitic gray cast iron[J]. Materials Science and Engineering：A，2008，488(1-2)：529-539.

[2] Malinov S S. Influence of the Chemical Composition of High-Alloyed White Cast Iron on the Thermal Stability[J]. Journal of Abnormal Psychology，1996，67(4)：371-378.

[3] Erić Olivera，Rajnović Dragan，Zec Slavica，et al. Microstructure and fracture of alloyed austempered ductile iron[J]. Materials Characterization，2006，57(4/5)：211-217.

[4] 王国凡，汤爱君，景财年，等. HT250 灰口铸铁的退火工艺和性能试验[J]. 金属热

处理,2004(09):44-45.

[5] 姜珂.超低温奥氏体球墨铸铁微观组织与低温冲击断裂行为的研究[D].沈阳:沈阳工业大学,2017.

[6] 李强.低温高韧性球墨铸铁微观组织与力学性能研究[D].西安:西安理工大学,2018.

[7] 张希俊,张方,吕建国.定量金相技术在可锻铸铁研究中的应用[J].有色金属设计,2003(03):70-74.

[8] 兰鹏,李阳,张家泉.灰口铸铁低频热疲劳载荷下的微观组织与拉伸性能[J].材料热处理学报,2014(04):149-155.

[9] 徐建林,陈超.灰口铸铁金相图片分析的研究[J].制造业自动化,2000(04):53-56.

[10] 张震.基于消失模铸造的短流程等温淬火球墨铸铁微观组织及性能[D].沈阳:沈阳工业大学,2018.

[11] 马文旭,毛磊,秦森.可锻铸铁石墨化退火工艺的优化[J].热处理,2013(01):55-58.

[12] 郑冰,任凤章,张旦闻等.两种蠕墨铸铁显微组织与切削加工性能[J].河南科技大学学报(自然科学版),2015(05):5-9.

[13] 张佳琦,司乃潮,刘光磊等.蠕化率对蠕墨铸铁组织及热疲劳性能的影响[J].材料导报,2015(14):111-115.

[14] 祖方遒.生长条件对灰口铸铁共晶凝固过程石墨形态的作用[J].铸造,2012,61(1):11-16.

[15] 张忠仇,李克锐,曾艺成.我国蠕墨铸铁的现状及展望[J].铸造,2012(11):1303-1307.

[16] 郝保红,杨森.铸铁石墨形态对强度的影响新探[J].北京石油化工学院学报,2008(01):39-44.

实验 8 碳钢中常见的显微组织缺陷及夹杂物的金相鉴定

一、实验目的

1. 熟悉碳钢在锻造、热处理等热加工过程中常见显微组织缺陷。
2. 掌握常见缺陷的形成原因、影响因素及对性能的影响。

二、实验原理

1. 带状组织

在经热加工后的亚共析钢显微组织中，铁素体与珠光体沿压延变形方向交替成层状分布的组织，称为带状组织。

金属材料中两种组织组分呈条带状沿热变形方向大致平行交替排列的组织(图 8-1)，在低碳钢中，由于夹杂物的含量较多，加工变形后，夹杂物呈流线分布，当钢从热加工温度冷却时，这些夹杂物可作为先共析铁素体成核的核心，使先共析铁素体先在夹杂物周围生成，最后剩余奥氏体变成珠光体，使先共析铁素体和珠光体呈带状分布，形成带状组织。锻造时，若停锻温度低于 Ac_3，处于($\alpha+\beta$)相区的范围，在锻造过程中析出的铁素体按金属的加工流动方向呈带状分布，奥氏体也被带状分布的铁素体割裂成带状，当继续冷却到 Ac_1 下时，奥氏体分解转变的珠光体则保持原奥氏体的带状分布，产生带状组织。

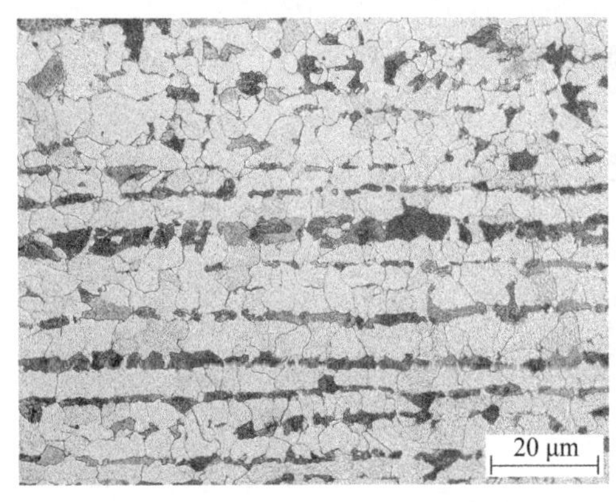

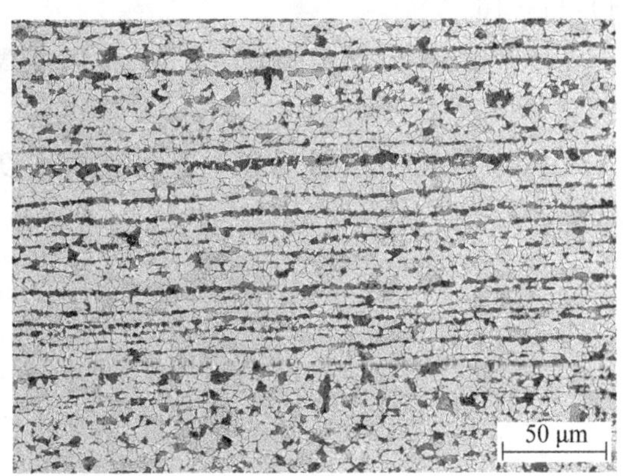

图 8-1 45 钢中的带状组织(500×+200×)

带状组织使钢的机械性能产生各向异性，即沿着带状纵向的强度及韧性比横向的高，带状组织的工件热处理易变形，硬度不均匀。具有带状组织缺陷的钢材，其性能具有显著的方向性。

带状组织形成的原因，外因为压延，其内因为钢锭内的磷、硫的偏析和夹杂物，组织中，含磷高的部分或硫化物和夹杂物附近为铁素体。带状组织可用正火处理来消除，由于磷偏析而引起的带状组织需要通过高温退火和随后的正火来改善，但是有时也难于完全消除。

2. 非金属夹杂物

钢中非金属夹杂物(图 8－2)根据来源可分两大类,即外来非金属夹杂物和内在非金属夹杂物。外来非金属夹杂物是钢冶炼、浇注过程中炉渣及耐火材料浸蚀剥落后进入钢液而形成的,内在非金属夹杂物主要是冶炼、浇注过程中物理化学反应的生成物,如脱氧产物等。它们都会降低钢的机械性能,特别是降低塑性、韧性及疲劳极限。严重时,还会使钢在热加工与热处理时产生裂纹或使用时突然脆断。非金属夹杂物也促使钢形成热加工纤维组织与带状组织,使材料具有各向异性。严重时,横向塑性仅为纵向的一半,并使冲击韧性大为降低。因此,对重要用途的钢(如滚动轴承钢、弹簧钢等)要检查非金属夹杂物的数量、形状、大小与分布情况。此外,钢在整个冶炼过程中,都与空气接触,因而钢液中总会吸收一些气体,如氮、氧、氢等。它们对钢的质量也会产生不良影响。

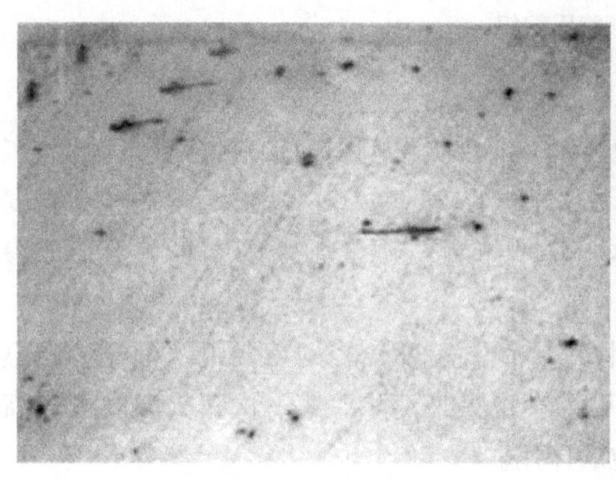

(a) 非金属夹杂物　　(b) 硫化物夹杂

图 8－2　钢中常见夹杂物

通常存在于钢中的夹杂物大致有以下几种:

(1) 氧化物,常见的有 Al_2O_3、Cr_2O_3,为脆性夹杂,热加工时它不易变形,总是沿着加工压延方向成多角形颗粒排列成条状分布。

(2) 硫化物,MnS、FeS 硫化物夹杂物具有塑性,在钢材中呈条状形态,硫化锰呈浅灰色,硫化铁呈灰黄色。

(3) 硅酸盐,钢中的硅酸盐夹杂的成分比较复杂,经热加工后一般沿着变形方向延伸,外形粗糙,不光滑。

(4) 氮化物,常见的有 TiN、ZrN 等,显方形、矩形、三角形,有橘红色的色泽。

3. 魏氏组织

亚共析钢在锻造、轧制、焊接、铸造和热处理时,由于高温形成粗晶奥氏体。在冷却时,游离铁素体除沿晶界析出外,还有一部分铁素体从晶界伸向晶粒内部,或在晶粒内部独自析出。这种片状铁素体分布在珠光体上的组织称为亚共析钢的魏氏组织(图 8－3(a))。如果材料是过共析钢,析出物是渗碳体,即是过共析钢的魏氏组织(图 8－3(b))。

形成魏氏组织有以下几个特征:

(1) 形成魏氏组织时,试样表面出现浮雕,并且铁素体与奥氏体晶粒间有一定位向关系。

(a) 20 钢 200×

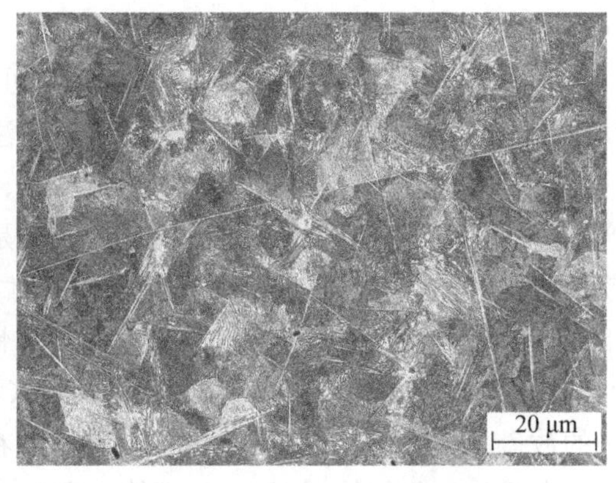

(b) T13 过热组织 500×

图 8-3　魏氏组织

(2) 粗晶粒奥氏体易于形成魏氏组织。

(3) 魏氏组织在一定温度(不大的过冷度)和一定含碳量范围内形成:含碳量较低(<0.3%)的钢在较低的温度(较大的过冷)时形成;含碳量较高(如>0.3%)的钢在较高温度时形成;含碳>0.5%的钢只形成晶界铁素体,但过共析钢含碳量在>1.0%时才会形成渗碳体的魏氏组织。

魏氏组织的出现,使钢的强度、塑性、韧性都降低。程度较轻的魏氏组织可经适当温度的正火加以消除;程度较重的魏氏组织可用二次正火来消除。第一次正火温度可较高些;第二次正火温度可降低些,兼有细化晶粒的作用。

比较重要的产品一般不允许这种组织存在。国标 GB/T 13299—2022《钢的游离渗碳体、珠光体和魏氏组织的评定方法》将魏氏组织,按其严重程度分 A、B 两个系列,各六个等级。

4. 球化不良

碳素工具钢、合金工具钢和滚动轴承钢等含碳量较高的钢,淬火前需在 Ac_1 线以上 20～30℃加热,进行球化退火。球化退火的温度不当或保温不足,会使组织中存在部分或全部片状珠光体及碳化物过大和过小的现象,这种球化不良的现象会影响到切削加工性、最终热处理所得到的组织及性能。

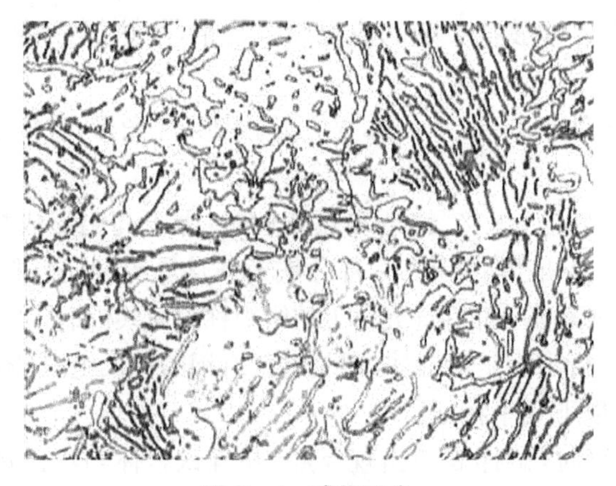

图 8-4　球化不良

碳素工具钢和合金工具钢球化级别依照国标 GB/T 1298—2008《碳素工具钢》评定，共分六级。

5. 过热或过烧组织

钢材料过热一般是指加热时，由于超过正常加热温度，晶粒粗化，引起韧性下降的现象，碳素钢过热后易出现魏氏组织。

过烧对于钢件来说，一般是由于加热温度过高，或在高温下停留时间过长，除了出现未氏组织外，同时发生粗大的晶粒边界被烧熔而氧化，破坏了金属基体的连续性，这种现象称为过烧。

表面过烧，在条件许可（足够加工余量）的情况下可用机械加工除去，一般无法改正。因此，过烧是不允许的缺陷，一般只能作废品处理。

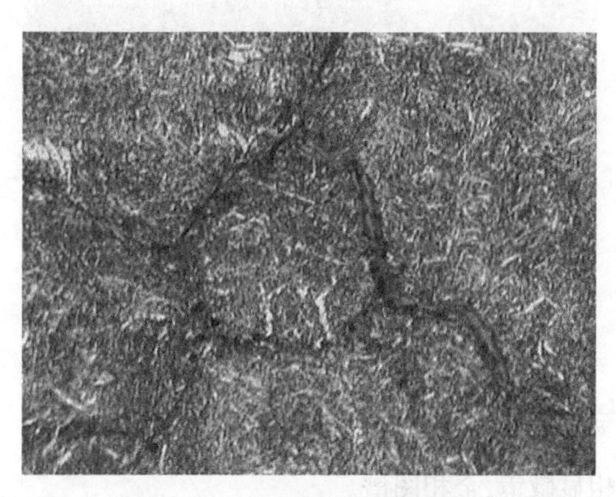

图 8－5　晶界氧化、过烧组织

6. 钢表面的脱碳

钢的各种热加工工序的加热或保温过程中，由于周围氧化气氛的作用，使钢材表层的碳全部或部分丧失掉，这种现象叫作脱碳，具有脱碳的表层称为脱碳层。脱碳层深度是指从脱碳层表面到脱碳层与金相组织差异已经不能区别的位置的距离。

钢表层的脱碳，将大大降低材料的表面硬度、耐磨性及疲劳极限。重要的机械零件是不允许存在脱碳缺陷的。为此，在加工零件时，脱碳层必须除净。

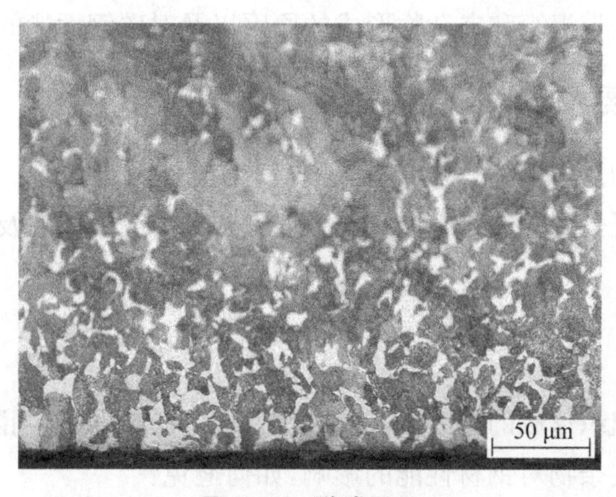

图 8－6　脱碳(T8)

7. 带状碳化物

在钢的凝固过程中，由于成分偏析，使含有较高碳和合金元素的钢内出现共晶碳化物，它在热加工过程中随着变形，延伸成为带状分布，称为带状碳化物。

高速钢、铬轴承钢、高铬钢(如 Cr12MoV)等钢种，出现带状碳化物的概率比较高。它使材料的脆性增大，工模具产生崩刃、断裂、淬火变形开裂等缺陷。可用反复锻造来改变带状碳化物。

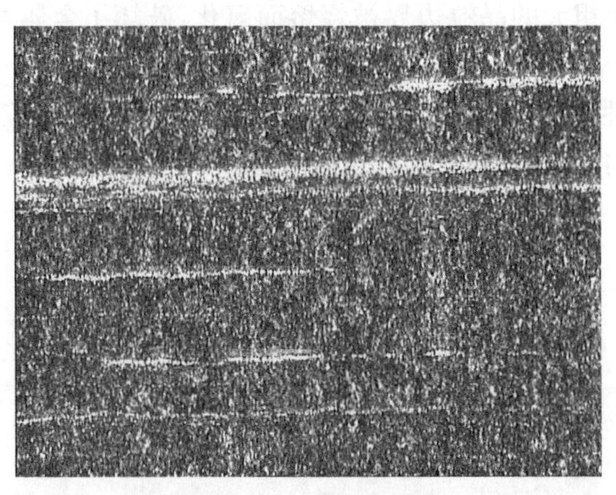

图 8-7 带状碳化物

三、实验仪器与材料

1. 实验仪器：金相显微镜、金相图谱。
2. 实验材料：条带组织试样、夹杂物试样、魏氏组织、球化不良、脱碳、过烧组织试样。

四、实验内容与步骤

1. 观察试样的组织，打开光学显微镜，将处理好的试样放在显微镜的载物台上，采用200 倍光学镜头，调节焦距至图像显示清晰为止，观察组织形貌。
2. 画出条带组织和夹杂物形态，画出显微镜中所观察到碳钢的条带组织与夹杂物的形态。
3. 分析和讨论条带组织和夹杂物形成的原因以及对碳钢性能的影响。

五、实验报告要求

1. 写出实验目的及内容。
2. 画出实验所观察到的缺陷组织，指出主要特征、形成原因以及防止办法。
3. 完成思考题。

六、思考题

1. 试简述带状组织形成的原因以及对碳钢性能的影响，如何消除？
2. 简述非金属夹杂物对钢材性能的影响，如何避免？

3. 分析其他各种类型缺陷对材料性能的影响。

七、实验注意事项

1. 观察时,试样和手要洗净擦干,试样不得接触镜头;调节焦距时,应当先调整到较低位置,观察时再从下往上调。

2. 禁止用手直接接触镜头,若有灰尘,不可用口吹或手擦,须用专用镜头纸或专用小毛刷擦净;显微镜使用结束后,应关闭电源。

八、参考文献

[1] 段少平,皇甫江涛. 连铸坯夹杂物产生原因分析及改进措施[J]. 山东冶金,2018,40(2):24-26.

[2] 朴占龙,马军红,王雁,等. 普碳钢生产过程对显微夹杂成分的影响[J]. 上海金属,2017(3):57-61,67.

[3] 徐远蒙,张虞婷,冒学敏. 球墨铸铁 QT500—7 球化不良的原因分析及防止措施[J]. 中国铸造装备与技术,2017(06):48-51.

[4] 胡磊,王雷,麻晗. 高碳钢盘条的表面氧化与脱碳行为[J]. 钢铁研究学报,2016(3):67-73.

[5] 王臻. 中高碳钢热处理过程中夹杂物的析出与组成研究[J]. 铸造技术,2014(12):2845-2847.

[6] 易炜发,朱定一,胡真明,等. 热轧变形对高碳 TWIP 钢组织缺陷和力学性能的影响[J]. 材料科学与工艺,2011(5):45-49.

[7] 张毅,邬君飞,缪乐德. 钢中非金属夹杂物的分析研究进展[J]. 宝钢技术,2008(02):35-40.

[8] 李建华,刘静,陈晓. 高碳钢盘条热轧及冷拔过程中的组织缺陷[J]. 物理测试,2008(02):20-22.

[9] 宁玫,李志群,孙梅红,等. 魏氏组织形成机理及对钢管性能影响的分析研究[J]. 天津冶金,2008(05):118-124.

[10] 马幼平,鲁路. 魏氏组织和氧化物对 HRB335 钢筋脆断的影响[J]. 西安建筑科技大学学报(自然科学版),2002(03):236-238.

[11] 丁琦,孙立三. 碳钢盘条的组织缺陷对冷拉早期断裂的影响[J]. 纺织器材,1984(2):34-36.

[12] GB/T 34474.1—2017　钢中带状组织的评定 第 1 部分:标准评级图法[S]. 2017.

[13] GB/T 10561—2005　钢中非金属夹杂物含量的测定　标准评级图显微检验法[S]. 2005.

[14] GB/T 13299—2022　钢的游离渗碳体、珠光体和魏氏组织的评定方法[S]. 2022.

[15] GB/T 1298—2008　碳素工具钢[S]. 2008.

实验 9　有色金属及其合金的显微组织

一、实验目的

1. 了解铜及其合金的显微组织，包括纯铜（退火）、黄铜（退火，单相和双相）、铝青铜（铸态和固溶处理）、锡青铜（铸态）、铅青铜（铸态）等。

2. 熟悉铝合金、镁合金、钛合金及轴承合金的显微组织。

二、实验原理

狭义的有色金属又称非铁金属，是铁、锰、铬以外的所有金属的统称；广义的有色金属还包括有色合金。有色合金是以一种有色金属为基体（通常大于 50%），加入一种或几种其他元素而构成的合金。有色金属是国民经济、人民日常生活及国防工业、科学技术发展必不可少的基础材料和重要的战略物资。农业现代化、工业现代化、国防和科学技术现代化都离不开有色金属[1]。例如飞机、导弹、火箭、卫星、核潜艇等尖端武器以及原子能、通讯、雷达、电子计算机等尖端技术所需的构件或部件大都是由有色金属中的轻金属和稀有金属制成的；此外，没有镍、钴、钨、钼、钒、铌等有色金属也就没有合金钢的生产[2~4]。有色金属及其合金的显微组织可以通过金相显微镜观察，建立材料的显微组织与各种性能间的定量关系，了解不同处理工艺对材料性能的影响，为进一步提高材料性能打下基础。

1. 纯铜

纯铜也称为紫铜，最大的特点是导电及导热性好，大部分是用在电器工业上，溶解于铜中的元素，有 Al，Ni，Sn，Zn 等，与铜形成脆性化合物的元素有 O，P，S 等，常见的夹杂物有 Cu_2O 和 Cu_2S。Cu_2O 明场下是浅蓝灰色，偏光下是红宝石色，生产上常用金相法来测定含氧量，将制备好的金相样品与国家标准对照，氧会使铜产生“氢病”。这是由于含氧的铜在还原性气氛（H_2，CO，CH_4 等的气体）中加热时，其他气体扩散到铜中与其中的氧起作用，形成不溶于铜的水蒸气，产生很高的蒸气压，造成显微裂纹[5]。退火态的纯铜金相微观组织如图 9－1。

图 9－1　纯铜（退火）金相显微组织

2. 铜合金

2.1　黄铜

黄铜是铜锌合金，由铜锌合金相图（图 9－2）可知，小于 39%Zn 的黄铜组织为单相 α 固溶体，这种黄铜称为 α 黄铜或单相黄铜。单相黄铜 H70 经变形及退火后，其 α 晶粒呈多边形，并有大量退火孪晶。单相黄铜具有良好的塑性，可进行各种冷变形[6]。

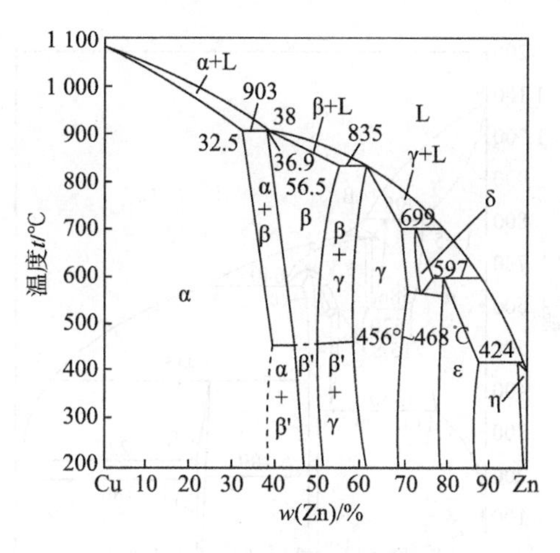

图 9-2　Cu-Zn 合金相图

含 39%～45%Zn 的黄铜具有(α+β′)两相组织，称为双相黄铜。双相黄铜 H62 的显微组织中，α 相呈亮白色，β′相为黑色。β′相是以 CuZn 电子化合物为基的有序固溶体，在低温下较硬较脆，但在高温下有较好的塑性，所以双相黄铜可以进行热加工[7]。

(a) H70 单相黄铜(退火) 500×　　(b) H62 双相黄铜(退火) 500×

图 9-3　黄铜金相显微组织

2.2　青铜

青铜可分为铜锡合金和铜铝合金。

(1) 铸态锡青铜 ZQSn10

由铜锡相图(图 9-4)可知，铜锡合金结晶温度间隔很宽，易偏析。而且锡在铜中扩散很困难。因此锡青铜的实际组织与平衡状态相差很大。锡青铜的组织可分为 α 和(α+δ)两类。α 是锡在铜中的固溶体，塑性良好，适于冷加工。δ 是复杂立方晶格的化合物，硬而脆。

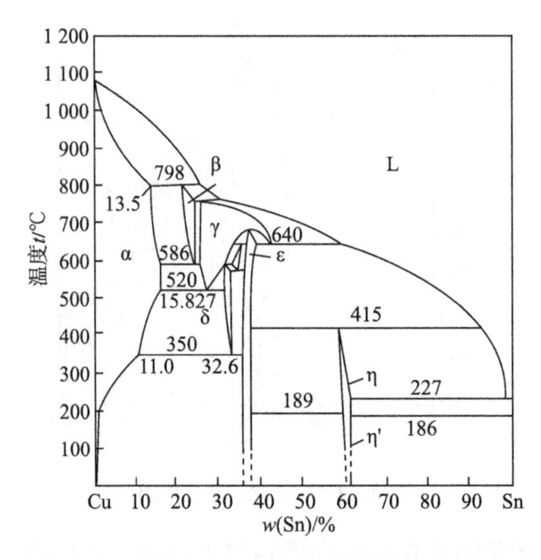

图 9-4　Cn-Sn 合金相图

由铜锡相图(图 9-4)可知,含锡达 15%后才会出现(α+δ)两相组织,但实际上含锡 6%~7%的合金铸造时就会出现(α+δ)共析组织,因铸造时锡元素扩散困难,呈严重树枝状偏析(图 9-5)。在最后凝固的树枝间含锡偏多,形成(α+δ)共析体。经变形退火后仍可得到单相 α 固溶体。常用的 QSn10 锡青铜铸造试样,用 3%$FeCl_3$+10% HCl 水溶液浸蚀后看到亮白色的共析体在富锡的固溶体(呈黑色)之间显示出来。

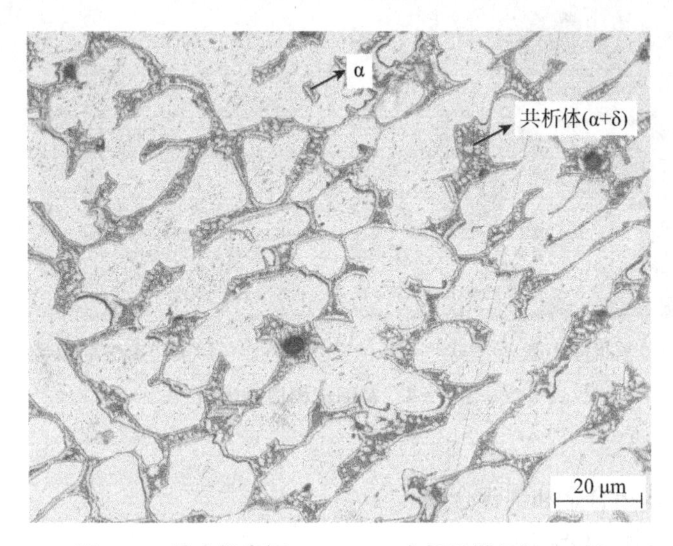

图 9-5　铸态锡青铜 ZQSn-10 金相显微组织 500×

(2) QAl 10 在不同状态下的组织

QAl 10 是 Al 含量为 10%的铸造青铜,其相图如图 9-6,金相组织如图 9-7(a)所示,其中白色为 α 包晶,黑色为(α+γ2)共析体。在固溶态 QAl 10 中,如图 9-7(b)所示,主要相是 β′类似于马氏体,过饱和固溶体。

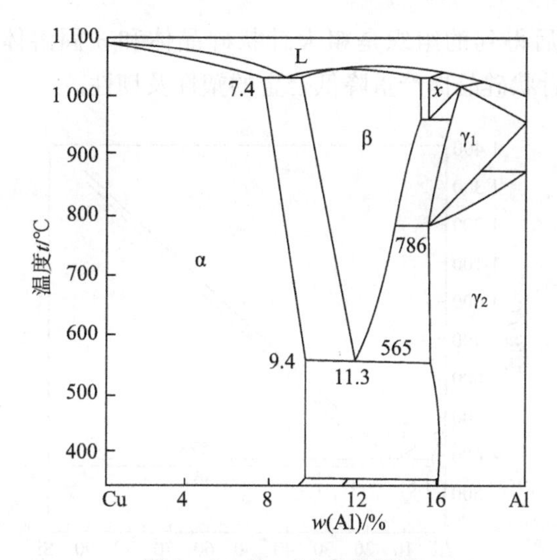

图 9-6　Cu—Al 合金相图

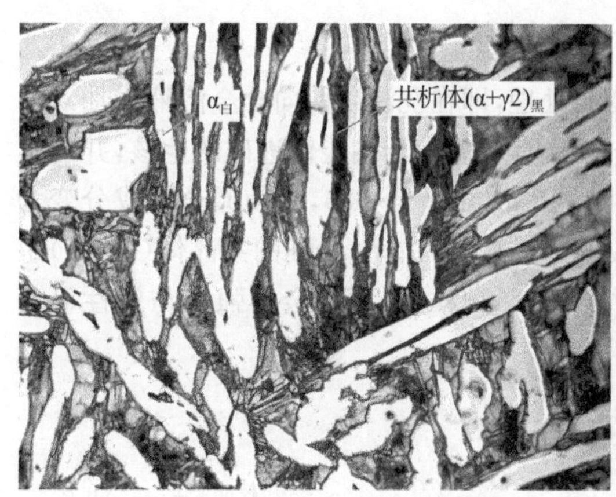

(a) QAl 10 铸态

(b) QAl 10 固溶态

图 9-7　铝青铜金相显微组织

2.3　铜铅合金

在铸态铜铅合金中，Cu 和 Pb 基本不互溶，金相组织(图 9-8 所示)中，白色为铜，黑色为铅。

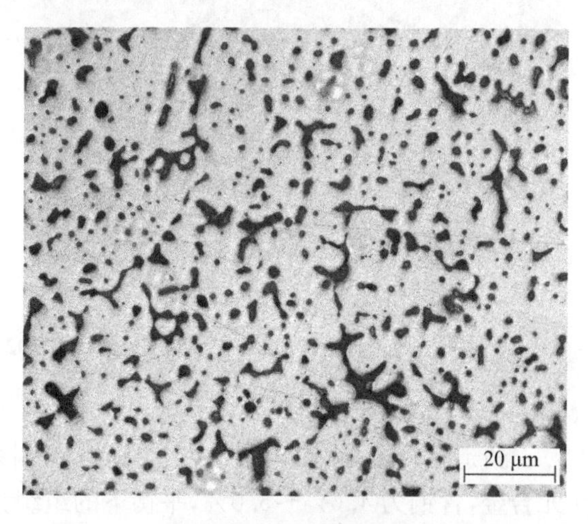

图 9-8　铅青铜 Pb30 金相显微组织 500×
(白色为 Cu，黑色为 Pb)

3. 铝合金

3.1　铝硅合金

铝合金种类很多，铸造铝合金是重要的一类，应用最广泛的铸造铝合金常称为硅铝明，典型的牌号为 ZL102，含硅 11%～13%。从 Al—Si 合金相图(图 9-9)可知，其成分在共晶点附近，因而具有优良的铸造性能，即流动性好，铸件致密，不容易产生铸造裂纹。但铸造后得到的组织是粗大针状硅晶体和 α 固溶体所组成的共晶体(图 9-10a),这种粗大的针状硅晶体严重降低合金的塑性及韧性。

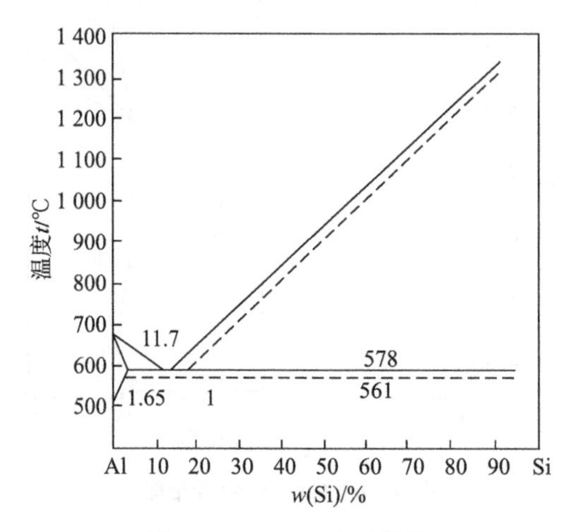

图 9-9 Al—Si 合金相图

为了提高硅铝明的力学性能,通常进行变质处理,即在浇注以前向合金溶液中加入占合金重量 2%~3%的变质剂(常用 2/3NaF+1/3NaCl)。由于钠能促进硅的生核,并能吸附在硅的表面阻碍其长大,使其组织大大细化,同时使共晶点右移,故使原合金成分变为亚共晶成分,所以变质处理后的组织由初生 α 固溶体枝晶(白亮)及细的共晶体(α+Si)组成(图 9-10b)。由于共晶中的硅呈浅灰色细小圆形颗粒,因而合金的强度与塑性显著改善[8,9]。

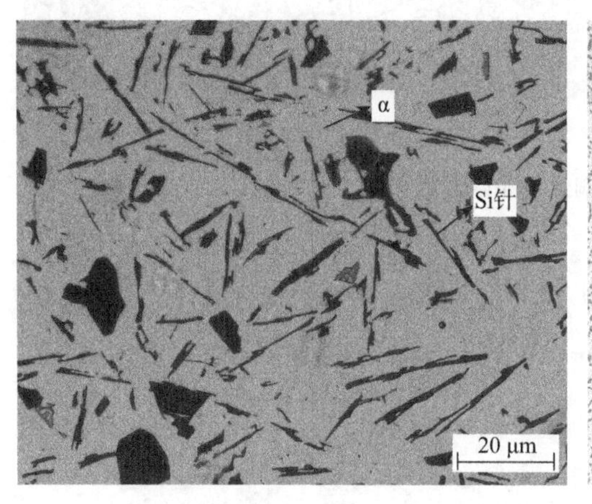

(a) ZL102 未变质处理 500×

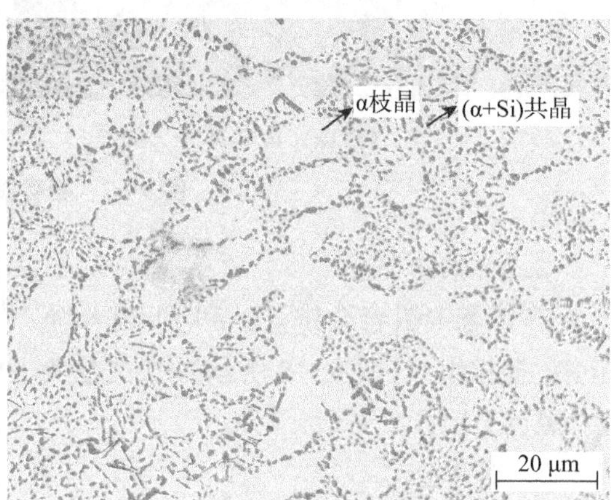

(b) ZL102 变质处理 500×

图 9-10 ZL102 金相显微组织

3.2 铝铜合金

铸造铝合金,除铝硅系外,主要还有铝铜系、铝镁系。ZL201 是最简单的 Al—Cu 二元合金,含铜为 4.0%~5.0%,平衡下的组织为 α 单相;铸件组织中仍存在不平衡的共晶组织(α+θ),θ 相即为 $CuAl_2$,θ 相略带橘红色。淬火处理后,$CuAl_2$ 溶入基体 α 相中,生成

过饱和的单相 α 固溶体。

ZL201 是 Al—Cu—Mn—Ti 四元合金，含 Cu 4.5%～5.3%，Mn 0.6%～1.0%，Ti 0.15%～0.35%。Ti 只与 Al 在高温下形成 Al_3Ti，成为 α 相结晶的核心，起到细化晶粒的作用。ZL201 的凝固过程中：首先结晶出 α 固溶体，然后是 $L \rightarrow \alpha + MnAl_6$ 二元共晶转变，接着是 $L + MnAl_6 \rightarrow \alpha + T(Al_{12}CuMn_2)$ 三元包晶转变，最后组织为 $\alpha + T(Al_{12}CuMn_2)$。但实际铸造过程不是平衡过程，尚有部分液相继续参与 $L \rightarrow \alpha + T + CuAl_2(\theta)$ 的三元共晶反应。因此 ZL201 的组织为 $\alpha + T + CuAl_2 + Al_3Ti$。T 相是弯岛状，灰色 HF 浸蚀变成棕色到黑色；$CuAl_2(\theta)$ 为岛状，湖泊状，明场带橘红色，与 HF 不起作用，5%热 HNO_3 变红铜色；Al_3Ti 为条状，晶内析出，浅灰与 HF 不起作用。

3.3　铝镁合金

ZL301 铝镁合金，含 Mg 9.5%～11.5%。平衡组织为 α 固溶体及固态析出的 β 相。但在实际结晶条件下，组织中还存在(α+β)共晶体，β 相为 Al_8Mg_5，是脆性化合物，显微镜下呈白色不定型颗粒，将严重降低合金的塑性和抗腐蚀性，经淬火处理，可将它溶入 α 相内。

3.4　硬铝合金

LY12 一种运用最广的形变铝，成分为含有 Cu 3.8%～4.9%，Mg 1.2%～1.8%，Mn 0.3%～0.9%。锰已全部溶解在以铝为基的 α 相中。凝固过程中，首先结晶出 α 相，在 507℃，发生 $L \rightarrow \alpha + CuAl_2(\theta) + S(Al_2CuMg)$ 的三元共晶反应。S 相呈黄灰色略暗于 θ，晶内呈蜂窝状，0.5%HF 浸蚀成棕色。轧制后，θ 相、S 相均变得很细小。

LY12 材料通常进行淬火加时效处理，淬火加热时要严格控制加热温度，以免过烧。过烧时，会出现复熔(液相球)晶界变粗，甚至出现三角界。

4. 镁合金

镁合金是在纯镁中加入 Al、Zn、Mn、Zr 以及稀土等合金元素制成的。目前工业上的镁合金主要集中于 Mg—Al—Zn、Mg—Zn—Zr、Mg—Re—Zr 等几个合金系。根据生产工艺、合金成分和性能特点的不同，镁合金可分为形变镁合金和铸造镁合金两大类。

4.1　铸态镁合金

我国铸态镁合金主要有 Mg—Zn—Zr、Mg—Zn—Zr—Re 和 Mg—Al—Zn 三个系列。其代号用 ZM+序号表示，其中 Z 和 M 分别表示汉字铸和镁的首字母。

国外工业中应用较广的是压铸 Mg 合金，按美国 ASTM 标准共分为四个系列：Mg—Al—Zn(AZ 系列)、Mg—Al—Si(AS 系列)、Mg—Al—RE(AE 系列)。图 9-11 为 AZ91D 在液固两相区加热时的铸态组织。铸态镁合金主要由白色枝状 α 相和灰色共晶体组成。

4.2　热变形处理铸态镁合金

形变镁合金用 MB+序号表示，其中 M 和 B 分别是汉字镁和变的首字母。图 9-12 为铸态 AZ91D 镁合金经热变形后的组织，主要由白色 α 相和晶界不连续的共晶体组成。

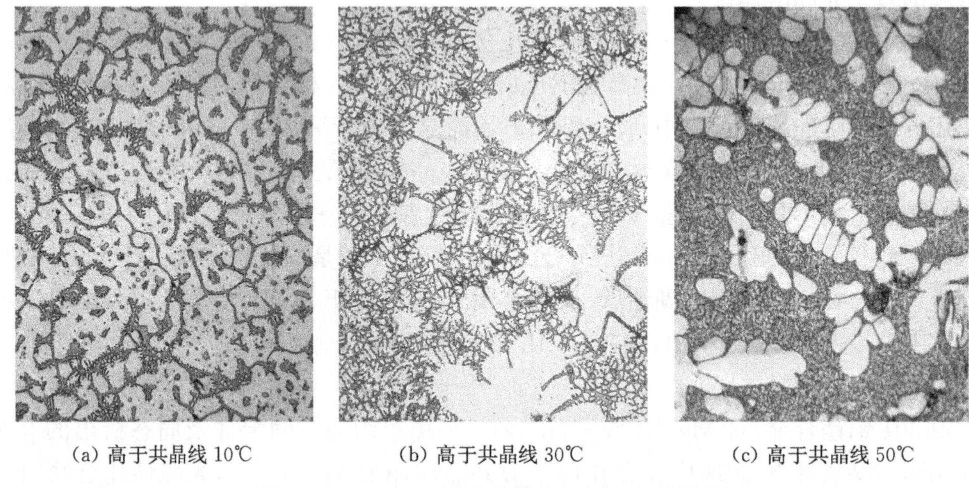

(a) 高于共晶线 10℃　　(b) 高于共晶线 30℃　　(c) 高于共晶线 50℃

图 9-11　AZ91D 镁合金铸态组织:α+共晶体

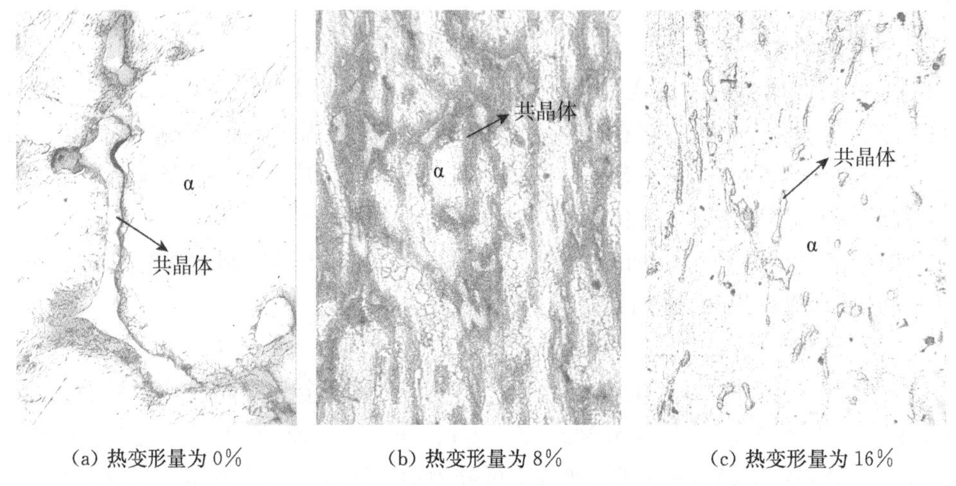

(a) 热变形量为 0%　　(b) 热变形量为 8%　　(c) 热变形量为 16%

图 9-12　铸态 AZ91D 镁合金经热变形后的组织:α+共晶体

5. 钛合金

根据退火组织的不同,钛合金可分为 α 钛合金、β 钛合金和(α+β)钛合金三类,其代号分别用 TA、TB 和 TC 表示。α 钛合金是加入了大量的 α 相稳定化元素,组织全为 α 固溶体的钛合金。β 钛合金是指加入了大量 β 相稳定化元素,组织全为 β 固溶体的钛合金。(α+β)钛合金是指同时加入 α 相和 β 相的稳定化元素,组织为(α+β)相的钛合金。TC4 为(α+β)钛合金,组织为(α+β)相。

钛合金组织类型既与成分有关,又与加热时的温度高低有关,还与冷却速度有关[10]。

5.1　不同冷却速度下的钛合金

图 9-13 为不同冷却速度下获得 TC4 合金。随冷却速度增加,组织更加细密。

5.2　从不同相区冷却时的钛合金

图 9-14 为从不同相区冷却时的钛合金组织。由不同的相区冷却,其组织形貌不同。类似于铁碳合金的冷却。

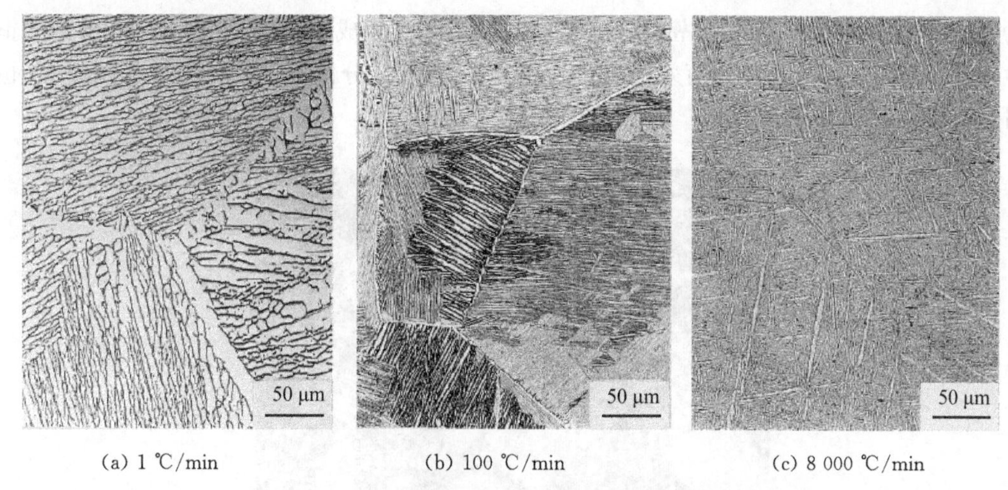

(a) 1 ℃/min　　(b) 100 ℃/min　　(c) 8 000 ℃/min

图 9－13　不同冷却速度下的钛合金组织

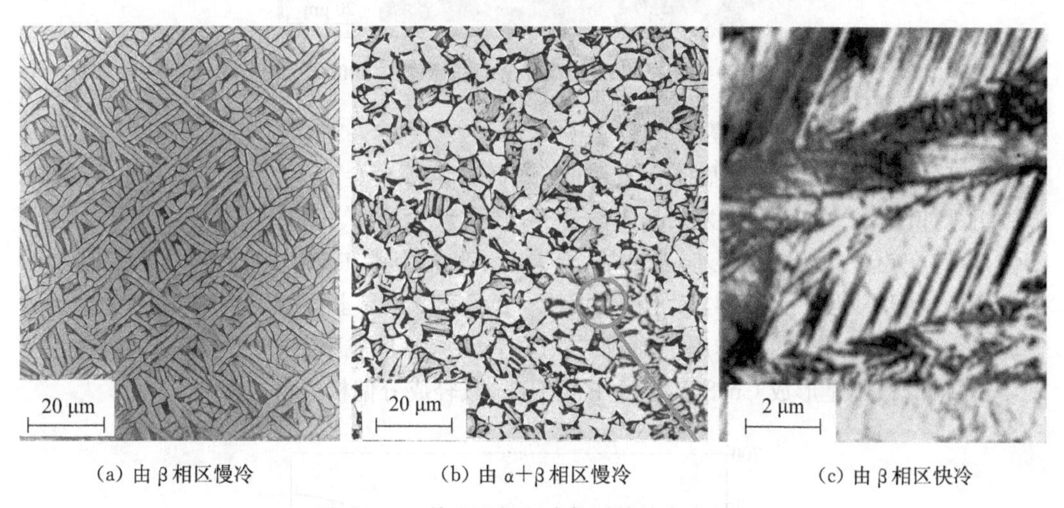

(a) 由 β 相区慢冷　　(b) 由 α+β 相区慢冷　　(c) 由 β 相区快冷

图 9－14　从不同相区冷却时的钛合金组织

6. 轴承合金

用于制备滑动轴承中的轴瓦及其内衬的合金称为滑动轴承合金。轴承合金的组织应是软基体上分布硬质点，或硬基体上分布软质点。若采用软基体上分布硬质点，则在摩擦过程中，软基体被磨凹下去，而硬质点凸出于基体上，这样磨凹的软基体一方面可储存润滑油，减轻摩擦，同时还可吸纳磨粒、吸收振动、承受冲击。硬质点则起到支撑轴承、减小轴颈与轴瓦的接触面积、减轻磨损的作用[11]。

轴承合金根据基体材料的不同可分为锡基、铅基、铝基、铜基等，前两种又称为巴氏合金。其代号为(ZCh＋基体元素符号＋主加元素符号＋主加元素含量＋附加元素含量)。其中“Z”和“Ch”分别表示铸造和轴承之意。如 ZChPb—Sn5—9 表示含 Sn5％、Sb9％的铅基轴承合金。

6.1　锡基轴承合金(锡基巴氏合金)

锡基轴承合金是以锡为基体元素，加入锑、铜等合金元素形成的软基体硬质点的合金。显微组织如图 9－15，软基体组织为锑在锡中形成的 α 固溶体，而硬质点是以 SnSb

为基的β′固溶体，因β′固溶体密度小，浇注时易上浮，产生成分偏析，为此又加入少量的铜生成树枝状的 Cu_6Sn_5，从而有效地阻止β′相上浮，减轻成分偏析，同时 Cu_6Sn_5 硬度高，也可起到硬质点的作用。

图 9-15 ZSnSb11Cu6 合金显微组织 500×

6.2 铅基轴承合金(铅基巴氏合金)

铅基轴承合金是以铅为基体元素，加入锑、锡、铜等合金元素的软基体硬质点合金。显微组织如图 9-17，软基体为共晶体(α+β)，硬质点为β相。其中α相为锑在铅中的固溶体，因锑在铅中的溶解度很小，故α固溶体很软；β相为铅在锑中的固溶体，而铅在锑中的溶解度也很小，几乎为纯锑，故β相硬而脆。β相密度小易上浮产生质量偏析，为此加入锡、铜、镉等合金元素，锡的作用是形成 SnSb 化合物，并形成以 SnSb 为基的固溶体作为硬质点，铜的作用是形成 Cu_6Sn_5，阻止β相上浮，减轻成分偏析。

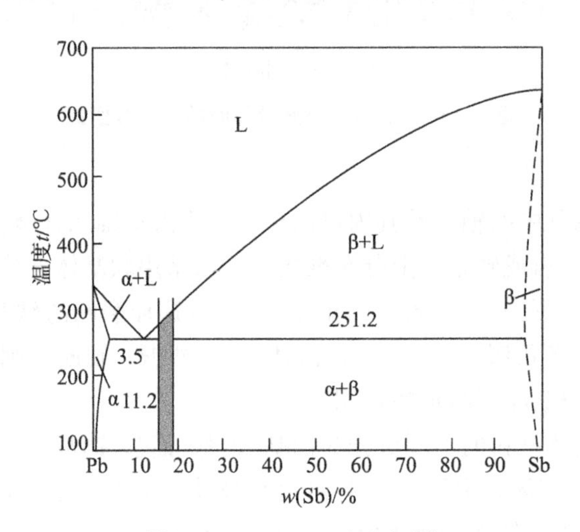

图 9-16 Pb—Sb 合金相图

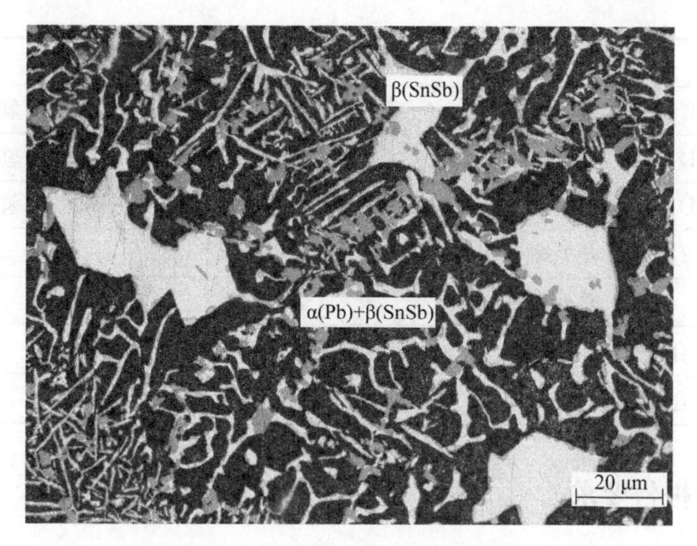

图 9-17　ZPbSb16Sn16Cu2 的显微组织

三、实验仪器与材料

1. 实验仪器：金相显微镜。

2. 实验材料：纯铜、黄铜（H70、H60）、铸造锡青铜（ZQSn—10）、铜铅合金、铝青铜（QAl10）、未变质处理的铝合金 ZL102、变质处理的铝合金 ZL102、AZ91D（铸态和变形态）、Ti6242、TC4、锡基轴承合金、铅基轴承合金，$FeCl_3$ 水溶液、氢氟酸。

四、实验内容与步骤

1. 磨取实验样品金相，抛光。

2. 在 $FeCl_3$ 或氢氟酸溶液中腐蚀金相。

3. 在金相显微镜下组织观察。

观察并绘出如下表 9-1 所示试样的组织，并标明其主要组织。

表 9-1　有色金属及其合金显微组织

序号	材料	处理状态	显微组织	浸蚀剂
1	纯铜	形变退火	退火孪晶	三氯化铁盐酸水溶液
2	H70 单相黄铜	退火	α	三氯化铁盐酸水溶液
3	H62 双相黄铜	退火	α 白＋β′黑	三氯化铁盐酸水溶液
4	QAl10	铸态	α(白色)＋(α＋γ2)共析(黑色)	三氯化铁盐酸水溶液
5	QAl10	固溶态	β′(相当于 M)	三氯化铁盐酸水溶液
6	Cu—Pb 合金	铸态	Cu(白色)＋Pb(黑色)	未浸蚀
7	ZQSn10	铸态	α＋共析体(α＋δ)	三氯化铁盐酸水溶液
8	ZL102	变质处理	α 枝晶＋(α＋Si)共晶	氢氟酸水溶液

续表

序号	材料	处理状态	显微组织	浸蚀剂
9	ZL102	未变质处理	Si 块+(α+Si 针)共晶	氢氟酸水溶液
10	AZ91D	铸态	α+共晶体	氢氟酸水溶液
11	AZ91D	变形态	α+共晶体	氢氟酸水溶液
12	Ti6242	热处理	α+β	
13	TC4	热处理	α+β	
14	锡基轴承合金	—	α+β′(SnSb)(块状)+Cu_6Sn_5(树枝状)	
15	铅基轴承合金	—	共晶(α+β)+SnSb+Cu_6Sn_5	

五、实验报告要求

1. 写出实验目的及内容。

2. 画出实验有色合金样品显微组织的示意图，着重画出各样品组织特征，标注出组织类型。

3. 完成思考题。

六、思考题

1. 铸造锡青铜中为什么偏析很严重？

2. 铝合金变质处理前后形态有何差异？引入变质剂的作用有哪些？

七、实验注意事项

1. 操作时要细心，动作要轻微。

2. 光学系统等重要部件不得自行拆卸。

3. 使用时如出现故障，应及时报告指导教师进行处理。

4. 显微镜各种镜头严禁用手指触摸或用手帕等擦拭，擦拭镜头需用镜头纸。

5. 显微镜的灯泡电压为 6～8 V，严禁直接插在 220 V 的电源插座上。

6. 在旋转聚焦旋钮时，动作要慢，碰到阻碍时立即停止操作，并报告指导教师进行处理。

7. 使用完毕，关闭电源，将显微镜恢复到使用前状态，经指导老师检查无误后，方可离开实验室。

八、参考文献

[1] 齐宝森，张琳，刘西华. 新型金属材料：性能与应用[M]. 北京：化学工业出版社，2015.

[2] Jaiswal S, Varma P C R, Mutuma F, et al. Protective properties of functionalised tetrazine on an aerospace aluminium alloy (AA 2024-T3)[J]. Materials

Chemistry and Physics, 2015, 163: 190 - 200.

[3] 张虎,原赛男,周春根,等. Nb - Si 金属间化合物基超高温合金研究进展[J]. 航空学报,2014,10:2756 - 2766.

[4] Deng Y, Ye R, Xu G F, et al. Corrosion behaviour and mechanism of new aerospace Al - Zn - Mg alloy friction stir welded joints and the effects of secondary $Al_3Sc_xZr_{1-x}$ nanoparticles[J]. Corrosion Science, 2015, 90: 359 - 374.

[5] 陆龙生,刘晓辰,邓大祥. 多孔壁面沟槽的犁切:热处理成形机理[J]. 华南理工大学学报:自然科学版,2012,40(1):35 - 39.

[6] 张文达,杨晶,党惊知,等. 深冷处理对黄铜组织与力学性能的影响[J]. 材料热处理学报,2013,01:127 - 131.

[7] Xing B, He X, Wang Y, et al. Study of mechanical properties for copper alloy H62 sheets joined by self-piercing riveting and clinching[J]. Journal of Materials Processing Technology, 2015, 216: 28 - 36.

[8] 马宗彬,丁紫阳,王腾飞,等. 变质处理对高硅铝合金显微组织及耐磨性的影响[J]. 铸造技术,2015,08:2081 - 2083,2096.

[9] 赵亮,王敬丰,朱学纯,等. 变质剂对高硅铝合金标准样品组织均匀性的影响[J]. 材料工程,2010,05:92 - 95,100.

[10] Sun F, Zhang J Y, Marteleur M, et al. A new titanium alloy with a combination of high strength, high strain hardening and improved ductility[J]. Scripta Materialia, 2015, 94: 17 - 20.

[11] ERTüRK A T, GüVEN E A. Influence of forging and heat treatment on wear properties of Al - Si and Al - Pb bearing alloys in oil lubricated conditions—TNMSC[J]. The Chinese Journal of Nonferrous Metals, 2015, 23(12).

实验 10　盐类结晶过程及晶体生长形态观察与分析

一、实验目的

1. 通过对盐类结晶过程的观察，认识晶体结晶的基本规律与特点。
2. 了解晶体生长形态及不同结晶条件对晶粒大小的影响。
3. 理解冷却速度与过冷的关系，以及对结晶过程的影响。

二、实验原理

1. 结晶的基本过程

结晶是由形核和核长大两个基本过程所组成。形核有均匀形核和非均匀形核两类，长大有平面式和树枝晶长大两个基本过程。认识并掌握其规律，从而控制结晶过程，是很重要的。盐类与金属均为晶体。一些盐类的结晶更容易观察，有助于了解金属的结晶过程。

将适量的质量分数为 25%～30%的氯化铵水溶液倒入培养皿中，由于溶液降温和水分蒸发不断结晶出氯化铵，结晶生长后的照片图 10－1 所示。由结晶过程可知，在一批晶核形成随之长大的同时，又出现许多新的晶核并长大。因此整个液体的结晶就是不断形成晶核和晶核不断长大的过程。由各晶核长成的不同晶粒未相互接触前都能自由生长，清楚地显示出各自的外形；一旦相遇，则互相妨碍生长，直至液相消失，各晶粒完全接触，在晶粒之间形成分界线即晶界。

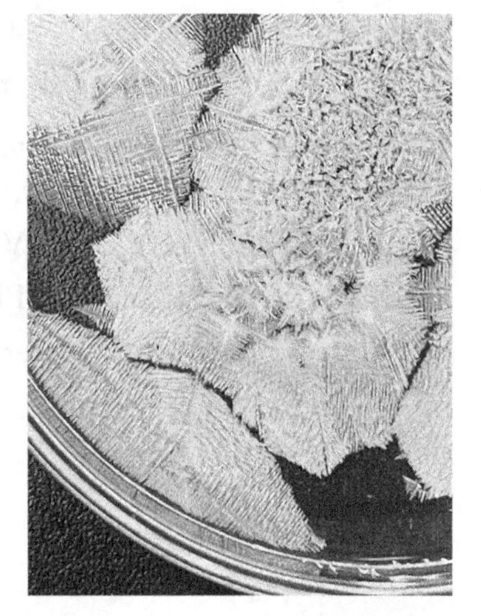

图 10－1　氯化铵结晶后图片

另外，硝酸银水溶液与细铜丝发生还原反应，可以观察到反应产物黑色银颗粒在细铜丝以松枝状形态结晶。

2. 晶体生长形态

(1) 成分过冷

固溶体合金结晶时，在液—固界面前沿的液相中有溶质聚集，引起界面前沿液相熔点的变化。在液相的实际温度分布低于该熔点变化曲线的区域内形成过冷。这种由于液相成分变化与实际温度分布共同决定的过冷，称为成分过冷。根据理论计算，形成成分过冷区的条件是：

$$\frac{G}{R} < \frac{mC_0}{D}\left(\frac{1-k_0}{k_0}\right) \tag{10-1}$$

式中，G 为液相中自液—固界面开始的温度梯度；

R 为凝固速度；

m 表示相图上液相线的斜率；

C_0 为合金的原始成分；

D 为液相中溶质的扩散系数；

k_0 为平衡分配系数，合金的成分、液相中的温度梯度和凝固速度是影响成分过冷的主要因素。

高纯物质在正的温度梯度下结晶时为平面状生长；在负的温度梯度下呈树枝状生长。固溶体合金或纯金属含微量杂质时，即使在正的温度梯度下也会因有成分过冷而呈树枝状或胞状生长，晶体的生长形态与成分过冷区的大小有密切的关系，当成分过冷区较窄时形成胞状晶；当成分过冷区足够大时形成树枝晶。

(2) 树枝晶

观察氯化铵的结晶过程，可清楚地看到树枝晶生长时各次轴的形成和长大，最后每个枝晶形成一个晶粒。根据各晶粒主轴的指向不一致，可知它们有不同的位向。

氯化铵水溶液在培养皿中结晶时，只能显示出树枝晶的平面生长形态。若能将适量的溶液倒入小烧杯中观察其结晶过程，则可见到树枝晶生长的立体形貌，特别是那些从溶液表面向下生长的枝晶，犹如一颗颗倒立的塔松，不过要注意的是一旦枝晶长得过大，则将落入烧杯底部，难以再看清楚。

若将溶液倒入试管中观察其结晶过程，则可根据先结晶的小晶体的漂移方向、看出管内液体的对流情况。

结晶时的冷却速度增大，可得细晶粒组织。如将盛有氯化铵水溶液的培养皿放在冰块上冷却与放在空气中冷却相比较，则前者结晶所需时间短，晶粒更细；若向溶液中加入能起非自发核心作用的物质，亦可增加核心数，使晶粒细化。

三、实验仪器与材料

1. 实验仪器：生物显微镜、水浴锅、烧杯、培养皿、试管等。
2. 实验材料：氯化铵。

四、实验内容与步骤

1. 配制质量分数为 25%～30% NH_4Cl 水溶液，加热到 80～90℃，溶液烧杯置于水浴锅待用。

2. 观察氯化铵水溶液在不同冷却速度下的结晶过程及晶体生长形态。

(1) 将适量的氯化铵水溶液倒入培养皿中自然空冷，注意勿摇动培养皿，置于生物显微镜下调好焦距，观察首批小晶体的出现。观察小晶体长大并又出现新的小晶体的情况。注意各晶体长大的形态，即树枝晶的形成，各次轴的长大。长大的晶体相遇后在其交界处形成晶界，注意观察各晶粒位向的不同。

(2) 将溶液倒入小烧杯、试管中，观察其空冷结晶过程。

(3) 将溶液倒入培养皿，置于冰块上结晶，观察其过程。

3. 可使用生物显微镜或者其他拍摄设备录制结晶过程视频，并拍摄晶体状态照片。

五、实验报告要求

1. 写出实验目的及内容。
2. 观察并画出生物显微镜下氯化铵水溶液的结晶过程示意图,并加以说明。
3. 可增加结晶过程录制视频作为实验报告附件。
4. 完成思考题。

六、思考题

1. 比较不同条件下氯化铵水溶液结晶的各自特点和差异。
2. 分析讨论温度梯度对晶体生长形态的影响。

七、实验注意事项

1. 操作时要细心,动作要轻微。
2. 生物显微镜使用时,注意不要将镜头接触溶液液面。
3. 使用完毕,清洗实验玻璃器皿,将显微镜恢复到使用前状态,经指导老师检查无误后,方可离开实验室。

八、参考文献

[1] 葛利玲.材料科学与工程基础实验教程[M].北京:机械工业出版社,2019.

实验 11 常见金相组织制备与组织检验

一、实验目的

1. 熟练掌握常见碳钢材料的金相试样制备和在金相显微镜下分析其微观组织形貌。
2. 熟悉金属材料常见的基本组织形貌。
3. 理解掌握金相检验标准的应用。

二、实验原理

金相学是主要依靠显微镜技术研究金属材料宏观、微观组织形成和变化规律及其与成分和性能之间关系的实验学科。只有掌握了材料的组织结构特征，才能理解并解释其性能。因此，研究材料的微观组织形貌、大小、分布及数量非常重要，这就涉及金相检验。

金相检验是采用金相显微镜对金属或合金的宏观组织和显微组织进行分析测定，以得到各种组织的尺寸、数量、形状及分布特征的方法。金相检验是各国和 ISO 国际材料检验标准中的重要物理检验项目类别。

1. 组织的基本类型

金相组织是指构成金属或合金材料内部所具有的各组成物的直观形貌，分为宏观组织和微观组织两类。这里主要介绍微观组织。

金属材料经抛光后的试样，在显微镜下只能分析研究材料的非金属夹杂物、石墨等组织的形貌。经浸蚀后的试样在显微镜下检查，则可看到由不同相组成的各种形态的组织。所谓相是指合金中具有同一化学成分、同一结构和原子聚集状态，并以界面相互分开的、均匀的组成部分。按照相组成的多少，组织归纳起来有下列三种基本类型：

(1) 单相组织

包括纯金属和单相合金，在显微镜下看到的是许多多边形晶粒组成的多晶体组织。例如经常看到的工业纯铁、Fe－Si 和 Cu－Ni 等合金的退火态组织，主要研究晶粒边界(晶界)、晶粒形状、大小以及晶粒内出现的亚结构等，如工业纯铁为单相等轴状铁素体组织，如图 11－1 所示。

(2) 两相组织

具有两相组织的合金很多，尤其是二元合金。如四六黄铜(即 Zn－Cu 合金)的组织为($\alpha+\beta$)两相，Al－Si 合金、Pb－Sn 合金、Sn－Sb 合金和 Cu－Pb 合金等的共晶组织均为两相组织，图 11－2 所示为 Al－Si 合金(ZL102)的铸态组织。

(3) 多相组织

许多高合金钢多半是具有多相的复杂组织，如高速工具钢、不锈耐热钢等。W18Cr4V 高速工具钢铸态组织，就是由鱼骨状莱氏体＋高温铁素体(黑色区域)＋马氏体与残留奥氏体(白色区域)多相组织组成。

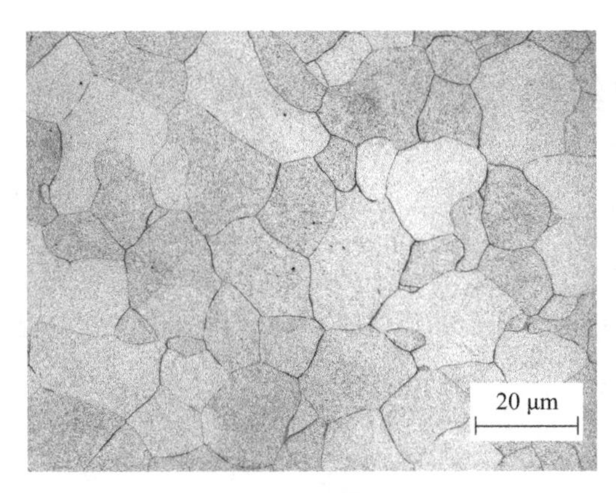

图 11-1　工业纯铁组织 500×

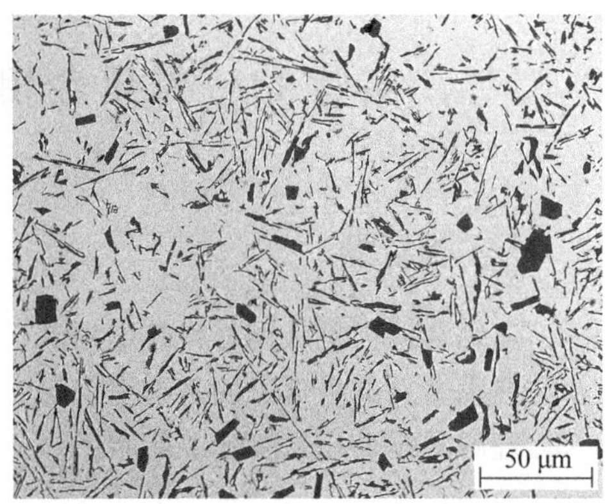

图 11-2　ZL102 铸态组织 200×

2. 几种常见金相组织

(1) 铁素体

铁素体(Ferrite)是在 α-Fe 中固溶入其他元素而形成的固溶体，室温下保持 α-Fe 的体心立方晶格，具有同素异构转变，常压下在 1394～1538℃的温度范围内稳定存在具有体心立方晶格的 δ-Fe。铁素体组织状态如 11-1 所示。

(2) 奥氏体

奥氏体(Austenite)是在 γ-Fe 中固溶入其他元素而形成的固溶体，在合金钢中是碳和合金元素溶解在 γ-Fe 中的固溶体，它具有 γ-Fe 的面心立方晶格，奥氏体不锈钢组织形态如图 11-3 所示，可观察到孪晶。

(3) 珠光体

珠光体(Pearlite)是铁素体和渗碳体的共析混合物，是碳的质量分数为 0.77%的奥氏体在 723℃时共析转变的产物，根据形成温度和珠光体中铁素体和渗碳体的分散度，通常可分为粗珠光体、索氏体和托氏体。层片状珠光体组织如图 11-4 所示。

图 11-3　奥氏体不锈钢(100×)

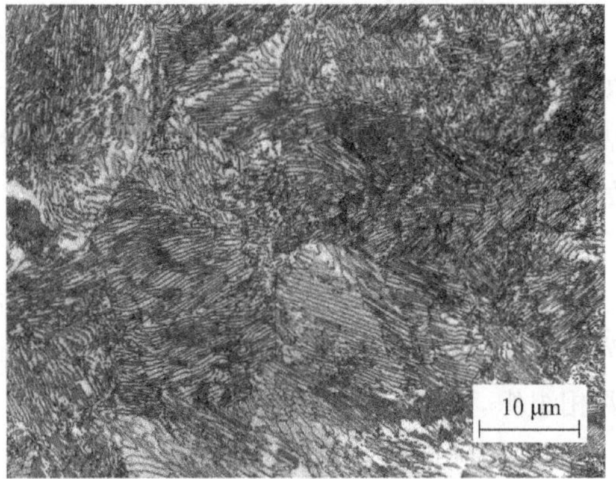

图 11-4　层片状珠光体组织(1000×)

(4) 莱氏体

莱氏体(Ledeburite)是铁碳合金共晶反应的产物。是碳的质量分数为 2%～6.67%

的铁碳合金中发生共晶反应后快速冷却而形成的，为奥氏体和渗碳体的共晶混合物：冷却速度较低时将发生奥氏体分解，形成铁素体和渗碳体（珠光体）的共析反应物，珠光体与共晶渗碳体、二次渗碳体的混合物称为低温莱氏体（见实验4）。

（5）马氏体

马氏体（Marensie）是由马氏体相变产生的无扩散的共格切变型转变产物的统称。根据含碳量和马氏体的金相特征不同，可将马氏体分为低碳的板条马氏体和高碳的片状马氏体（见实验23）。

（6）贝氏体

贝氏体（Bainile）是由奥氏体在珠光体和马氏体转变温度之间转变产的亚稳态微观组织，主要包含上贝氏体和下贝氏体（见实验23）。

（7）偏析组织

偏析（Segregalion）是由于凝固、固态相变以及元素密度差异、晶体缺陷与完整晶体的能量差异等引起的在多组元合金中的成分不均匀现象，偏析形成的组织呈树枝晶（见实验8）。

（8）魏氏组织

魏氏组织（WidmanstattenSuucture）是先共析相沿过饱和母相的特定晶面析出，在母相中呈片状或针状特征分布的组织。魏氏组织属于过热组织，由于加热温度过高，保温时间过长，以使基体晶粒变得明显粗大的组织。按含碳量不同，有铁素体魏氏组织和渗碳体魏氏组织之分（见实验8）。

（9）石墨结构

在铸铁中，碳除了以结合碳的形式存在外，更主要的是碳以石墨的形式存在，它以片状、团絮状或球状的形态分布在钢的基体组织上，称为石墨碳或游离碳。根据石墨碳在铸铁中的分布形态不同，铸铁通常可分为灰铸铁（石墨呈片状）、可锻铸铁（石墨呈团絮状）和球墨铸铁（石墨呈球状）三大类（见实验7）。

（10）带状组织

带状组织（Banded Structure）是指在具有多相组织的合金材料中，某种相平行于特定方向而形成的条带状偏析组织。具有带状组织缺陷的钢材，其性能有显著的方向性，热加工引起的即为带状组织（见实验8）。

3. 金相组织常规检验

金相检验多用于常规的质量检验，利用它就可以研究钢的化学成分与显微组织的关系钢的冶炼、锻轧、热处理工艺等对显微组织的影响，以及显微组织与物理性能内在联系的规律等，为稳定和提高产品质量、开发新品种提供重要的依据。

金相检验项目很多，但最常规的有：脱碳层深度的测定、球化组织的评定、非金属夹杂的评定、晶粒度的评定、石墨含量和α相含量的测定，以及网状碳化物、带状碳化物、碳化物液析、碳化物不均匀性的评定等。

金相检验时要按照一定的标准来执行，常用金相检验及相关国家标准如下表11-1。

表 11 - 1　常用金相检验及相关国家标准

序号	标准号	标准名称
1	GB/T 13298—2015	金属显微组织检验方法
2	GB/T 10561—2005	标准评级图显微检验法
3	GB/T 13299—2022	钢的游离渗碳体、珠光体和魏氏组织的评定方法
4	GB/T 34474.1—2017	钢中带状组织的评定 第 1 部分：标准评级图法
5	GB/T 34474.2—2018	钢中带状组织的评定 第 2 部分：定量法
6	GB/T 34895—2017	热处理金相检验通则
7	GB/T 9441—2009	球墨铸铁金相检验
8	GB/T 30067—2013	金相学术语
9	JY/T 0585—2020	金相显微镜分析方法通则
10	YB/T 4377—2014	金属试样的电解抛光方法

(1) 标准的定义

所谓标准是对重复性事物和概念所做的统一规定，它以科学、技术和实践经验的综合为基础，经过有关方面协商一致，由主管机构批准，以特定的形式发布作为共同遵守的准则和依据。

(2) 标准的分类

我国标准比较通行的分类方法有三种：层级分类法、性质分类法和对象分类法。

① 层级分类法

当今世界上把层级分类为国际标准、区域或国家集团标准、国家标准、专业(部)标准、地方标准和企业标准。我国标准分为国家标准、专业(部)标准和企业标准三级。

国家标准是指对全国经济、技术发展有重大意义、需要在全国范围内统一的标准。它是我国最高一级的规范性技术文件，是一项重要的技术法规。国家标准由国务院标准化行政主管部门制订。

专业(部)标准是指由专业标准化主管机构或专业标准化组织批准发布，在该专业范围内统一使用的标准。部标准是由主管部门负责组织制订、审批、发布并报国家标准局备案，只在本部范围内通用的标准。

企业标准是指在一个企业或一个行业、一个地区范围内统一执行的标准。

② 性质分类法

按照标准本身属性加以分类，一般分为技术标准、经济标准和管理标准。技术标准是指对标准化对象的技术特征加以规定的那一类标准；经济标准是规定或衡量标准化对象的经济性能和经济价值的标准；管理标准则是管理机构为行使其管理职能而制订的具有特定管理功能的标准。

③ 对象分类法

按照标准化的对象不同而进行的分类。我国习惯上把标准按对象分为产品标准、工作标准、方法标准和基础标准等类。一种标准可以按照三种分类法进行分类。同样某种分类法中的标准，可以再用其他两种分类法进一步划分，组合成种类繁多的标准。金相标准从性质上讲是技术标准，从对象上看是检验方法标准，而在层次上它有国家标准，也有专业(部)标准，还有适用于本企业的企业标准，

(3) 标准代号

我国标准，一律用汉语拼音字母表示，即用拼音字母的字头大写来表示。

① 国家标准。GB即Guo Biao。

② 专业(部)标准的代号。规定用行业名称的汉语拼音字头大写字母表示。如：机械行业标准JB即Ji Biao；冶金行业标准YB即Ye Biao；专业标准的代号ZB即Zhuan Biao。

③ 世界各国标准是用英文(俄罗斯用俄文)作代号的，即用每个字母的第一个英文字母大写作代号，如：美国国家标准ANSI，即American National Standards Institute；英国标准BS，即British Standards；法国标准NF，即Norme Francaise；日本标准JS，即Japanese Industrial Standards；美国材料与试验协会标准ASTM，即American Society for Testing and Material。

(4) 标准号的编写及含义

我国标准一般包含标准代号、顺序号、年号和标准笔称。顺序号和年号均以阿拉伯数字表示，如：中华人民共和国国家标准GB/T 10561—2005/ISO 4967：1998(E)。《钢中非金属夹杂物含量的测定标准评级显微检验法》标准的解读如下：GB表示国家标准代号；T10561标准顺序号；2005批准年份；ISO 4967：1998(E)表示此标准与国际标准ISO 4967：1998(E)等效；《钢中非金属夹杂物含量的测定标准评级显微检验法》为标准名称。

(5) 正确贯彻金相标准

金相标准可以使生产、工艺和检验人员之间、以及行业之间、用户和生产厂之间有一个统一的认识和共同的语言，使人们对材料的研究工作进一步深化促使新材料、新工艺、新技术的发展。因此，应该正确地、认真地贯彻和使用金相标准。

① 要认识标准的严肃性。

金相标准与其他标准一样，是经过大量生产试验、研究总结出来的，能够客观反映规律，具有一定先进性的技术指导文件，都是由国家机关组织制订审批、发布的。因此，必须严肃对待，认真执行。

② 要弄清标准的使用范围。

所有的金相标准在开头条文中，都明确规定了它的适用范围。例如：GB/T 1814—1979《钢材断口检验法》标准，一开头就指出："本标准适用于结构钢、滚珠钢、工具钢及弹簧钢的热轧、锻造、冷拉条钢和钢坯。其他钢类要求作断口检验时，可参考本标准。"又如，GB/T 6394—2017《金属平均晶粒度测定方法》指出："本标准规定了金属组织平均晶粒度的表示及测定方法，包括有比较法、面积法和截点法，适用于单相组织，但经具体规定后也适用于多相或多组元试样中特定类型的晶粒平均尺寸测定。非金属材料如组织形貌与比较评级图中金属组织相似也可参照使用。"

③ 要注意标准中的金相图片放大倍数。

金相检验一般都采用比较法，即将在显微镜中呈现的组织与金相标准图片进行对比评级。金相显微镜有一系列的放大倍数；金相标准评级图片也有一定的放大倍数(一般是100倍、500倍，也有少量的评级图是400倍)。因此在使用时，一定要使显微镜的放大倍

数与所放大对照的金相标准图片倍数完全一致。否则就不能对比,评定无效。

④ 要及时采用新标准。

随着技术和经济的发展,新的标准将陆续制订出来,一些老标准要进行修订,特别是为了适应我国对外开放,必须逐步向国际标准靠拢,即要"参照采用"或"等效采用"国际标准和国外先进标准,以适应科学技术和经济发展的要求。

三、实验仪器与材料

1. 实验仪器:金相显微镜、金相磨抛机。
2. 实验材料:常见组织试样和待评定的试样。

四、实验内容与步骤

1. 练习常用碳钢材料的金相制样。
2. 在金相显微镜下观察多种标准试样的显微组织,并进行绘制。
3. 按照 GB/T 13299—2022《钢的游离渗碳体、珠光体和魏氏组织的评定方法》对给定未知样品的带状组织、魏氏组织的金相组织进行评定。

五、实验报告要求

1. 写出实验目的及内容。
2. 完成常用碳钢材料的金相制样和显微组织拍摄,可尝试使用机械磨制。
3. 对给定样品的金相组织金相评定,并对结果进行分析讨论。
4. 完成思考题。

六、思考题

1. 按照相组成的多少,组织具有哪几个基本类型?
2. 钢中常见组织有哪些?
3. 什么是标准? 标准如何分类? 金相检验标准属于哪一类?
4. 简述实际生产过程中实施标准的重要性。

七、实验注意事项

1. 操作时要细心,动作要轻微。
2. 显微镜使用时,注意不要将镜头接触溶液液面。
3. 使用完毕,整理实验室,将实验设备和使用耗材归位放置,方可离开实验室。

八、参考文献

[1] 葛利玲. 材料科学与工程基础实验教程[M]. 北京:机械工业出版社,2019.

第二部分 材料力学性能实验

实验 12 金属室温静拉伸力学性能的测定

一、实验目的

1. 了解微机控制电子万能试验机的结构组成及工作原理。
2. 测定试件的拉伸负荷—变形曲线,观察试件变形的四个阶段。
3. 测定碳钢和铝合金试件的屈服强度 R_e、抗拉强度 R_m、延伸率 A 和断面收缩率 Z。

二、实验原理

金属拉伸实验是检验金属材料力学性能普遍采用的极为重要的方法之一,是用来检测金属材料的强度和塑性指标的。此种方法就是将具有一定尺寸和形状的金属光滑试样夹持在拉力试验机上,在温度、应力状态和加载速率确定的条件下,对试样逐渐施加拉伸载荷,直至把试样拉断为止。通过拉伸实验可以解释金属材料在静载荷作用下常见的三种失效形式:过量弹性变形,塑性变形和断裂。图 12-1 表示低碳钢静载拉伸实验 F—ΔL 曲线。整个过程主要包括:线弹性变形阶段(OA),不均匀塑性变形阶段(BC),均匀塑性变形阶段(CD),局部颈缩阶段(DE)及断裂(E)。

实验中要测定的强度指标为屈服强度 R_e 和抗拉强度 R_m。屈服强度 R_e 定义为屈服时载荷 F_e 和初始横截面积 S_0 之比,抗拉强度 R_m 定义为最大载荷 F_m 和初始横截面积 S_0 之比。

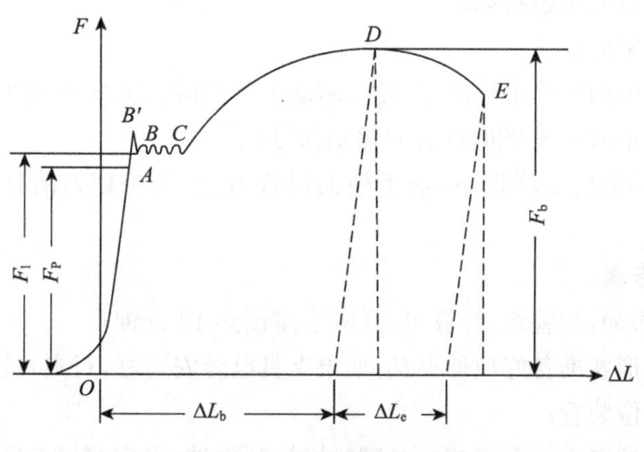

图 12-1 低碳钢拉伸曲线

根据国标 GB/T 228.1—2021《金属材料 拉伸试验 第1部分:室温试验方法》规定,屈服强度 R_e 指呈现屈服现象的金属材料,在试验期间达到塑性变形发生而力不增加的应力点,应区分上、下屈服强度。上屈服强度 R_{eH}:试件发生屈服而力首次下降前的最大应力;下屈服强度 R_{eL}:在屈服期间,不计初始瞬时效应的最小应力。上屈服点受变形速度和试件影响较大,而下屈服点则比较稳定。在工程上,如无特殊规定时,一般只测下屈服点。

在局部颈缩阶段,当拉力达到最大值后,试件开始产生局部伸长和颈缩。在颈缩发生的部位,其横截面积迅速减小,继续拉伸所需的载荷也迅速减小,直至试件断裂。可求得表示材料塑性大小的两个指标为断后伸长率 A 和断面收缩率 Z,分别为:

$$A = \frac{L_u - L_0}{L_0} \times 100 \tag{12-1}$$

$$Z = \frac{S_0 - S_u}{S_0} \times 100 \tag{12-2}$$

式中:L_0,S_0——实验前的标距和横截面积;

L_u,S_u——拉断后的标距和断口最小横截面积。

三、实验仪器与材料

1. 实验仪器:UTM5105X 电子万能试验机、标距划线仪、游标卡尺。
2. 实验材料:45 钢、铝合金。

四、实验内容与步骤

1. 实验内容

(1) 掌握标距划线的方法及操作步骤;

(2) 观察试件在拉伸过程中的各种现象:包括屈服、强化、颈缩和断裂等;

(3) 测定强度和塑性指标:屈服强度 R_{eL}、抗拉强度 R_m、延伸率 A 和断面收缩率 Z。

2. 标距划线步骤:

(1) 固定好试样;

(2) 调整好划刀的初始状态;

(3) 调整好刀架配重;

(4) 匀速连续摇动驱动手轮进行划线,驱动手轮逆时针方向摇动为划线(即刀架由机箱往外推为划线),驱动手轮顺时针方向摇动为复位。

注意,复位时应先将试样取下,或手辅助提着刀架,避免划刀磕碰试样,或造成划刀损坏。

3. 拉伸实验步骤:

(1) 开机,顺序为:试验机,计算机,开机后需预热 10 分钟;

(2) 根据试件形状准备好拉伸夹具,如果夹具已经安装好,对夹具进行检查;

(3) 设置好限位装置;

(4) 进入微机控制电子万能(拉力)试验机控制软件,设定好试验方案,输入相关试验

参数:如材料编号、拉伸速率、需测定的参数、试件尺寸等;

(5) 装夹好试件;

(6) 点击开始试验,注意观察微机控制电子万能(拉力)试验机的控制计算机所显示的材料的"负荷—变形"曲线,同时注意观察试件的变形情况直至试件断裂;

(7) 试验结束,进入控制计算机软件数据处理界面,分析材料的屈服强度、抗拉强度、断裂伸长率和断面收缩率值;

(8) 做完试验,关闭软件,关闭试验机和主机电源。

五、实验报告要求

1. 写出实验目的及内容。
2. 记录实验参数及步骤(表 1-1)。

表 1-1 实验数据

试样长度尺寸		试样断面尺寸			
原始标距长度 L_o(mm)	断后标距长度 L_u(mm)	原始直径 d(mm)	颈缩处最小直径 d_u(mm)	原始横截面积 S_o(mm^2)	颈缩处横截面积 S_u(mm^2)

3. 对拉伸曲线进行分析,并计算出各种力学性能指标(表 1-2)。

表 1-2 力学性能

强度指标		塑性指标	
屈服强度 R_{eL}/MPa	抗拉强度 R_m/MPa	断后伸长率 A	断面收缩率 Z

4. 分析讨论实验体会。
5. 完成思考题。

六、思考题

1. 低碳钢拉伸图大致可分几个阶段?每个阶段中力和变形有什么关系?
2. 何谓真应力、真应变,与工程应力、工程应变有何不同?

七、实验注意事项

1. 装夹试样时注意安全,以免手被夹住;

2. 任何时候都不能带电插拔电源线和信号线,否则很容易损坏电气控制部分;

3. 实验过程中,除暂停按键和急停开关外,不要按控制盒上的其他按键,否则会影响实验结果。

八、参考文献

[1] GB/T 228.1—2021.金属材料 拉伸试验 第1部分:室温试验方法[S].2021.

实验 13　金属材料硬度试验

一、实验目的

1. 掌握金属布氏硬度、洛氏硬度、维氏硬度的实验原理和测定方法。
2. 了解各种硬度实验方法的特点、应用范围及选用原则。
3. 了解硬度计的主要结构和操作方法。

二、实验原理

硬度是指材料对另一较硬物体压入表面的抗力，是重要的力学性能之一。它是给出金属材料软硬程度的数量概念，硬度值越高，表明金属抵抗塑性变形能力越大，材料产生塑性变形就越困难，硬度实验方法简单，操作方便，出结果快，又无损于零件，因此被广泛应用。测定金属硬度的方法很多，有布氏硬度、洛氏硬度和维氏硬度等。

1. 布氏硬度试验

布氏硬度是在直径为 D(mm)的硬质合金球上施加规定的负荷 F(N)，压入试样表面(如图 13-1)，保持一定时间后卸除载荷，测量试样表面的压痕直径。布氏硬度为试验力除以压痕表面积得到的商，符号为 HBW，计算公式是：

$$\mathrm{HBW} = 0.102 \times \frac{F}{\pi D h} = 0.102 \times \frac{2F}{\pi D(D - \sqrt{D^2 - d^2})} \tag{13-1}$$

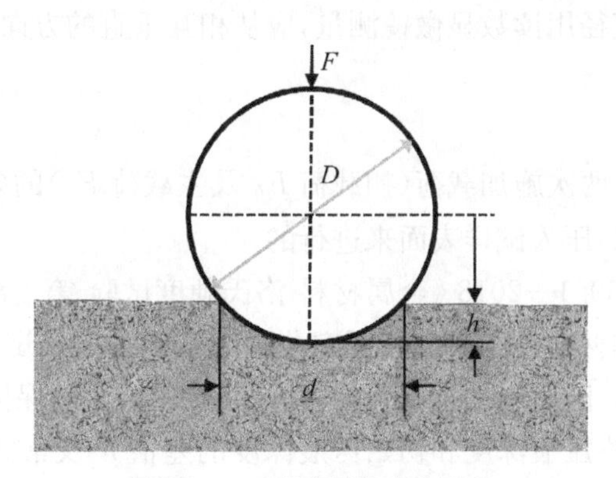

图 13-1　布氏硬度实验原理

试验时应根据材料的预期硬度值，并考虑试样的厚度，按国标 GB/T 231.1—2018 第 1 部分：试验方法《金属材料 布氏硬度试验》中的试验规范(见表 13-1)，根据布氏硬度范围选择 F/D^2 值，施加力的时间为 2～8 s，对于黑色金属的试验力，保持时间为 10～15 s，有色金属为(30±2) s，测得压痕直径 d 后按上式计算或查表。布氏硬度的表示方法如 350 HBW5/750，表示用直径 5 mm 的硬质合金球在 7.335 kN(即 750 kgf)的试验力下保持 10～15 s 测定的布氏硬度值为 350；600 HBW1/30/20，表示用直径 1 mm 的硬质合金球在 294.2 N(即 30 kgf)的试验力下保持 20 s 测定的布氏硬度值为 600。

压痕直径 d 必须在 $0.24D \sim 0.6D$ 范围内,否则试验无效,应另选规范再行试验。

表 13-1　不同材料的试验力与压头球直径的平方的比率

材料	布氏硬度 HBW	试验力—球直径的平方比率 $0.102\ F/D^2$ N/mm^2
钢、镍基合金、钛合金		30
铸铁*	＜140 ⩾140	10 30
铜及其合金	＜35 35～200 ＞200	5 10 30
轻金属及其合金	35～80	5 10 15
铅、锡		1
烧结金属	依据 GB/T 9097	

* 对于铸铁,压头的名义直径应为 2.5 mm、5 mm 或 10 mm

试验时为防止压痕周围因塑性变形而产生形变硬化而影响试验结果,一般规定压痕中心距试样边缘距离应不小于压痕直径的 2.5 倍,相邻两压痕的中心的距离应不小于压痕直径的 3 倍,对于硬度低的材料此距离还应增大。为使压痕清晰以保证测量精确,试样表面应尽可能光洁。

试样表面的压痕直径用读数显微镜测量,应从相互垂直的方向各测一次,取其算术平均值。

2. 洛氏硬度实验

洛氏硬度是在先后两次施加载荷(初载荷 F_0 及主载荷 F_1)的条件下,将标准压头(金刚石圆锥或硬质合金球)压入试样表面来进行的。

依据国标 GB/T 230.1—2018《金属材料 洛氏硬度试验 第 1 部分:试验方法》中的原理,将特定尺寸、形状和材料的压头按照规定分两级试验力压入试样表面,初试验力加载后,测量初始压痕深度。随后施加主试验力,在卸除主试验力后保持初试验力时测量最终压痕深度,洛氏硬度最终压痕深度和初始压痕深度的差值 h 及常数 N 和 S(见图 13-2、表 13-2)通过式(13-2)计算给出:

$$洛氏硬度 = N - \frac{h}{S} \tag{13-2}$$

说明:X——时间;

Y——压头位置;

1——在初试验力 F_0 下的压入深度;

2——由主试验力 F_1 引起的压入深度;

3——卸除主试验力 F_1 后的弹性回复深度；

4——残余压痕深度 h；

5——试样表面；

6——测量基准面；

7——压头位置；

8——压头深度相对时间的曲线。

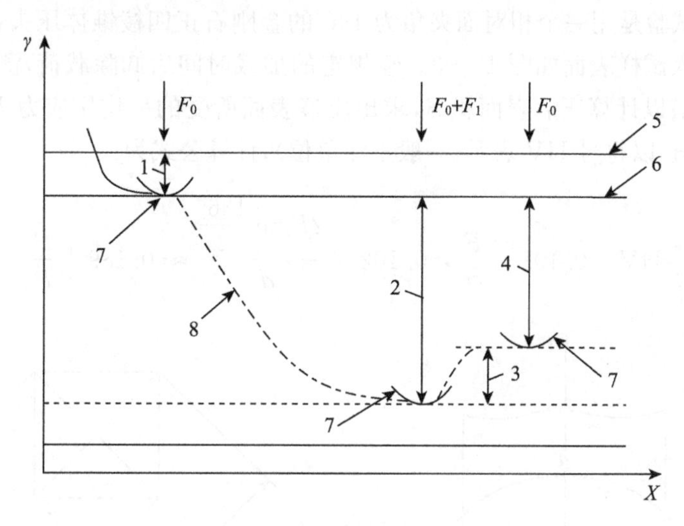

图 13-2　测定洛氏硬度的原理图

表 13-2　洛氏硬度标尺

洛氏硬度标尺	硬度符合单位	压头类型	初始试验力 F_0	总试验力 F	标尺常数 S	全量程常数 N	适用范围
A	HRA	金刚石圆锥	98.07 N	588.4 N	0.002 mm	100	20 HRA～95 HRA
B	HRBW	直径 1.587 5 mm 球	98.07 N	980.7 N	0.002 mm	130	10 HRBW～100 HRBW
C	HRC	金刚石圆锥	98.07 N	1.471 kN	0.002 mm	100	20 HRC～70 HRC
D	HRD	金刚石圆锥	98.07 N	980.7 N	0.002 mm	100	40 HRD～77 HRD
E	HREW	直径 3.175 mm 球	98.07 N	980.7 N	0.002 mm	130	70 HREW～100 HREW
F	HRFW	直径 1.587 5 mm 球	98.07 N	588.4 N	0.002 mm	130	60 HEFW～100 HRFW
G	HRGW	直径 1.587 5 mm 球	98.07 N	1.471 kN	0.002 mm	130	30 HRGW～94 HRGW
H	HRHW	直径 3.175 mm 球	98.07 N	588.4 N	0.002 mm	130	80 HRHW～100 HRHW
K	HRKW	直径 3.175 mm 球	98.07 N	1.471 kN	0.002 mm	130	40 HRKW～100 HRKW

当金刚石圆锥表面和顶端球面是经过抛光的，且抛光至沿金刚石圆锥面轴向距离尖端至少 0.4 mm，试验适用范围可延伸至 10 HRC。

采用不同的压头和总载荷组合作试验时得到几种不同的洛氏硬度标度。其中最常用的是 HRA、HRB、HRC 三种。

为保证试验精度，试样的试验面和支承面必须平整、洁净，没有油脂、氧化皮、裂纹、凹坑、明显的加工痕迹以及其他污物。试样表面加工时应避免受热软化或形变硬化。试样应能稳定地放在工作台上，在试验中不应有滑动和变形，并保证所加的载荷与试验面垂直。压痕中心距试样边缘的距离及两相邻压痕中心的距离不应小于 3 mm。测定每一试样的硬度一般不少于三点，取其平均值。

3. 维氏硬度实验

维氏硬度试验是用一个相对面夹角为 136°的金刚石正四棱锥体压头，在一定载荷 F (kg)作用下压入试样表面如图 13－3。经规定的加载时间后卸除载荷，测量压痕对角线长度 d(mm)，借以计算压痕表面积 S，求出压痕表面所受的平均压应力 F/S(kg/mm^2)作为维氏硬度值，以符号 HV 表示(一般不注单位)，计算公式为：

$$HV = 0.102 \times \frac{F}{S} = 0.102 \times \frac{2F\sin\frac{136^\circ}{2}}{d^2} \approx 0.1891\frac{F}{d^2} \tag{13-3}$$

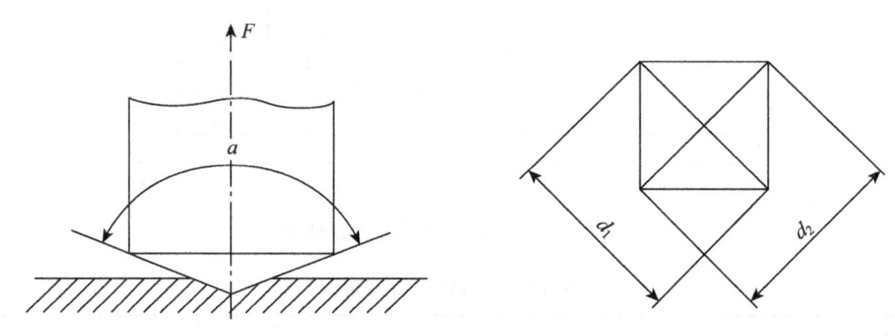

图 13－3 维氏硬度实验原理

维氏硬度试验的载荷 F 可在 0.5～120 kg 范围内根据试样硬度高低及厚薄进行选择。但常用的载荷为 0.5，1，5，10，30 kg。合理的载荷大小与试样厚度之间的关系列于表 13－3。在一般情况下，建议选用 30 kg 的载荷。载荷保持时间对黑色金属为 10～15 秒，对有色金属为 30±2 秒。

表 13－3 维氏硬度试验中载荷的选择

试样厚度(mm)	合理的载荷大小(kg)(在下列维氏硬度范围内)			
	20～50	50～100	100～300	300～900
0.3～0.5	—	—	—	50～10
0.5～1.0	—	—	5～10	10～20
1～2	5～10	10～25	—	—
2～4	10～20	25～30	—	—
>4	⩾20	⩾30	⩾50	—

测定维氏硬度的试样其表面应精心制备，光洁度不低于▽9。在制备过程中应防止因过热或加工硬化而改变金属的硬度值。试验时，压痕中心与试样边缘的距离或两压痕中

心的距离，对黑色金属应不小于压痕平均对角线的 2.5 倍，对有色金属应不小于 5 倍。试验时每个试样至少测定三点硬度取其算术平均值。

压痕的对角线长度以两对角线长度的平均值计算。其测量精度为：当压痕对角线长≦0.2 mm 时，允许测量误差为±0.001 mm，当压痕对角线长＞0.2 mm 时，允许测量误差为±0.5%。如果压痕形状不规则，必须重作试验。测出压痕平均对角线长度后，将其代入公式或查表求出 HV 值。

HV 值应附以相应的下标，注明试验载荷值，例如 640 HV30/20，即表示在 30 kgf 试验力保荷 20 s 所测得的维氏硬度值为 640。

维氏硬度广泛用来测定金属薄镀层或化学热处理后表面层的硬度，以及较小工件的硬度试验。

显微硬度试验原理与维氏硬度完全相同，不过所加载荷更低一些。

三、实验仪器与材料

1. 实验仪器：HBE—3000A 电子布氏硬度计、HR—150A 型洛氏硬度计、HVS—30Z 型自动转塔数显维氏硬度计。

2. 实验材料：40Cr 钢、T8 钢、黄铜、纯铝。

四、实验内容与步骤

1. 实验内容

(1) 测定黄铜、纯铝的布氏硬度；

(2) 测定 40Cr 钢试样淬火、正火后的洛氏硬度；

(3) 测定 T8 钢淬火后的维氏硬度。

2. 布氏硬度

(1) 接通电源，面板显示倒计数，仪器在自动调整位置，当试验力显示窗口为 0 时，仪器进入待机状态。开机时仪器的预置力设定在 250 kgf，保荷时间为 15 s，如需更改，请参阅操作面板功能介绍。

(2) 把试件置于试台上，转动旋轮上升试件，当试验力施加时，A 窗开始显示试验力。注意：选用上档试验力时，手动加力约 27 kgf，仪器发出“嘟嘟……”响声，则仪器自动加装试验力；当选用下档试验力时，手动加力约 90 kgf，仪器发出“嘟嘟……”响声，则仪器自动加装试验力。

(3) 加荷、保荷、卸荷三个阶段结束后，一次硬度测试过程结束，退下试台，仪器自动复位。

(4) 用读数显微镜测量压痕直径。把读数显微镜置于试件上，长镜筒的缺口处对着自然光或用灯光照明。旋转目镜上的眼罩，使压痕边缘清晰。选择目镜中任一条固定数字刻线为起始线与压痕左边相切。固定读数显微镜，转动读数鼓轮，移动目镜中的刻线相切于另一边。(鼓轮读数 41 格，每小格为 0.01 mm)

(5) 重复上述操作，每一试件至少测三点。

(6) 实验完毕，关闭硬度仪，罩上防尘罩，清理桌面。

3. 洛氏硬度

（1）根据被测试样的软硬程度，合理选择压头及主实验力。

（2）将所选压头安装在主轴孔中，轻轻旋紧紧固螺钉，并顺时针转动变荷手轮，使主实验力达到所选值。

（3）将试样或试块平整地放在实验台上。

（4）顺时针旋转升降螺栓的旋轮，使试样缓慢无冲击地与压头接触，直至硬度计百分表小指针从黑点移到红点，与此同时长指针转动三圈垂直向上。

（5）转动硬度计表盘，使长指针对准“C”。

（6）将加实验力手柄按照箭头指示方向拉动，把主试验力施加到试样上。当长指针静止后，将卸实验力手柄缓慢向后推，卸除主实验力，此时硬度计百分表长指针指向的数据，即为被测试样的硬度值。

（7）逆时针旋转升降螺栓的旋轮，使实验台下降。

（8）实验完毕，将压头和试样按规定放置和保存。

4. 维氏硬度

（1）打开电源，显示屏亮，压头自动转到前面初始位置。

（2）转动力值手轮，使试验力符合选择要求。

（3）按修改键进入菜单，可对测量标尺、换算标尺、保荷时间等进行修改和选择，修改、选择好后按 OK 键确定。

（4）按“↷”键转动压头—物镜切换转盘，将 20x 物镜转到前方位置。

（5）放置试样在试台上，顺时针转动旋轮使试台上升，在目镜内出现明亮光斑，此时缓慢上升试台，直至目镜中观察到试样表面清晰成像。

（6）按启动键，压头自动转到前方，然后自动加载试验力，屏幕上出现“正在加荷”，“保荷延时”“正在卸荷”，卸荷完至蜂鸣器响，整个加卸试验力过程结束。

（7）压头—物镜切换转盘自动将物镜转到前方，在物镜视场内看到压痕，根据自己的视力微调旋轮使压痕及刻线清晰。

（8）转动右鼓轮，移动目镜内的刻线，使两刻线内侧无限接近时，按清零键。

（9）转动右鼓轮使刻线分开，然后转动左侧鼓轮，使左边刻线的内侧与压痕的左边外形交点相切时，再移动右鼓轮，使内侧与压痕外形交点相切，按下目镜上的测量按钮，对角线 d1 测量完成，转动目镜 90，按上述方法测量 d2 长度，屏幕显示本次测量的硬度值和转换的硬度值。

（10）按照检定规程要求，第一点压痕不计数，所以第二点压痕的硬度值作为记入试验次数的第一次，此时屏幕显示测量次数为 NO：01。重复几次测量，取平均值。

（11）实验完毕，关闭硬度仪，罩上防尘罩，清理桌面。

五、实验报告要求

1. 写出实验目的及内容。

2. 记录所测各种材料的布氏硬度、洛氏硬度、维氏硬度的实验结果（表 13-4、13-5、13-6）。

表 13－4　布氏硬度测试结果

试样		布氏硬度值				
材料	热处理状态	试样尺寸（mm）	压头直径（mm）	载荷（kgf）	压痕（mm）	HB
纯铝						
黄铜						

表 13－5　洛氏硬度测试结果

材料	压头	负荷（kgf）		硬度值		
		初负荷	总负荷	淬火（水）	淬火（油）	正火
40Cr 钢						

表 13－6　维氏硬度测试结果

材料及热处理状态	负荷（kgf）	压痕	HV
T8 水淬			

3. 完成思考题。

六、思考题

1. 试说明在测定洛氏硬度、布氏硬度、维氏硬度时，对试样的制备有什么要求，为什么？

2. 下列工件需测定硬度，试说明选用何种硬度试验为宜。

（1）渗碳层硬度分布　（2）淬火火钢　（3）灰口铸铁　（4）氮化层

（5）鉴别钢中隐晶马氏体和残余奥氏体　（6）高速钢刀具　（7）硬质合金

（8）薄板金属材料

七、实验注意事项

1. 试样两端要平行，表面要平整，若有油污或氧化皮，可用砂纸打磨，以免影响测定。

2. 加载时应细心操作，以免损坏压头。

3. 测完硬度值，卸掉载荷后，必须使压头完全离开试样后再取下试样。

4. 金刚钻压头系贵重物品，质硬而脆，使用时要小心谨慎，严禁与试样或其他物件碰撞。

5. 应根据硬度实验机的使用范围，按规定合理选用不同的载荷和压头，超过使用范围，将不能获得准确的硬度值。

八、参考文献

[1] GB/T 231.1—2018. 金属材料 布氏硬度试验 第 1 部分：试验方法[S]. 2018.

[2] GB/T 230.1—2018. 金属材料 洛氏硬度试验 第 1 部分：试验方法[S]. 2018.

[3] GB/T 4340.1—2009. 金属材料 维氏硬度试验 第 1 部分：试验方法[S]. 2009.

实验 14　金属缺口试样冲击韧性的测定

一、实验目的

1. 了解冲击实验机结构、工作原理及使用方法。
2. 掌握金属材料冲击吸收功的测定方法。
3. 观察试样断口形貌。

二、实验原理

金属材料在动载荷作用下与静荷作用下所表现的性能是不同的。在静荷下表现良好塑性的材料，在动荷下可以呈现出脆性。因此，承受动荷作用的材料需进行冲击实验，以测定其动荷力学性能。工程上常用冲击弯曲实验来检查产品质量，揭露在静荷实验时不能揭露的内部缺陷对力学性能的影响，以及用来揭示材料在某些条件下(如低温等)具有脆性倾向的可能性。即用规定高度的摆锤对处于简支梁状态的缺口试样进行一次性打击，测定试样折断时的冲击吸收功。

按照所用的试样，冲击吸收功分别用 A_{kV}，A_{ku2}，A_{ku5} 表示。

冲击吸收功是反映材料抵抗冲击载荷的综合性能指标，它随着试件的绝对尺寸、缺口形状，实验温度等条件的变化而不同。为了保证实验结果能进行比较，试件的形状、尺寸及试验条件等在有关的实验标准中均有所规定。

国标 GB/T 229—2020《金属材料 夏比摆锤冲击试验方法》规定的夏比冲击标准试件如图 14－1 所示。实验时试件放置情况如图 14－2 所示。试样的缺口尺寸的偏差见表 1。

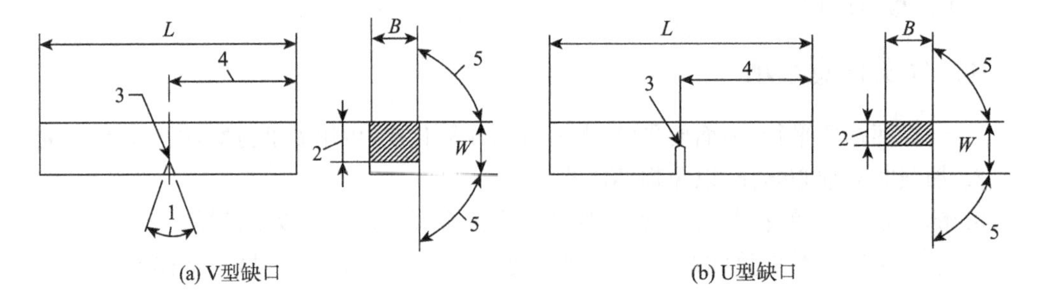

图 14－1　标准夏比冲击试样

表 14－1　试样的尺寸与偏差

名称	符号或序号	V 型缺口试样		U 型缺口试样	
		名义尺寸	机加工公差	名义尺寸	机加工公差
试样长度	L	55 mm	±0.60 mm	55 mm	±0.60 mm
试样宽度	W	10 mm	±0.075 mm	10 mm	±0.11 mm

续表

名称	符号或序号	V型缺口试样		U型缺口试样	
		名义尺寸	机加工公差	名义尺寸	机加工公差
试样厚度一标准尺寸试样	B	10 mm	±0.11 mm	10 mm	±0.11 mm
试样厚度一小尺寸试样		7.5 mm	±0.11 mm	7.5 mm	±0.11 mm
		5 mm	±0.06 mm	5 mm	±0.06 mm
		2.5 mm	±0.05 mm	—	—
缺口角度	1	45°	±2°	—	—
韧带宽度	2	8 mm	±0.075 mm	8 mm	±0.09 mm
		—	—	5 mm	±0.09 mm
缺口根部半径	3	0.25 mm	±0.025 mm	1 mm	±0.07 mm
缺口对称面一端部距离	4	27.5 mm	±0.42 mm	27.5 mm	±0.42 mm
缺口对称面一试样纵轴角度		90°	±2°	90°	±2°
试样相邻纵向面间夹角	5	90°	±1°	90°	±1°
表面粗糙度	Ra	<5 μm	—	<5 μm	—

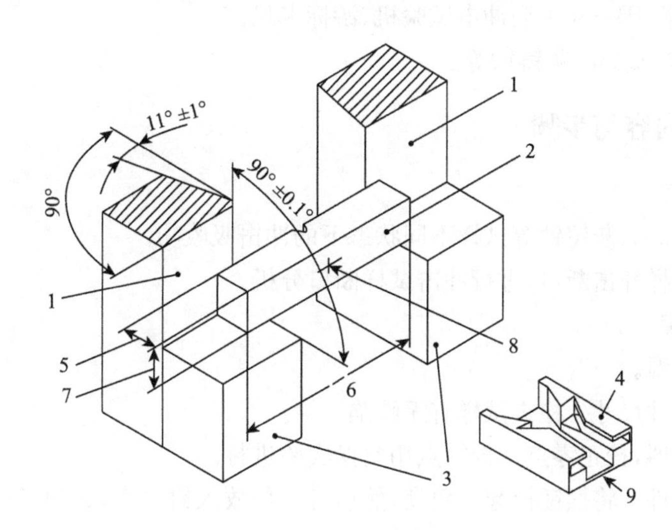

图 14－2　试样放置情况

冲击试验机的原理如图 14－3 所示。绕水平轴转动的摆杆下部装有摆锤，摆锤中央凹口中装有冲击刀刃。冲击前，装好试件，将摆锤按规定抬起一角度 α，当摆锤自由下落时，将试件冲断，由于冲断试件消耗了一部分能量，因此摆锤能继续向左运动摆起一个角度 β。所以冲断试件的能量为：

$$A_{\mathrm{kV}} = M(\cos\beta - \cos\alpha) \tag{14-1}$$

此能量 A_{kV} 可直接在机器的度盘上读出。式中的 M 为摆动常数，其值为摆锤重量与摆动半径之积，摆动半径为摆锤重心至旋转中心的距离 L。在试验机表盘上，依 β 值大小,等角度刻出了相应冲击吸收功 A_{kV}。

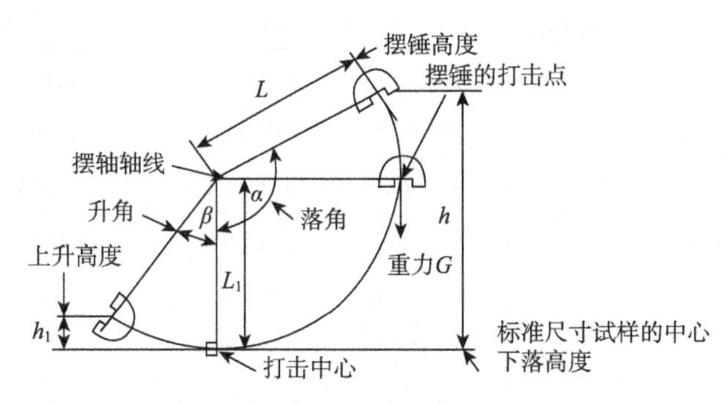

图 14-3　冲击试验机

金属在常温下的冲击试验较为简便易行,其冲击韧性对材料的冶金质量、宏观缺陷、显微组织等十分敏感。因此,生产上广泛采用这种试验方法来检验材料的质量,如晶粒粗细、回火脆性、过热、过烧、内部裂纹、白点、夹杂、纤维组织的各向异性等,并常用这种方法确定低碳钢材的应变时效敏感性。

三、实验仪器与材料

1. 实验仪器:JB—30A 型冲击试验机、游标卡尺。
2. 实验材料:Q235、灰铸铁等。

四、实验内容与步骤

1. 实验内容

(1) 测定 Q235、灰铸铁等试样不同状态下的冲击吸收功。

(2) 结合试样冲击断口,进行冲击试样断口分析。

2. 实验步骤

(1) 记录室温。

(2) 测量试件尺寸。检查试样有无缺陷。

(3) 检查机器,校正零点。校零点用空摆实验进行。

(4) 安装试件。将摆锤拉起一角度,然后将试件放入钳口座,并用样板校正位置以对准刀刃。

(5) 取摆。按动“取摆”按钮,摆锤扬至最高位置后,保险销伸出。按动退销按钮,保险销退回。

(6) 将刻度盘上指示副针拨至刻度盘左端,准备实验。

(7) 进行试验。按下冲击按钮,接通阀用电磁铁、实现落摆冲击,冲断试样后,自动启动主电机,将摆锤扬起。

(8) 记下冲击吸收功(J)值,观察破坏断面,绘下草图,每种试样测试三组数据取其平均值。

(9) 试验完毕后,按“放摆”按钮,摆锤转到铅锤位置。关闭电源开关,关好防护罩。

五、实验报告要求

1. 写出实验目的及内容。

2. 记录所测实验数据及计算(表 14－2)。

表 14－2　冲击实验数据

试样材料编号	冲击吸收功 A_{kV}(J)			
	室温(℃)	0℃	－20℃	－40℃

3. 观察记录断口特征。

4. 完成思考题。

六、思考题

1. 冲击试验方法在反应材料力学性能方面有哪些不足之处？为什么又能得到广泛的应用？

2. 冲击为何要开缺口，是否所有材料在冲击实验时都需要开缺口？

七、实验注意事项

1. 本实验要特别注意安全。先安装试件后，再升起摆锤，严禁先升摆锤，后安装试件。

2. 冲击时，一律不得站在面对摆锤运动的方向上，以免试件飞出伤人。

3. 扬摆过程中摆锤尚未挂于挂摆机构上时，工作人员不得在摆锤摆动范围内活动或工作，以免偶然断电发生危险。

八、参考文献

[1] GB/T 229—2020. 金属材料 夏比摆锤冲击试验方法[S]. 2020.

第三部分　材料物理性能实验

实验15　用变压器直流电阻测试仪研究热处理对钢的电阻率的影响

一、实验目的

1. 掌握变压器直流电阻测试仪测量低值电阻的原理和使用方法。
2. 测定45钢经不同热处理后的电阻率。
3. 分析不同热处理工艺对低碳钢电阻率的影响。

二、实验原理

表征金属材料导电性能的基本量有电阻 R、电阻率 ρ、电导率 σ 和电阻温度系数 α。导体的电阻 R 与导体的尺寸及形状有关。设导体横截面积为 S，长度为 L，则这段导体的电阻为：

$$R=\rho\frac{L}{S} \tag{15-1}$$

式中 ρ 是一个表征金属与合金电学性质的常数，称为电阻率或电阻系数。电阻率与导体的化学成分、组织状态和温度等因素有密切关系，而与几何尺寸无关。电阻率是评定材料导电性能的基本参数，单位为欧姆·米（Ω·m）。式(15-1)还可以写成：

$$\rho=R\frac{S}{L} \tag{15-2}$$

由此可以看出，要测定电阻率 ρ，可以通过测量试样的几何尺寸和电阻 R 来得到。

量子电子论指出，在外电场的作用下，虽然所有的自由电子都受到了加速，但只有那些能量接近费密能的自由电子才参与导电形成电流。自由电子的运动具有波动性，电阻的产生是由于电子波在传播的过程中，在晶体点阵完整性遭到破坏的地方受到散射，然后相互干涉的结果。

实际的金属内部不仅存在着各种缺陷和杂质，还具有一定的温度。各种晶体缺陷如空位、间隙原子、位错、杂质等产生的点阵静畸变和离子的热振动引起的点阵畸变，对电子波的传播造成散射，导致金属产生电阻。

对碳钢的研究表明，在相同的状态下，含碳量愈高，电阻率愈大。对于同一含碳量的钢,淬火态的电阻率明显高于退火态,含碳量愈高,差别越大。淬火后的回火过程将引起电阻率的降低。

在金属学研究中,为了准确地反映出金属或合金的组织变化引起的电阻率改变,需采用测量精度较高的方法。双电桥法是其中应用最广泛的一种方法,而利用变压器直流电阻测试仪测量电阻则是新一代智能化的测试手段。

1. 利用双电桥法测量低值电阻的方法

双电桥法的测量原理如图 15-1 所示。图中 E_0 是直流电源,工作电流的大小用 R 调节,用安培计测量。R_N 是已知的标准电阻,R_x 是未知电阻。电桥平衡通过调节四个高电阻 R、R'、R_1、R_2 来实现。在电桥设计上,每个高电阻通常大于 50 Ω,且 $R=R'$、$R_1=R_2$,并在结构上保证 R 与 R' 成连动。同时要使连接 R_x 与 R_N 之间的导线 EF 的电阻尽可能地小。如此就可使电桥中分路电流 I_1 和 I_2 很小,而 I_3 相对地大很多。测量时调节可变电阻 R,使检流计中无电流通过,即电桥达到平衡,此时有:

$$I_1R=I_xR_x+I_2R' \tag{15-3}$$

$$I_1R_1=I_NR_N+I_2R_2 \tag{15-4}$$

考虑到 EF 间电阻很小,忽略不计,则有 $I_x=I_N$,将式(15-3)与式(15-4)相除,得:

$$R_x=R_N\frac{I_1R-I_2R'}{I_1R_1-I_2R_2} \tag{15-5}$$

又因为 $R=R'$,$R_1=R_2$,则得到:

$$R_x=\frac{R}{R_1}R_N \tag{15-6}$$

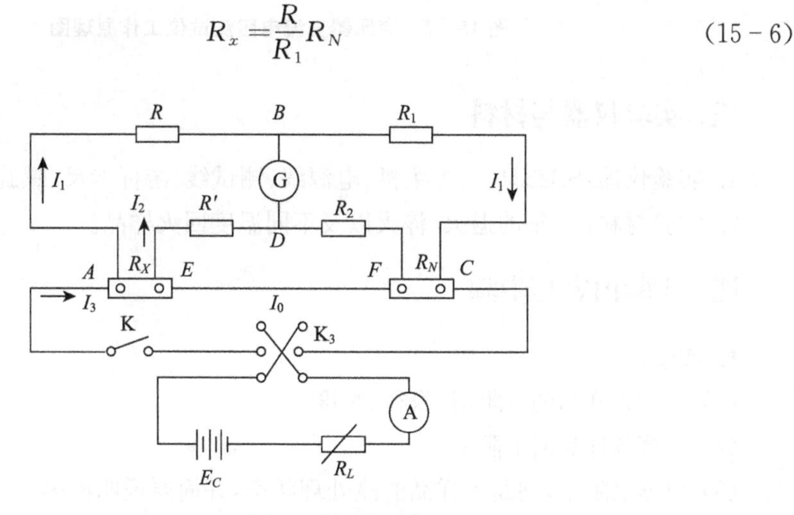

图 15-1　双电桥测量线路示意图

在双电桥设计制造时,已考虑到使 $R_1=R_2$,并将 R、R' 设计成可以同步调整,使其随时都能保持相等的关系。这样,通过调节 R 和(R')使电桥达到平衡,R_1 和 R_N 为已知,就可以按式(15-6)求出 R_x。得到 R_x 后,测量试样的长度 L 和截面积 S,代入式(15-2)就可求出该试样的电阻率。

2. 利用变压器直流电阻测试仪测量电阻

本实验利用变压器直流电阻测试仪测量样品的电阻。SB2234—3A 型变压器直流电阻测试仪是新一代智能化便携式仪器，该仪器采用微电脑为核心，进行控制、测量，并配以大屏幕液晶显示，汉字菜单提示操作功能。仪器采用了四端钮测量技术，确保测试数据准确。本仪器适宜不同的测试环境，完善的保护功能和抗干扰能力，也适用于大电感电力变压器的直阻快速测试。

图 15-2 为变压器直流电阻测试仪工作原理框图。主要由恒流电源、放电电路、放大和模数转换电路、计算机、打印机、显示、按键几部分构成。$R_{测}$ 为待测的直流电阻。$R_{标}$ 为已知的机内电流采样电阻。当回路通过恒定电流 I 时，待测电阻的电压降为：$V_1 = I \cdot R_{测}$，电流采样电阻 $R_{标}$ 的电压降为：$V_{标} = I \cdot R_{标}$，因此可以计算出，待测电阻值可由式(15-7)计算：

$$R_{测} = \frac{V_1}{V_{标}} R_{标} \tag{15-7}$$

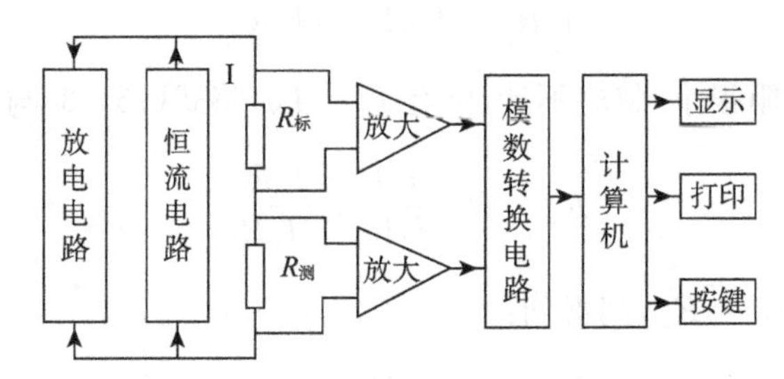

图 15-2 变压器直流电阻测试仪工作原理图

三、实验仪器与材料

1. 实验仪器：SB2234—3A 主机、电源线、测试线、游标卡尺、螺旋测微器。
2. 实验材料：45 钢的退火、淬火以及不同温度回火样品。

四、实验内容与步骤

1. 实验内容

(1) 测量各样品的电阻值、直径、长度。

(2) 计算各样品的电阻率。

(3) 根据电阻率，判断各样品的热处理状态，并简要说明原因。

2. 实验步骤

(1) 将仪器可靠接地，测试钳与试品对应钳好。

(2) 开机，仪器屏幕显示及流程如下图 15-3 所示。

(3) 选择测试电流，按下测试按钮，开始测试。

(4) 测试完毕后，先按下复位键，仪器发出“嘟…”的声音，指示正在放电，放电结束 20 s 后关机结束测试。

(5) 记录测量显示的电阻值,计算电阻率,并判断其热处理工艺,填写实验报告。

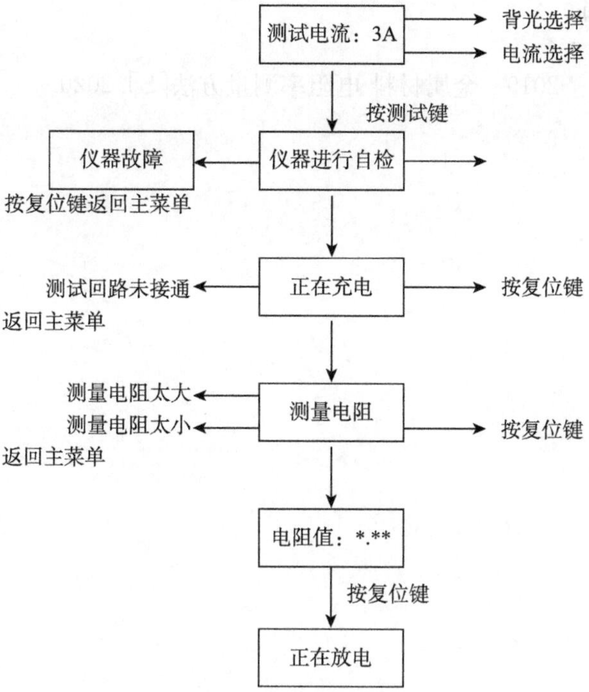

测试电流：3A
背光选择
电流选择
按测试键
仪器故障
仪器进行自检
按复位键返回主菜单
测试回路未接通
正在充电
按复位键
返回主菜单
测量电阻太大
测量电阻太小
测量电阻
按复位键
返回主菜单
电阻值：*.**
按复位键
正在放电

图 15-3　仪器开机屏幕显示及流程图

五、实验报告要求

1. 写出实验目的与内容。
2. 记录相应实验原始数据,计算不同样品的电阻率。
3. 根据上述样品的电阻率,辨别样品的热处理状态。
4. 简要说明原因。
5. 完成思考题。

六、思考题

1. 理想金属在绝对零度下是否有电阻率?金属电阻产生的原因是什么?
2. 45 钢退火态与淬火态的电阻率,哪一个更高?为什么?
3. 回火温度对淬火钢的电阻率有什么影响?请解释原因。

七、实验注意事项

1. 本仪器有过电压保护功能,但是在使用时仍需按下逐条操作,以确保仪器及操作人员安全。

2. 对无载调压绕组,不允许在测试过程中或未设定时切换无载分接开关。

3. 在测试过程中不允许拆除测试线。

4. 测试过程中,外部 AC220V 突然断电,仪器开始释放绕组储存的能量,不允许立即拆除测试线,需等5分钟后方可拆线。

八、参考文献

[1] GB/T 351—2019　金属材料 电阻率测量方法[S]. 2020.

实验 16　用悬丝耦合共振法测量金属材料的弹性模量

一、实验目的

1. 掌握悬丝耦合共振法测量金属材料弹性模量的基本原理。
2. 用悬丝耦合共振法测量金属材料的弹性模量。

二、实验原理

金属材料在弹性变形阶段，应力与应变成正比，其比例系数称为弹性模量。按照材料的受力和变形方式，弹性模量分为杨氏模量(正弹性模量)E、切变模量G和体积压缩模量K三种。E、G、K具有相同的物理意义，它们都表示产生单位应变时的应力，所以弹性模量表征了材料抵抗弹性变形的能力，弹性模量越高，材料的刚度越好。弹性模量测量有静态法和动态法两种基本方法。静态法是根据弹性应力与应变服从虎克定律来确定弹性模量的。这种方法由于加载较大，加载速度慢，试样存在弛豫应变，所以加载大小和速度都会影响测量的精确性。动态法是试样在很小的交变应力作用下使其发生自由振动或强迫振动，测出固有振动频率后计算弹性模量。按加载频率范围又可分为声频共振法(频率低于10^4 Hz)和超声波脉冲法(频率在10^4～10^8 Hz)两类。动态法的测量速度快、精度高。

目前，国内使用最广泛的动态测试法是悬丝共振法，它可以在一个试样上同时测量E、G，从而可求得泊松比μ，此法已列入国家标准。悬丝耦合共振法的测量装置见图16-1。试样用两根悬丝水平悬挂，悬丝一端固定在试样上距端点$0.224l$～$0.174l$范围内，另一端分别固定在换能器的激振级和拾振级上。当讯号发生器产生一个音频正弦电讯号时，通过换能器转换成机械振动，由悬丝传递给试样，激发试样振动。试样的机械振动再通过另一根悬丝传递给接收换能器，还原成电讯号。经放大器放大后，在指示仪表上显示出来。调节讯号发生器的输出频率，当它与试样的共振频率一致时，在指示仪表上观察到接收讯号的极大值。用频率计精确测定此时的频率，即得试样的共振频率。可以将讯号发生器输出的激发讯号和放大器放大后的接收讯号输入示波器，示波器显示李萨茹

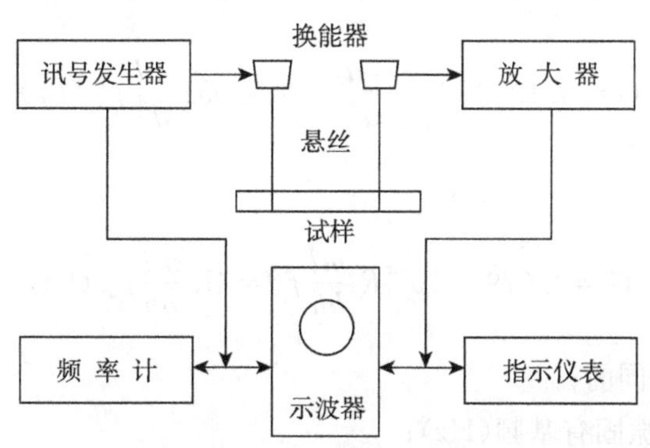

图 16-1　悬丝耦合共振法测量装置示意图

图形，用以辅助观察和判断试样的共振状态。分别测出试样作弯曲自由振动时的基频固有频率 f_l，作自由扭转振动时的扭振固有基频 f_s，就可以计算出试样的杨氏模量 E，切变模量 G，泊松比 μ。

（1）杨氏模量的计算公式为：

圆棒：

$$E = 1.638 \times 10^{-7} K \frac{ml^3}{d^4} f_l^2 = 1.606K \frac{ml^3}{d^4} f_l^2 \ (\mathrm{Pa}) \tag{16-1}$$

矩棒：

$$E = 0.965 \times 10^{-7} K \frac{ml^3}{bh^3} f_l^2 = 0.946K \frac{ml^3}{bh^3} f_l^2 \ (\mathrm{Pa}) \tag{16-2}$$

式中：m——试样质量(g)；

l——试样长度(mm)；

d——试样直径(mm)；

b——试样宽度(mm)（垂直振动方向的尺寸）；

h——试样厚度(mm)（平行振动方向的尺寸）；

f_1——试样基频固有频率(Hz)；

K——修正系数(见表 12-1、表 12-2)。

表 16-1　圆棒试样修正系数

径长比(d/l)	0.01	0.02	0.03	0.04	0.05	0.06
K	1.001	1.002	1.005	1.008	1.014	1.019

表 16-2　矩棒试样修正系数

厚长比(h/l)	0.01	0.02	0.03	0.04	0.05	0.06
K	1.001	1.003	1.006	1.012	1.018	1.026

（2）切变模量的计算公式为：

圆棒：

$$G = 5.193 \times 10^{-7} \frac{ml}{d^2} f_s^2 = 5.091 \frac{ml}{d^2} f_s^2 \ (\mathrm{Pa}) \tag{16-3}$$

矩棒：

$$G = 4.079 \times 10^{-7} R \frac{ml}{bh} f_s^2 = 4R \frac{ml}{bh} f_s^2 \ (\mathrm{Pa}) \tag{16-4}$$

式中m，l，d，b，h 意义同前；

f_s——试样的扭振固有基频(Hz)；

R——矩棒形状因子。取决于试样的宽厚比(b/h)和宽长比(b/l)，其表达式为：

$$R=\left[\frac{1+\left(\frac{b}{h}\right)^{2}}{4-2.521\frac{h}{b}\left(1-\frac{1.991}{e^{\frac{\pi b}{h}}}\right)}\right]\left(1+\frac{0.00851b^{2}}{l^{2}}\right)-0.060\left(\frac{b}{l}\right)^{\frac{3}{2}}\left(\frac{b}{h}-1\right)^{2} \quad (16-5)$$

(3) 泊松比的计算：

测量泊松比时，需采用测量切变模量 G 的吊扎方，相继测得试样的杨氏模量 E 和切变模量 G，代入下式计算泊松比。

$$\mu=\frac{E}{2G}-1 \quad (16-6)$$

三、实验仪器与材料

1. 实验仪器：弹性模量测量仪、示波器、游标卡尺、天平。
2. 实验材料：待测金属棒，不锈钢及铜棒。

四、实验内容与步骤

1. 实验内容

试样应按标准制备。圆棒试样应符合图 16－2 和表 16－3 的规定，矩形试样应符合图 16－3 和表 16－4 的规定，要求试样材质均匀，轴向无挠曲，表面无缺陷。

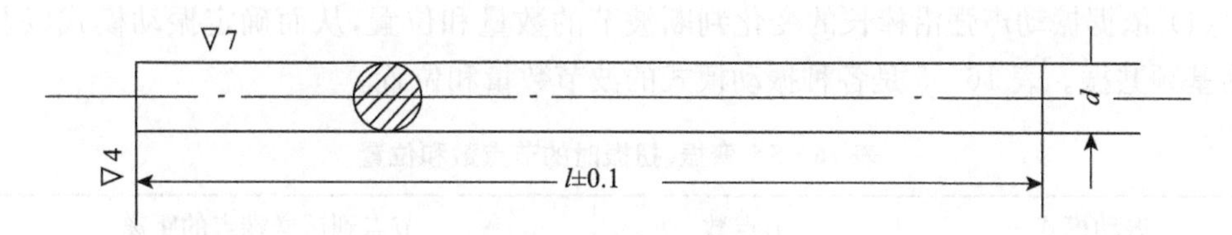

图 16－2　圆棒试样图

表 16－3　圆棒试样尺寸　　单位：mm

序号	直径(d)		长度(l)
	尺寸	允许偏差	
1	$4\leqslant d<6$	±0.01	150
2	$6\leqslant d<8$	±0.02	160
3	$8\leqslant d<10$		200

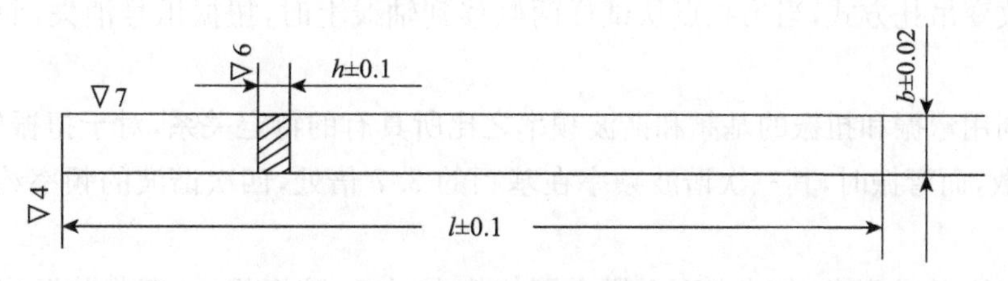

图 16－3　矩棒试样图

表 16-4　矩棒试样尺寸　　单位:mm

<table>
<tr><th>序号</th><th>厚度(h)</th><th>宽度(b)</th><th>长度(l)</th></tr>
<tr><td>1</td><td>$1.5\leqslant h<2$</td><td>5</td><td rowspan="3">150</td></tr>
<tr><td>2</td><td>$2\leqslant h<3$</td><td rowspan="2">10</td></tr>
<tr><td>3</td><td>$3\leqslant h<4$</td></tr>
</table>

悬丝采用棉线、丝线、直径不大于 0.2 mm 的铜丝和镍铬丝做,长度在 100～300 mm。在悬挂状态下,要求悬丝垂直,试样水平。

在需要测量切变模量 G 时,为了保证试样能同时产生弯曲和扭转两种模式的共振,悬丝必须位于试样两侧,可按图 16-4 的方式吊扎。

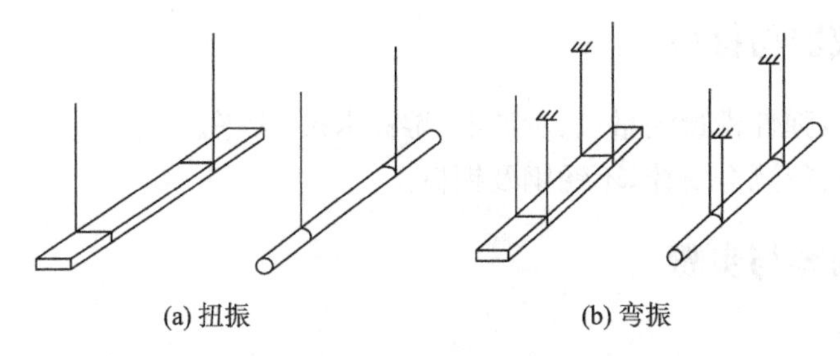

图 16-4　测试切变模量时试样的悬挂方式

为了判别共振是弯曲振动还是扭转振动,是基频还是谐振,可采用下述方法:

(1) 依据振动声强沿棒长的变化判断波节的数量和位置,从而确定振动模式以及是否为基频共振。表 16-5 是各种振动模式的波节数量和位置。

表 16-5　弯振、扭振时的节点数和位置

振动模式	节点数	节点到试样端点的距离
弯振:基频	2	$0.224l$,$0.776l$
一次谐波	3	$0.132l$,$0.500l$,$0.868l$
二次谐波	4	$0.094l$,$0.356l$,$0.644l$,$0.906l$
三次谐波	5	$0.073l$,$0.277l$,$0.500l$,$0.723l$,$0.927l$
扭振:基频	1	$0.500l$
一次谐波	2	$0.250l$,$0.750l$

(2) 沿棒长改变吊扎位置,当吊扎点与振动节点重合时,对应的共振讯号消失,而游离节点,讯号又重新出现。

(3) 改变吊扎方式,当吊扎点从试样两侧移到轴线上时,扭振讯号消失,而弯振讯号仍然存在。

(4) 利用弯振和扭振的基频和谐波频率之比所具有的特定关系,对于扭振模式,比值为简单整数,而弯振时,其三次谐波频率在基频的 8.7 倍处,四次谐波的频率约在基频的 13 倍处。

(5) 对矩形截面棒,在其表面上撒上固体粉末(如硅胶细粉)。弯曲共振(基频)粉末聚集于振动节点(距棒端部 $0.224l$)附近,形成两条与棒垂直的线;扭振共振时(基频),粉末聚集于矩棒和中心轴线附近。

2. 实验内容

(1) 测量试样的 l,d,b,h,称重 m。

(2) 按图 16-1 连接各仪器接线,熟悉各种仪器的使用。

(3) 将试样用两根悬丝水平悬挂,悬丝一端捆扎在试样上距端点 $0.224l \sim 0.174l$ 范围内,另一端固定在换能器上。

(4) 接通各仪器电源,缓慢调节频率计频率输出,当所加的讯号频率大于或小于试样的固有频率时,示波器上会出现图 16-5a 的图形,此时样品可以确认样品没有共振。当频率逐步接近样品固有频率时,示波器上会出现图 16-5b 的图形。再缓慢调节频率输出,当频率讯号与测试样品固有频率相近时,样品共振,振幅图形最大,示波器上往往出现图 16-5c、d 的情况,这就是测量中要找的共振图形。

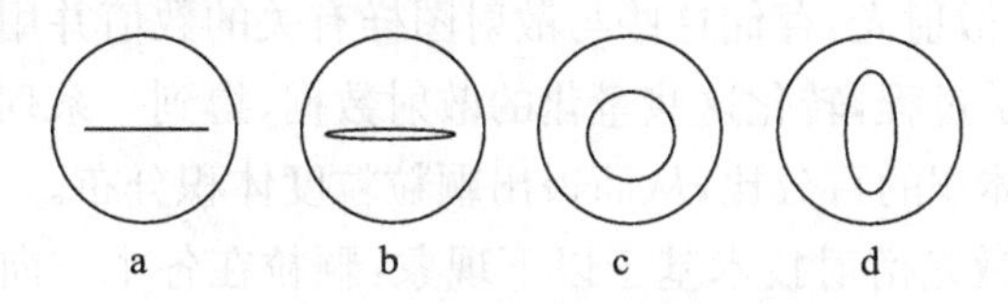

图 16-5　测量时示波器图像

(5) 在观察示波器的同时,观察毫伏表,当试样共振时,毫伏表指示值最大。

(6) 接通频率计,测量共振时的频率值。

(7) 圆棒共振频率的测定,要求在测定一次后,将试样绕纵轴旋转 90°再测一次。为提高精度,可对同一试样,进行多次测量,取平均值。

(8) 将测得的试样质量、尺寸、共振频率代入计算公式,计算弹性模量。要求保留三位有效数字。

六、实验报告要求

1. 写出实验目的与内容。

2. 使用支撑法和悬丝耦合法进行实验测定样品共振频率,计算不同样品的弹性模量。

3. 讨论分析不同方法测定的频率误差产生的原因。

4. 完成思考题。

七、思考题

1. 如何判定所测的频率为待测样品的共振频率?

2. 尝试分析实验装置存在的问题和误差来源。

八、参考文献

[1] GB/T 22315—2008　金属材料 弹性模量和泊松比试验方法[S]. 2008.

实验 17　激光法测定粉体粒度分布实验

一、实验目的

1. 掌握使用激光粒度仪测试粉末粒径的方法。
2. 了解激光粒度法测试粉末粒径的基本原理及常见粒径的表示方法。

二、实验原理

对粉体材料而言，颗粒粒度及粒度分布是关键指标。颗粒样品以合适的浓度分散于适宜的液体或气体中，使其通过单色光束（通常是激光），当光遇到颗粒后以不同角度散射，由多元探测器测量散射光，存储这些与散射图样有关的数值并用于随后的分析。通过适当的光学模型和数学过程，转化这些量化的散射数据，得到一系列离散的粒径段上的颗粒体积相对于颗粒总体积的百分比，从而得出颗粒粒度体积分布。

用于粒度分布的激光衍射技术基于以下现象：颗粒在各个方向产生的散射图样与颗粒粒径大小有关。

激光粒度仪是根据颗粒能使激光产生散射这一物理现象测试粒度分布的。米氏散射理论表明，当光束遇到颗粒阻挡时，一部分光将发生散射现象，散射光的传播方向将与主光束的传播方向形成一个夹角 θ，θ 角的大小与颗粒的大小有关。颗粒越大，产生的散射光的 θ 角就越小；颗粒越小，产生的散射光的 θ 角就越大。进一步研究表明，散射光的强度代表该粒径颗粒的数量。这样，测量不同角度上的散射光的强度，就可以得到样品的粒度分布了。

为了测量不同角度上的散射光的光强，需要运用光学手段对散射光进行处理。我们在光束中的适当的位置上放置一个傅里叶透镜，在该透镜的后焦平面上放置一组多元光电探测器，不同角度的散射光通过傅里叶透镜照射到多元光电探测器上时，光信号将被转换成电信号并传输到电脑中，通过专用软件对这些信号进行处理，就会准确地得到粒度分布了，如图 17－1 所示。

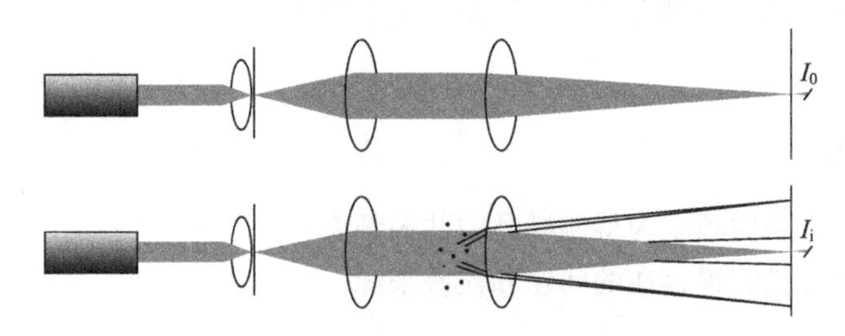

图 17－1　激光粒度仪原理示意图

三、实验仪器与材料

1. 实验仪器：BT—9300ST 激光粒度仪。

2. 实验材料：烧杯、去离子水、小药勺、干燥的三氧化二铝粉末。

四、实验内容与步骤

1. 准备好实验必需的待测样品，小药勺，去离子水等；

2. 开机，打开激光粒度仪及电脑；

3. 在电脑桌面上单击“百特激光粒度分析系统”图标即进入该测试系统；

4. 在菜单栏中单击“测试—粒度测试—文档”，按要求填上样品名称、编号、测试单位、取样方法、超声分散时间、循环转速等信息。进入粒度测试状态。

5. 点击“进水”图标将水吸进循环池，水位达到水位计处自动停止进水。

6. 背景校准，点击“测试—粒度测试—背景—校准—自动校准”，系统会实现自动背景校准，BT—9300S 背景的正常值在 0.3～4 之间。

7. 背景确认，点击“测试—粒度测试(手动)—背景—确认”完成背景测试，测试背景的目的是扣除加入样品前固定的、与样品无关的信号，以消除样品散射光以外的因素对测试结果的影响。

8. 确认背景后向循环池中加入样品，直到遮光率达到预设范围(通常是 10％～15％之间)。点击“超声波”按钮进行分散，点击“实时”按钮，观察样品粒度随时间变化情况，粒度趋于稳定后关闭实时测试窗口，准备进入粒度测试。

9. 在测试区点击“启动”进行粒度测试，系统自动采集、分析信号并显示测试结果。

10. 对测试结果进行保存。在连续结果界面选中结果，输入样品名称后点击“保存”按钮，结果将保存在数据库中。

11. 实验完毕，关闭测试窗口，点击自动清洗按钮，系统自动完成清洗过程。

12. 关闭激光粒度仪及电脑，将实验设备及周边清理干净。

五、实验报告要求

1. 写出实验目的及内容。

2. 记录测试过程及实验结果。

3. 完成思考题。

六、思考题

1. 测试中为什么要控制待测样品在分散剂中的浓度，并搅拌和超声分散？

2. 从所测粒径分布曲线你可得到哪些信息？D50 代表什么意义？

七、实验注意事项

1. 请勿直视激光束，避免灼伤眼睛！

2. 不得触碰光路中的透镜、反光镜等光学元件！

3. 粒径超过 1 500 μm 的样品不得在此仪器上进行测试!

八、参考文献

[1] GB/T 19077—2016　粒度分析 激光衍射法[S]. 2016.

实验 18　磁化率的测定

一、实验目的

1. 掌握古埃(Gouy)法测定磁化率的原理和方法；
2. 通过测定一些络合物的磁化率，求算未成对电子数和判断这些分子的配键类型。

二、实验原理

1. 磁化率

物质在外磁场作用下，物质会被磁化产生一附加磁场。物质的磁感应强度等于

$$\vec{B}=\vec{B_0}+\vec{B'}=\mu_0\vec{H}+\vec{B'} \tag{18-1}$$

式中 $\vec{B_0}$ 为外磁场的磁感应强度，$\vec{B'}$ 为附加磁感应强度，磁感应强度单位是特斯拉，以 T 表示；$\vec{H}$ 为外磁场强度，单位是高斯，以 G 表示；μ_0 为真空磁导率，其数值等于 $4\pi\times 10^{-7}\ \mathrm{N/A^2}$；$\vec{H}=\vec{B}/\mu_0$。

物质的磁化可用磁化强度 M 来描述，它与磁场强度成正比。

$$\vec{M}=\chi\vec{H} \tag{18-2}$$

式中 χ 为物质的体积磁化率，是无量纲的量，单位是 1。在化学上常用质量磁化率 χ_m 或摩尔磁化率 χ_M 来表示物质的磁性质。

$$\chi_m=\frac{\chi}{\rho} \tag{18-3}$$

$$\chi_M=M\cdot\chi_m=\frac{\chi M}{\rho} \tag{18-4}$$

式中 ρ、M 分别是物质的密度和摩尔质量。

2. 分子磁矩与磁化率

物质的磁性与组成物质的原子、离子或分子的微观结构有关，当原子、离子或分子的两个自旋状态电子数不相等，即有未成对电子时，物质就具有永久磁矩。由于热运动，永久磁矩的指向各个方向的机会相同，所以该磁矩的统计值等于零。在外磁场作用下，具有永久磁矩的原子、离子或分子除了其永久磁矩会顺着外磁场的方向排列(其磁化方向与外磁场相同，磁化强度与外磁场强度成正比)，表现为顺磁性外，还由于它内部的电子轨道运动有感应的磁矩，其方向与外磁场相反，表现为逆磁性，此类物质的摩尔磁化率 χ_M 是摩尔顺磁化率 $\chi_{顺}$ 和摩尔逆磁化 $\chi_{逆}$ 的和。

$$\chi_M=\chi_{顺}+\chi_{逆} \tag{18-5}$$

对于顺磁性物质，$|\chi_{顺}|\gg|\chi_{逆}|$，可作近似处理，$\chi_M=\chi_{顺}$。

对于逆磁性物质，则只有 $\chi_{逆}$，所以它的 $\chi_M=\chi_{逆}$。

第三种情况是物质被磁化的强度与外磁场强度不存在正比关系，而是随着外磁场强度的增加而剧烈增加，当外磁场消失后，它们的附加磁场，并不立即随之消失，这种物质称为铁磁性物质。

磁化率是物质的宏观性质，分子磁矩是物质的微观性质，用统计力学的方法可以得到摩尔顺磁化率 $\chi_{顺}$ 和分子永久磁矩 μ_m 间的关系

$$\chi_{顺}=\frac{N_0\mu_m^2\mu_0}{3KT}=\frac{C}{T} \tag{18-6}$$

式中 N_0 为阿伏加德罗常数；K 为玻尔兹曼常数；T 为绝对温度。

物质的摩尔顺磁磁化率与热力学温度成反比这一关系，称为居里定律，是居里(P. Curie)首先在实验中发现，C 为居里常数。

物质的永久磁矩 μ_m 与它所含有的未成对电子数 n 的关系为

$$\mu_m=\mu_B\sqrt{n(n+2)} \tag{18-7}$$

式中 μ_B 为玻尔磁子，其物理意义是单个自由电子自旋所产生的磁矩。

$$\mu_B=\frac{eh}{4\pi m_e}=9.274\times10^{-24}\ \text{J/T} \tag{18-8}$$

式中 h 为普朗克常数；m_e 为电子质量。因此，只要实验测得 χ_M，即可求出 μ_m，算出未成对电子数 n，这对于研究某些原子或离子的电子组态，以及判断络合物分子的配键类型是很有意义的。

3. 磁化率的测定

古埃法测定磁化率装置如图 18-1 所示。将装有样品的圆柱形玻管如图 18-1 所示方式悬挂在两磁极中间，使样品底部处于两磁极的中心。亦即磁场强度最强区域，样品的顶部则位于磁场强度最弱，甚至为零的区域。这样，样品就处于一不均匀的磁场中，设样品的截面积为 A，沿样品管的长度方向 $\mathrm{d}S$ 的体积 $A\mathrm{d}S$ 在非均匀磁场中所受到的作用力 $\mathrm{d}F$ 为

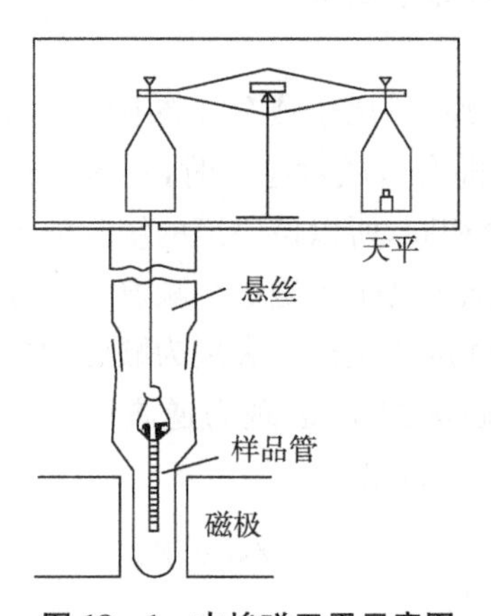

图 18-1　古埃磁天平示意图

$$dF = \chi\mu_0 \vec{H} A \, dS \frac{d\vec{H}}{dS} \tag{18-9}$$

式中 $\frac{d\vec{H}}{dS}$ 为磁场强度梯度，对于顺磁性物质的作用力，指向场强度最大的方向，反磁性物质则指向场强度弱的方向，当不考虑样品周围介质（如空气，其磁化率很小）和 H_0 的影响时，整个样品所受的力为

$$F = \int_{\vec{H}=\vec{H}}^{\vec{H_0}=0} \chi\mu_0 \vec{H} A \, dS \frac{d\vec{H}}{dS} = \frac{1}{2}\chi\mu_0 \vec{H}^2 A \tag{18-10}$$

当样品受到磁场作用力时，天平的另一臂加减砝码使之平衡，设 ΔW 施加磁场前后的质量差，则

$$F = \frac{1}{2}\chi\mu_0 \vec{H}^2 A = g\Delta m = g(\Delta W_{空管+样品} - \Delta W_{空管}) \tag{18-11}$$

由于 $\chi = \chi_m \cdot \rho$，$\rho = \frac{W}{Ah}$，$\vec{H} = \vec{B}/\mu_0$，代入(18-11)式整理得

$$\chi_M = \frac{2(\Delta W_{空管+样品} - \Delta W_{空管})h \cdot g \cdot M \cdot \mu_0}{W\vec{B}^2} = \frac{2\Delta W_{样品} \cdot h \cdot g \cdot M \cdot \mu_0}{W\vec{B}^2} \tag{18-12}$$

式中：h——样品高度，单位为 m；

W——样品质量单位为 kg；

M——样品摩尔质量单位为 kg/mol；

ρ——样品密度，单位为 kg/m^3；

μ_0——真空磁导率，$\mu_0 = 4\pi \times 10^{-7}\ N/A^2$；

B——磁感应强度，单位是特斯拉，以 T 表示；

g——重力加速度，为 $9.806\ 65\ m/s^2$。

磁感强度 B 可用“特斯拉计”测量，或用已知磁化率的标准物质进行间接测量。例如用莫尔盐$[(NH_4)_2SO_4 \cdot FeSO_4 \cdot 6H_2O]$，已知莫尔盐的 χ_m 与热力学温度了的关系式为

$$\chi_m = \frac{9\ 500}{T+1} \times 4\pi \times 10^{-9}\ (m^3/kg) \tag{18-13}$$

三、实验仪器与材料

1. 实验仪器：古埃磁天平 1 台，特斯拉计 1 台，样品管 1 支

2. 实验材料：莫尔盐$[(NH_4)_2SO_4 \cdot FeSO_4 \cdot 6H_2O]$（分析纯），$FeSO_4 \cdot 7H_2O$（分析纯），$K_4Fe(CN)_6 \cdot 3H_2O$（分析纯），$K_3Fe(CN)_6$（分析纯）。

四、实验内容与步骤

1. 将特斯拉计的探头放入磁铁中心架中，套上保护套，调节特斯拉计数字显示为“0”。

2. 除下保护套，先把探头平面垂直置于磁场两极中心，打开电源，调节“调压旋钮”，使电流增大至特斯拉计上显示约“0.3”T，再调节探头上下、左右位置，观察数字显示值，把探头位置调节至显示值为最大的位置，此乃探头最佳位置，将其固定。吊挂上洁净干燥的空样品管，调节使其正好与磁极中心线齐平，(样品管不可与磁极接触，并与探头有合适的距离)。松开探头并沿样品管外侧(不碰动)垂直上移至特斯拉计显示 $B=0$ T 处，这也就是样品管内应装样品的高度。关闭电源前，应调节调压旋钮使特斯拉计数字显示为零。

3. 用莫尔盐标定磁场强度。按上述要求将一支洁净干燥的空样品管悬挂在磁天平的挂钩上，打开电源，调节电流旋钮使特斯拉计数字显示为 0.000 T($\overrightarrow{B_0}$)，准确称取空样品管质量，得 $W_{空管1}(\overrightarrow{B_0})$；调节旋钮，使特斯拉计数显为 0.300 T($\overrightarrow{B_1}$)，迅速称量，得 $W_{空管1}(\overrightarrow{B_1})$；逐渐增大电流，使特斯拉计数显为 0.350 T($\overrightarrow{B_2}$)，称量得 $W_{空管1}(\overrightarrow{B_2})$；然后略微增大电流，接着退至特斯拉计数显 0.350 T($\overrightarrow{B_2}$)，称量得 $W_{空管2}(\overrightarrow{B_2})$；再将电流降至特斯拉计数显为 0.300 T($\overrightarrow{B_1}$)时，再称量得 $W_{空管2}(\overrightarrow{B_1})$；最后缓慢降至数显为 0.000 T($\overrightarrow{B_0}$)，又称取空管质量得 $W_{空管2}(\overrightarrow{B_0})$。这样调节电流由小到大，再由大到小的测定方法是为了抵消实验时磁场剩磁现象的影响。由实验数据可求得

$$\Delta W_{空管}(\overrightarrow{B_1})=\frac{1}{2}[\Delta W_{空管1}(\overrightarrow{B_1})+\Delta W_{空管2}(\overrightarrow{B_1})] \tag{18-14}$$

式中 $\Delta W_{空管1}(\overrightarrow{B_1})=[W_{空管1}(\overrightarrow{B_1})-W_{空管1}(\overrightarrow{B_0})]$，$\Delta W_{空管2}(\overrightarrow{B_1})=[W_{空管2}(\overrightarrow{B_1})-W_{空管2}(\overrightarrow{B_0})]$

$$\Delta W_{空管}(\overrightarrow{B_2})=\frac{1}{2}[\Delta W_{空管1}(\overrightarrow{B_2})+\Delta W_{空管2}(\overrightarrow{B_2})] \tag{18-15}$$

式中 $\Delta W_{空管1}(\overrightarrow{B_2})=[W_{空管1}(\overrightarrow{B_2})-W_{空管1}(\overrightarrow{B_0})]$，$\Delta W_{空管2}(\overrightarrow{B_2})=[W_{空管2}(\overrightarrow{B_2})-W_{空管2}(\overrightarrow{B_0})]$

4. 取下样品管用小漏斗装入事先研细并干燥过的莫尔盐，并不断让样品管底部在软垫上轻轻碰击，使样品均匀填实，直至所要求的高度，(用尺准确测量)。按前述方法将装有莫尔盐的样品管挂于磁天平上，重复称空管时的条件称量，得 $W_{1空管+样品}(\overrightarrow{B_0})$，$W_{1空管+样品}(\overrightarrow{B_1})$，$W_{1空管+样品}(\overrightarrow{B_2})$，$W_{2空管+样品}(\overrightarrow{B_2})$，$W_{2空管+样品}(\overrightarrow{B_1})$，$W_{2空管+样品}(\overrightarrow{B_0})$。同法可求出 $\Delta W_{空管+样品}(\overrightarrow{B_1})$ 和 $\Delta W_{空管+样品}(\overrightarrow{B_2})$。

5. 采用同一样品管(每次装样前均应保证洁净干燥)和相同的实验条件分别对 $FeSO_4 \cdot 7H_2O$，$K_3Fe(CN)_6$ 和 $K_4Fe(CN)_6 \cdot 3H_2O$ 进行测定。

五、实验报告要求

1. 写出实验目的和基本操作步骤。

2. 计算莫尔盐的质量磁化率，再算出其莫尔磁化率，结合莫尔盐的实验数据计算磁感应强度 B_1 和 B_2。

3. 分别由与 B_1、B_2 对应的实验数据计算 $FeSO_4 \cdot 7H_2O$、$K_3Fe(CN)_6$、$K_4Fe(CN)_6 \cdot 3H_2O$ 的 χ_M、μ_m 和未成对电子数 n。

4. 根据未成对电子数 n 讨论 $FeSO_4 \cdot 7H_2O$、$K_3Fe(CN)_6$、$K_4Fe(CN)_6 \cdot 3H_2O$ 的最外层电子结构以及由此构成的配键类型。

5. 完成思考题。

六、思考题

1. 不同励磁电流下测得的样品摩尔磁化率是否相同?

2. 用古埃磁天平测定磁化率的精密度与哪些因素有关?

七、实验注意事项

1. 所测样品应事先研细,放在装有浓硫酸的干燥器中干燥。

2. 空样品管需干燥洁净。装样时应使样品均匀填实。

3. 称量时,样品管应正好处于两磁极之间,其底部与磁极中心线齐平。悬挂样品管的悬线勿与任何物件相接触。整个测定过程样品管高度应相同,霍尔探头固定位置不变。

4. 测定后的样品均要及时倒回试剂瓶并放在干燥器保存,可重复使用。样品倒回试剂瓶时,注意瓶上所贴标志,切忌倒错瓶子。

八、参考文献

[1] 游效曾. 结构分析导论[M]. 北京:科学出版社,1982

[2] 郑利民. 简明元素化学[M]. 北京:化学工业出版社,1999

[3] 刘子志. 对物质磁化率测定结果的讨论[J]. 内蒙古教育学院学报 1999,6(2)

[4] 陈慧兰. 高等无机化学[M]. 北京:高等教育出版社,2005

[5] 孙尔康. 高卫,徐维清,等. 物理化学实验[M]. 南京:南京大学出版社,2010

实验 19　电导的测定及其应用

一、实验目的

1. 了解溶液的电导、电导率和摩尔电导率的概念。
2. 测量电解质溶液的摩尔电导率，并计算弱电解质溶液的电离常数。

二、实验原理

电解质溶液是靠正、负离子的迁移来传递电流。在弱电解质溶液中，只有已电离部分才能承担传递电量的任务。在无限稀释的溶液中可认为弱电解质已全部电离，此时溶液的摩尔电导率为 Λ_m^∞，而且可用离子极限摩尔电导率相加而得。

一定浓度下的摩尔电导率 Λ_m 与无限稀释的溶液中的摩尔电导率 Λ_m^∞ 是有差别的。这由两个因素造成，一是电解质溶液的不完全离解，二是离子间存在着相互作用力。所以 Λ_m 通常称为表现摩尔电导率。在弱电解质溶液中，只有已电离部分才能称为表观摩尔电导率。

$$\frac{\Lambda_m}{\Lambda_m^\infty}=\alpha\frac{(u_+ + u_-)}{(u_+^\infty + u_-^\infty)} \tag{19-1}$$

式中：u_+、u_- 为正负离子的电迁移率（又称离子浓度）；u_+^∞、u_-^∞ 为无限稀释溶液中正负离子的电迁移率。

假定离子的电迁移率随浓度的变化了忽略不计，即 $u_+^\infty \approx u_+$，$u_-^\infty \approx u_-$ 则上式可简化为：

$$\frac{\Lambda_m}{\Lambda_m^\infty}=\alpha \tag{19-2}$$

式中 α 为电离度。

AB 型弱电解质在溶液中电离达到平衡时，电离平衡常数 K_c，浓度 c，电离度 α 有以下关系：

$$K_c=\frac{c\cdot\alpha^2}{1-\alpha} \tag{19-3}$$

$$K_c=\frac{c\Lambda_m^2}{\Lambda_m^\infty(\Lambda_m^\infty-\Lambda_m)} \tag{19-4}$$

根据离子独立定律，Λ_m^∞ 可以从离子的无限稀释的摩尔电导率计算出来。Λ_m 则可以从电导率的测定求得，然后求算出 K_c。

三、实验仪器与材料

1. 实验仪器：NDDS—307A 电导率仪 1 台，恒温槽 1 套，电导池 1 支。

2. 实验材料：0.100 0 mol/L 醋酸溶液。

四、实验内容与步骤

1. 调整恒温槽温度为 25℃±0.3℃。

2. 用洗净、烘干的电导池 1 支，加入 20 mL 的 0.1 mol/L 醋酸溶液，测定其电导率。

3. 用吸取醋酸的移液管从电导池中吸出 10 mL 溶液弃去，用另一支移液管取 10 mL 电导。

4. 水注入电导池，混合均匀，等温度恒定后，测其电导率，如此操作，共稀释 4 次。

5. 倒去醋酸，洗净电导池，最后用电导水淋洗。注入 20 mL 电导水，测其电导率。

五、实验报告要求

1. 写出实验目的和基本操作步骤。

2. 已知 298.2 K 时，无限稀释溶液中离子的无限稀释离子摩尔电导率 $\Lambda_m^\infty(H^+) = 349.82\times10^{-4}\ S\cdot m^2/mol$，$\Lambda_m^\infty(Ac^-)=40.9\times10^{-4}\ S\cdot m^2/mol$。计算醋酸的 Λ_m^∞。

3. 计算各浓度醋酸的电离度 α 和离解常数 K_c。

4. 完成思考题。

六、思考题

1. 本实验为何要测水的电导率？

2. 实验中为何用镀铂黑电极？使用时注意事项有哪些？

七、实验注意事项

1. 本实验配制溶液时，均需用电导水。

2. 温度对电导有较大影响，所以整个实验必须在同一温度下进行。每次用电导水稀释溶液时，需温度相同。因此可以预先把电导水装入锥形瓶，置于恒温槽中恒温。

八、参考文献

[1] 孙尔康，高卫，徐维清，等. 物理化学实验[M]. 南京：南京大学出版社，2010.12.

实验 20　偶极矩的测定

一、实验目的

1. 了解电容、介电常数的概念，学会测定极性物质在非极性溶剂中的介电常数。
2. 了解偶极矩测定原理、方法和计算，并了解偶极矩和分子电性质的关系。

二、实验原理

1. 偶极矩与极化度概念

分子根据其正负电荷中心是否重合可分为极性和非极性分子，分子极性的大小常用偶极矩来衡量：$\mu = q * d$ 。极性分子具有永久偶极矩，在没有外电场存在时，分子的热运动导致偶极矩各方向机会均等，统计值为 0。当分子置于外电场中，分子沿着电场方向作定向转动，电子云相对分子骨架发生相对移动，骨架也会变形，叫作分子极化，极化程度由摩尔极化度(P)衡量。

$$P = P_{转向} + P_{变形} = P_{转向} + (P_{电子} + P_{原子})$$

其中
$$P_{转向} = \frac{4}{9}\pi N \frac{\mu^2}{KT} \tag{20-1}$$

对于非极性分子，$P_{转向} = 0$

外电场若是交变电场，极性分子的极化与交变电场的频率有关。当交变电场频率小于 $10^{10}\ s^{-1}$ 时，极性分子的摩尔极化度为转向极化度和变形极化度的和。若电场频率为 $10^{12}\ s^{-1} \sim 10^{14}\ s^{-1}$ 的中频电场(红外光区)，因为电场交变周期小于偶极矩的松弛时间，转向运动跟不上电场变化，故而 $P_{转向} = 0$，$P = P_{电子} + P_{原子}$。若交变电场频率大于 $10^{15}\ s^{-1}$ (可见和紫外光区)，连分子骨架运动也不上变化，$P = P_{电子}$。

因为 $P_{原子}$ 只占 $P_{变形}$ 的 5%～15%，限于实验条件，一般用高频电场代替中频电场，将低频下测的 P 减去高频下测得的 P，就可以得到极性分子的摩尔转向极化度 $P_{转向}$，从而代入(20-1)就可以算出分子的偶极矩。

2. 极化度与偶极矩测定

对于分子间作用很小的体系(温度不太低的气相体系)，从电磁理论推得摩尔极化度 P 与介电常数 ε 的关系为：

$$P = \frac{\varepsilon - 1}{\varepsilon + 2} \cdot \frac{M}{\rho} \tag{20-2}$$

上式中假定分子间无相互作用，在实验中，我们必须使用外推法来得到理想情况的结果。在溶液中分别测定不同浓度下的溶质的摩尔极化度，通过作图外推至无限稀释的情况，就可以得出分子无相互作用时的摩尔极化度：

$$P_2 = \lim P_2 = \frac{3\alpha\varepsilon_1}{(\varepsilon_1+2)^2}\cdot\frac{M_1}{\rho_1}+\frac{\varepsilon_1-1}{\varepsilon_2+2}\cdot\frac{M_2-\beta M_1}{\rho_1} \qquad (20-3)$$

式中 ε_1、ρ_1、M_1 为溶剂的值，M_2 为溶质的分子量。式中 α、β 为常数，由下式给出：

$$\varepsilon_{溶} = \varepsilon_1(1+\alpha X_2) \quad \rho_{溶} = \rho_1(1+\beta X_2) \qquad (20-4)$$

根据电磁理论，高频电场作用下，透明物质的介电常数 ε 与折光率 n 的关系为：$\varepsilon = n^2$ 常用摩尔折射度 R_2 来表示高频区的极化度。此时：

$$R_2 = P_{电子} = \frac{n^2-1}{n^2+2}\cdot\frac{M}{\rho} \qquad (20-5)$$

同样测定不同浓度溶液的摩尔折射度 R，作图外推至无限稀释，就可以求出该溶质的摩尔折射度。

$$R_2 = \lim R_2 = \frac{n_1^2-1}{n_1^2+2}\cdot\frac{M_2-\beta M_1}{\rho_1}+\frac{6n_1^2M_1\gamma}{(n_1^2+2)^2\rho_1} \qquad (20-6)$$

γ 为常数，由下式求出：

$$n_{溶} = n_1(1+\gamma X_2) \qquad (20-7)$$

综上所述，$P_{转向} = P_2 - R_2$

$$\mu = 0.012\,8\sqrt{(P_2^{\infty}-R_2^{\infty})T}\,(D) \qquad (20-8)$$

3. 介电常数的测定

介电常数是通过测定电容，计算而得到

$$\varepsilon = C/C_0 \qquad (20-9)$$

由于测定是系统中并非真空，所以测定值为 C_0 和 C_d 之和。实验时，先测出 C_d，在计算出各物质的介电常数。以环己烷为标准物质：

$$\varepsilon_{标} = 2.052 - 1.55\times10^{-3}T = (C'_{标}-C_d)/(C'_{空}-C_d) \qquad (20-10)$$

利用当天的温度可以求出 ε 标，从而可以求出 C_d，从而算出各溶液的介电常数。

$$\varepsilon_{溶} = (C'_{溶}-C_d)/(C'_{空}-C_d) \qquad (20-11)$$

三、实验仪器与材料

1. 实验仪器：PCM—1A 精密介电常数测量仪，小型电容池，超级恒温水浴，阿贝折射仪，密度管，容量瓶(25 ML)5 只，注射器(5 ML)1 支，烧杯(10 ML)5 只，移液管(5 ML)1 支，滴管 5 根。

2. 实验材料：乙酸乙酯、环己烷。

四、实验内容与步骤

1. 配制溶液

通过计算得出配制摩尔分数为 0.05，0.10，0.15，0.20，0.30 的溶液 25 mL 所需要的乙酸乙酯的毫升数为1.15,2.30,3.45,4.60,6.90,移液后,准确称量。注意仪器的干燥。

2. 测定折光率

分别室温下测定环已烷和5个溶液的折光率。

3. 测定密度

在干燥密度管中用比重法测定密度,即在相同的体积下,两物质的密度之比正比于其质量比。以当天温度下水的密度作为标准,分别测定5个溶液的密度。

4. 以环己烷为标准物质,分别测定5个溶液的介电常数。

首先记下仪器的$C'_{空}$,用移液管移取1 ml环己烷,注入电容器样品室,然后用滴管逐滴加入样品,至示数稳定后,记下$C'_{标}$,用注射器抽取样品,用洗耳球吹干,至示数与$C'_{空}$相差无几(<0.02 pF)。随后依次测定溶液的$C'_{溶}$,计算介电常数。

五、实验报告要求

1. 写出实验目的和基本操作步骤。
2. 计算每个溶液的摩尔分数X_2。
3. 以各溶液的折光率,对X_2作图,求出γ值。
4. 计算出各溶液的密度ρ,作$\rho \sim X_2$图,求出β值。
5. 计算出各溶液的ε,作$\varepsilon_{溶} \sim X_2$图,求出α值。
6. 代入公式求出偶极矩μ值。
7. 完成思考题。

六、思考题

1. 准确测定溶质的摩尔极化度和摩尔折射度时,为何要外推至无限稀释?
2. 试分析实验中误差的来源。

七、实验注意事项

1. 乙酸乙酯易挥发,所以配制溶液时动作要快。
2. 本实验溶液中防止有水分,所配制溶液的器具需要干燥,溶液应透明不发生浑浊。
3. 测定折光率前需要对阿贝折射仪进行校正。
4. 测定电容时,应该防止溶液的挥发及溶液吸收空气中的水分,影响测定值,所以动作也需要快。
5. 电容仪的各部件的连接避免绝缘。
6. 在使用密度管的时候要将其外部擦干,小帽子内也应该保持干燥(结合实验操作讲解)。

八、参考文献

[1] 孙尔康,高卫,徐维清,等. 物理化学实验[M]. 南京:南京大学出版社,2010.12.

实验 21　变温霍尔效应实验

一、实验目的

1. 了解半导体中霍尔效应的产生机制。

2. 通过实验数据测量和处理，判别半导体的导电类型，计算室温下样品的霍尔系数、电导率。

3. 掌握变温条件下霍尔系数和电阻率的测量方法，了解两者随温度的变化规律。

二、实验原理

霍尔效应的测量是研究半导体性质的重要实验方法。利用霍尔系数和电导率的联合测量，可以用来确定半导体的导电类型和载流子浓度。通过测量霍尔系数与电导率随温度的变化，可以确定半导体的禁带宽度、杂质电离能及迁移率的温度系数等基本参数。实验采用现代电子技术和计算机数据采集系统，对霍尔样品在弱场条件下进行变温霍尔系数和电导率的测量，来确定半导体材料的各种性质。

1. 霍尔效应和霍尔系数

霍尔效应是一种电流磁效应（如图 21-1）

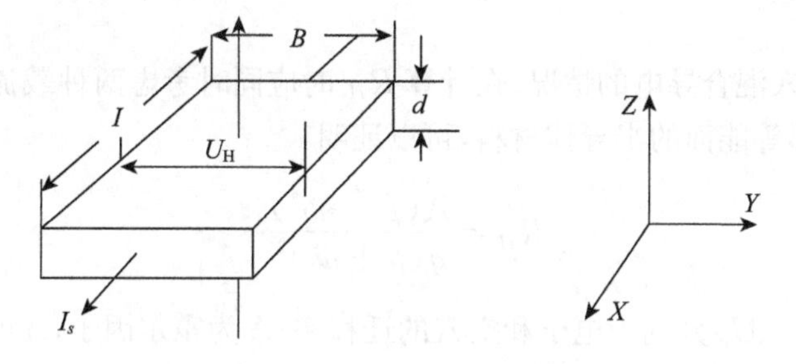

图 21-1　霍尔效应示意图

当半导体样品通以电流 I_S，并加一垂直于电流的磁场 B，则在样品两侧产生一横向电势差 U_H，这种现象称为“霍尔效应”，U_H 称为霍尔电压，

$$U_H = \frac{R_H I_S B}{d} \tag{21-1}$$

则

$$R_H = \frac{U_H d}{I_S B} \tag{21-2}$$

式中 R_H 叫作霍尔系数，d 为样品厚度。

对于 P 型半导体样品，

$$R_H = \frac{1}{qp} \tag{21-3}$$

式中 q 为空穴电荷电量，p 为半导体载流子空穴浓度。

对于 n 型半导体样品，

$$R_H = -\frac{1}{qn} \tag{21-4}$$

式中为 n 电子电荷电量。

考虑到载流子速度的统计分布以及载流子在运动中受到散射等因素的影响。在霍尔系数的表达式中还应引入霍尔因子 A，则式(21-3)(21-4)修正为

P 型半导体样

$$R_H = \frac{A}{qp} \tag{21-5}$$

N 型半导体样品

$$R_H = -\frac{A}{qn} \tag{21-6}$$

A 的大小与散射机理及能带结构有关。在弱磁场(一般为 200 mT)条件下，对球形等能面的非简并半导体，在较高温度(晶格散射起主要作用)情况下，$A=1.18$；在较低的温度(电离杂质散射起主要作用)情况下，$A=1.93$；对于高载流子浓度的简并半导体以及强磁场条件 $A=1$。

对于电子、空穴混合导电的情况，在计算 R_H 时应同时考虑两种载流子在磁场下偏转的效果。对于球形等能面的半导体材料，可以证明：

$$R_H = \frac{A(p-nb^2)}{q(p+nb)^2} \tag{21-7}$$

式中 $b=U_n/U_p$，U_p、U_n 分别为电子和空穴的迁移率；A 为霍尔因子，A 的大小与散射机理及能带结构有关。

从霍尔系数的表达式可以看出：由 R_H 的符号可以判断载流子的型，正为 P 型，负为 N 型。由 R_H 的大小可确定载流子浓度，还可以结合测得的电导率算出如下的霍尔迁移率 U_H

$$U_H = |R_H|\sigma \tag{21-8}$$

对于 P 型半导体 $U_H=U_p$，对于 N 型半导体 $U_H=U_n$

霍尔系数 RH 可以在实验中测量出来，表达式为

$$R_H = \frac{U_H d}{I_S B} \tag{21-9}$$

式中 U_H、I_S、d、B 分别为霍尔电势、样品电流、样品厚度和磁感应强度。单位分别为伏特(V)、安培(A)、米(m)和特斯拉(T)。但为与文献数据相对应，一般所取单位为 U_H 伏(V)、

I_S 毫安(mA)、d 厘米(cm)、B 高斯(Gs)；则霍尔系数 R_H 的单位为厘米/库仑(cm^3/C)。

但实际测量时，往往伴随着各种热磁效应所产生的电位叠加在测量值 U_H 上，引起测量误差。为了消除热磁效应带来的测量误差，可采用改变流过样品的电流方向及磁场方向予以消除。

2. 霍尔系数与温度的关系

R_H 与载流子浓度之间有反比关系，当温度不变时，载流子浓度不变，R_H 不变，而当温度改变时，载流子浓度发生，R_H 也随之变化。

实验可得 $|R_H|$ 随温度 T 变化的曲线。

3. 半导体电导率

在半导体中若有两种载流子同时存在，其电导率 σ 为

$$\sigma = qpU_p + qnU_n \tag{21-10}$$

实验中电导率 σ 可由下式计算出：

$$\sigma = I/\rho = Il/U_\sigma ad \tag{21-11}$$

式中为 ρ 电阻率，I 为流过样品的电流，U_σ、L 分别为两测量点间的电压降和长度，a 为样品宽度，d 为样品厚度。

三、实验仪器与材料

1. 实验仪器：ND—MIPS30 型材料电磁特性(效应)综合测试系统/变温霍尔实验仪，由电磁铁、可自动换向稳流源、恒温器、测温控温系统、数据采集及数据处理系统等(图 21-2)。

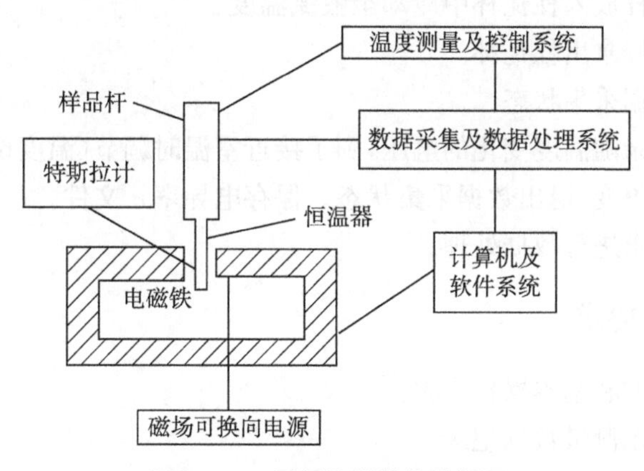

图 21-2　测量仪器的结构框图

2. 实验材料：待测实验半导体(N 型锗长 $L=6$ mm 宽 $a=4$ mm 厚 $d=0.2$ mm)。

四、实验内容与步骤

1. 常温下测量霍尔系数 R_H 和电导率 σ

① 打开电脑、霍尔效应实验仪(Ⅰ)及磁场测量和控制系统(Ⅱ)电源开关。(以下简

称Ⅰ或Ⅱ)如Ⅱ电流有输出,则按一下Ⅰ复位开关,电流输出为零。

② 将霍尔效应实验仪(Ⅰ),<样品电流方式>拨至“自动”,<测量方式>拨至“动态”,将Ⅱ<换向转换开关>拨至“自动”。按一下Ⅰ复位开关,电流有输出,调节Ⅱ电位器,至电流为一定电流值同时测量磁场强度。亦可将Ⅰ和Ⅱ开关拨至手动,调节电流将磁场固定在一定值,一般为 200 mT,即 2 000 GS。

③ 将测量样品杆放入电磁铁磁场中(对好位置)。

④ 进入数据采集状态,选择电压曲线。如没有进入数据采集状态,则按一下Ⅰ复位开关后,进入数据采集状态。记录磁场电流正反向的霍尔电压 V_3,V_4,V_5,V_6。可在数据窗口得到具体数值。

⑤ 将Ⅰ<测量选择>拨至 σ,记录电流正反向的电压 V_1,V_2。

⑥ 按前面原理介绍的方法计算霍尔系数 R_H,电导率 σ 等数据。

2. 变温测量霍尔系数 R_H 和电导率 σ

① 将Ⅰ<测量选择>拨至“R_H”,将温度设定调至最小(往左旋到底,加热指示灯不亮)。

② 将测量样品杆放入杜瓦杯中冷却至液氮温度。

③ 将测量样品杆放入电磁铁磁场中(对好位置)。

④ 重新进入数据采集状态(电压曲线)。

⑤ 系统自动记录随温度变化的霍尔电压,并自动进行电流和磁场换向。到了接近室温时调节(温度设定)至最大(向右旋到底)。也可一开始就加热测量。

⑥ 到加热指示灯灭,退出数据采集状态。保存霍尔系数 R_H 文件。

⑦ 将Ⅰ<测量选择>拨至“σ”。

⑧ 将测量样品杆放入杜瓦杯中冷却至液氮温度。

⑨ 将测量样品杆拿出杜瓦杯。

⑩ 重新进入数据采集状态。

⑪ 系统自动记录随温度变化的电压,到了接近室温时调节(温度设定)至最大。

⑫ 当温度基本不变,退出数据采集状态。保存电导率 σ 文件。

⑬ 根据实验要求进行数据处理。

五、实验报告要求

1. 写出实验目的和基本操作步骤。
2. 室温下的霍尔测量数据记录

V_{H1}	V_{H2}	V_{H3}	V_{H4}	V_{M1}	V_{M2}	V_{N1}	V_{N2}

3. 变温测量:80～300 K 范围内取 20～25 个温度点进行霍尔测量

T	V_{H1}	V_{H2}	V_{H3}	V_{H4}	V_{M1}	V_{M2}	V_{N1}	V_{N2}

4. 实验数据处理

(1) 由霍尔电压的正负判断样品的导电类型；

(2) 计算室温下样品的 σ 和 R_H；

(3) 作出 $R_H—1/T$ 和 $\sigma—1/T$ 关系曲线；

(4) 对作出的实验曲线进行定量分析。

5. 完成思考题。

六、思考题

1. 分别以 p 型、n 型半导体样品为例，说明如何确定霍尔电场的方向。

2. 霍尔系数的定义及其数学表达式是什么？从霍尔系数中可以求出哪些重要参数？

3. 霍尔系数测量中有哪些副效应，通过什么方式消除它们？

七、实验注意事项

1. 本实验涉及电磁相关设备，使用前请详细阅读设备操作说明书，遵照实验步骤进行。

2. 实验完毕后关闭设备，清理实验室后离开。

八、参考文献

[1] 孙尔康，高卫，徐维清，等. 物理化学实验[M]. 南京：南京大学出版社，2010.12.

第四部分　材料热处理实验

实验 22　钢的热处理及其处理后硬度测试

一、实验目的

1. 熟悉碳钢的几种基本热处理(退火、正火、淬火及回火)操作方法。
2. 了解加热温度、冷却速度、回火温度等因素对碳钢热处理后性能(硬度)的影响。
3. 了解合金元素对淬火钢回火稳定性的影响。

二、实验原理

钢的热处理就是将钢通过加热、保温和冷却改变其内部组织,从而获得所要求的物理、化学、机械和工艺性能的一种操作方法。常用热处理的基本操作有退火、正火、淬火及回火等。

热处理操作中,加热温度、保温时间和冷却方式是最重要的三个基本工艺因素,正确地选择热处理规范,是确保热处理成功的关键。

1. 加热温度

(1) 退火加热温度:亚共析钢,一般采用完全退火,加热温度是 Ac_3 以上 30～50℃;共析钢和过共析钢,采用球化退火,加热温度为 Ac_1 以上 20～40℃,目的是得到球状珠光体,降低硬度,改善高碳钢的切削加工性能。

(2) 正火加热温度:亚共析钢,正火加热温度是 Ac_3 以上 30～50℃;过共析钢正火加热温度是 Ac_{cm} 以上 30～50℃。

(3) 淬火加热温度:亚共析钢淬火加热温度是 Ac_3 以上 30～50℃;过共析钢淬火加热温度是 Ac_1 以上 30～50℃。

(4) 回火温度:钢淬火后必须进行回火,回火的温度决定于最终所要求的组织和性能。按加热温度,可将回火分为低温、中温、高温回火三类。

低温回火是在 150～250℃进行回火,所得的组织为回火马氏体,硬度约为 60 HRC。目的是降低淬火后的应力,减少钢的脆性,保证钢的高硬度。低温回火常用于高碳钢切削刀具、量具和轴承等工件的处理。

中温回火是在 350～500℃进行回火,所得的组织为回火屈氏体,硬度约为 35～45 HRC 左右。目的是获得高的弹性极限,同时具有较好的韧性。主要用于中高碳钢弹簧的热处理。

高温回火是在500～650℃进行回火，所得组织为回火索氏体，硬度为25～35 HRC。目的是获得既有一定强度、硬度，又具有良好冲击韧性的综合机械性能。把淬火后经高温回火的处理工艺称调质处理。它主要用于中碳结构钢机器零件的热处理。

随回火温度的升高，淬火钢的硬度逐渐降低。但若钢中含有铬(Cr)、钼(Mo)、钒(V)等合金元素时，它们会阻碍钢中的原子扩散过程，因此可延缓马氏体分解和阻碍碳化物聚集长大，从而减缓钢在回火温度升高过程中的硬度下降。即：合金元素延缓了钢的回火转变过程，提高了钢的回火稳定性。

2. 保温时间

为了使工件各部分的温度均匀，完成组织转变，并使碳化物完全溶解和奥氏体成分均匀一致，必须在淬火加热温度下保温一定时间，通常将工件升温和保温所需时间计算在一起，统称为加热时间。

热处理加热时间必须考虑许多因素，例如钢的化学成分、工件尺寸、形状、装炉量、加热炉类型、炉温和加热介质等。可根据热处理手册中介绍的经验公式估算，也可以由实验来确定。

实际工作中常根据经验来估算加热时间，一般规定，在空气介质中，升到规定温度后的保温时间，碳钢按工件厚度每毫米需1～1.5 min估算；合金钢按每毫米2 min估算。在盐浴炉中，保温时间可缩短1～2倍。

3. 冷却方式

热处理中必须施以正确的冷却方式，才能获得所需要的组织及性能。

退火一般采用随炉冷却。正火(或常化)多采用空气冷却，大件常进行吹风冷却。

淬火的冷却速度一方面要大于临界冷却速度，以保证获得马氏体组织；另一方面在马氏体转变区间的冷却速度应尽量缓慢，以减少内应力，避免变形和开裂。理想的淬火冷却方法应当是：

(1) 在650℃以上的高温区，冷却速度缓慢，以降低淬火热应力；

(2) 在奥氏体最不稳定的温度范围(400～650℃)，具有高的冷却速度，大于临界冷却速度，快速通过过冷奥氏体最不稳定的区域，避迅免发生珠光体转变和贝氏体转变；

(3) 在400℃以下Ms点附近的马氏体转变温度区间，应具有较低的冷却速度，以减少组织应力。理想淬火冷却曲线如图22-1所示。常用的淬火介质有水及水溶液(5～10%NaCl、NaOH)和油等。淬火方法有单液淬火、双液淬火、分级淬火和等温淬火等。

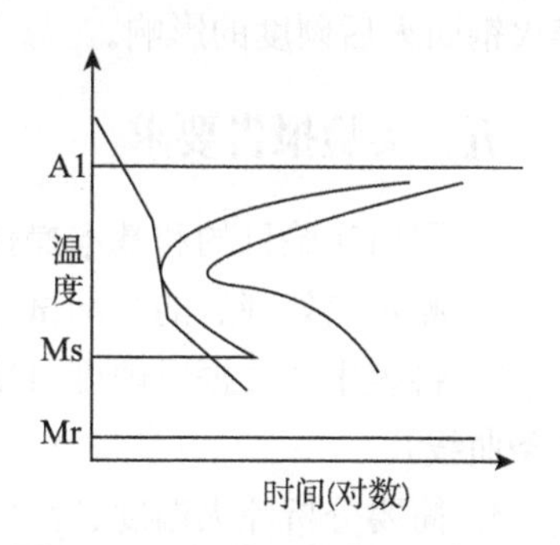

图22-1　钢的理想淬火冷却曲线

三、实验仪器与材料

1. 实验仪器：箱式加热炉、水淬槽、油淬槽、洛氏硬度计。
2. 实验材料：各种成分的钢铁试样。

四、实验内容与步骤

1. 熟悉并了解碳钢的几种基本热处理（退火、正火、淬火及回火）原理。

2. 按表 22－1 所列工艺条件进行各种热处理操作。

表 22－1　实验任务表

<table>
<tr><th rowspan="2">钢号</th><th rowspan="2">加热温度（℃）</th><th rowspan="2">保温时间（min）</th><th rowspan="2">原始硬度（HRC）</th><th rowspan="2">冷却方式</th><th colspan="4">硬度（HRC）</th><th rowspan="2">回火温度（℃）</th><th rowspan="2">回火时间（min）</th><th colspan="4">硬度（HRC）</th></tr>
<tr><th>1</th><th>2</th><th>3</th><th>平均</th><th>1</th><th>2</th><th>3</th><th>平均</th></tr>
<tr><td rowspan="6">40</td><td rowspan="5">850</td><td rowspan="6"></td><td rowspan="6"></td><td>空冷</td><td></td><td></td><td></td><td></td><td>—</td><td>—</td><td>—</td><td>—</td><td></td><td>—</td></tr>
<tr><td>油冷</td><td></td><td></td><td></td><td></td><td>—</td><td>—</td><td>—</td><td>—</td><td></td><td>—</td></tr>
<tr><td rowspan="3">水冷</td><td rowspan="3"></td><td rowspan="3"></td><td rowspan="3"></td><td rowspan="3"></td><td>200</td><td></td><td></td><td></td><td></td><td></td></tr>
<tr><td>400</td><td></td><td></td><td></td><td></td><td></td></tr>
<tr><td>600</td><td></td><td></td><td></td><td></td><td></td></tr>
<tr><td>750</td><td>水冷</td><td></td><td></td><td></td><td></td><td></td><td></td><td></td><td></td><td></td><td></td></tr>
<tr><td rowspan="4">40Cr</td><td rowspan="4">850</td><td rowspan="4"></td><td rowspan="4"></td><td>油冷</td><td></td><td></td><td></td><td></td><td>—</td><td>—</td><td>—</td><td>—</td><td></td><td>—</td></tr>
<tr><td rowspan="3">水冷</td><td rowspan="3"></td><td rowspan="3"></td><td rowspan="3"></td><td rowspan="3"></td><td>200</td><td></td><td></td><td></td><td></td><td></td></tr>
<tr><td>400</td><td></td><td></td><td></td><td></td><td></td></tr>
<tr><td>600</td><td></td><td></td><td></td><td></td><td></td></tr>
</table>

3. 测定热处理后的全部试样的硬度，并将数据填入表内。

4. 将表中的数据以硬度（HRC）－回火温度（℃）为坐标作曲线（画出 40 钢及 40Cr 钢两条曲线）。

5. 简要分析淬火温度、冷却方式、回火温度对钢组织及性能的影响，以及合金元素对淬火钢回火后硬度的影响。

五、实验报告要求

1. 写出实验目的和基本操作步骤。

2. 测定热处理后的全部试样的硬度，并将数据填入表内。

3. 将表中的数据以硬度（HRC）—回火温度（℃）为坐标作曲线（画出 40 钢及 40Cr 钢两条曲线）。

4. 简要分析淬火温度、冷却方式、回火温度对钢组织及性能的影响，以及合金元素对淬火钢回火后硬度的影响。

5. 完成思考题。

六、思考题

1. 热处理的基本条件是什么？是否所有的材料均可采用热处理工艺来改善、提高材料的性能？

2. 热处理的理想冷却介质是什么?

3. 介质的冷却速度与钢的淬透性是否有关联?影响淬透性的因素有哪些?

4. 简述碳钢经过四种不同的热处理(退火、正火、淬火、回火)后组织和性能产生了哪些影响?

七、实验注意事项

1. 进行热处理试验时应注意高温,避免烫伤,做好防护。

2. 实验过程较长,分组进行实验,小组完成实验数据。

八、参考文献

[1] Saha Atanu, Mondal Dipak Kumar, Maity Joydeep. Effect of cyclic heat treatment on microstructure and mechanical properties of 0.6wt% carbon steel[J]. Materials Science and Engineering: A, 2010, 527(16-17): 4001-4007.

[2] OKAYASU M., SATO K., MIZUNO M. et al. Fatigue properties of ultra-fine grained dual phase ferrite/martensite low carbon steel[J]. International Journal of Fatigue, 2008, 30(8): 1358-1365.

[3] Gündüz Süleyman, Acarer Mustafa. The effect of heat treatment on high temperature mechanical properties of microalloyed medium carbon steel[J]. Materials & Design, 2006, 27(10): 1076-1085.

[4] 王章忠. 材料科学基础[M]. 北京:机械工业出版社,2005.

[5] 史美堂. 常用模具钢热处理性能[M]. 上海:上海科学技术出版社,1984.

[6] 刘云旭. 金属热处理原理[M]. 北京:机械工业出版社,1981.

[7] Kitahara Hiromoto, Ueji Rintaro, Tsuji Nobuhiro, et al. Crystallographic features of lath martensite in low-carbon steel[J]. Acta Materialia, 2006, 54(5): 1279-1288.

[8] D Hodgson P., R Hickson M., K Gibbs R. Ultrafine Ferrite In Low Carbon Steel[J]. Scripta Materialia, 1999, 40(10): 1179-1184.

[9] 卢雪梅. G35 型淬火介质对中高碳钢热处理组织与性能的影响[D]. 兰州:兰州理工大学,2011.

[10] 蒋涛,雷新荣,吴红丹,等. 热处理工艺对碳钢硬度的影响[J]. 材料热处理技术,2011,40(4):167-171.

[11] 戴玉梅,刘艳侠,马永庆,等. 一种多元低合金高碳钢的热处理组织及硬度的研究[J]. 材料科学与工艺,2006(01):60-62.

实验 23　碳钢热处理后的显微组织观察与分析

一、实验目的

1. 观察分析碳钢经过不同热处理后的显微组织。
2. 理解并掌握不同热处理工艺对碳钢材料的组织和性能的影响。

二、实验原理

钢的组织决定了钢的性能，在化学成分相同的条件下，改变钢的组织的主要手段就是通过热处理工艺来控制钢的加热温度和冷却速度，从而得到所期望的材料的组织与性能。

在热处理工艺中，采用不同的冷却速度将影响最终组织的状态。以共析钢为例，不同冷却速度将获得不同的组织。其产物分别有珠光体、贝氏体和马氏体三种。珠光体转变中，随着冷却速度的提高，其转变产物的组织变细，根据组织的粗细程度的不同又分为珠光体、索氏体和屈氏体三种，如图 23 - 1 所示，三者没有本质的区别，都是有铁素体与渗碳体两相组成的混合物，区别仅是片层粗细程度的不同。根据冷却速度的不同，贝氏体可分为上贝氏体和下贝氏体两种，分别如图 23 - 2、图 23 - 3 所示。马氏体的形貌则取决于含碳量，碳含量低于 0.2%时为板条状，如图 23 - 4 所示；当含碳量高于 1.0%时，则为针状，如图 23 - 4 所示；当碳含量为 0.2%～1.0%时，则为针状马氏体与板条马氏体的混合。

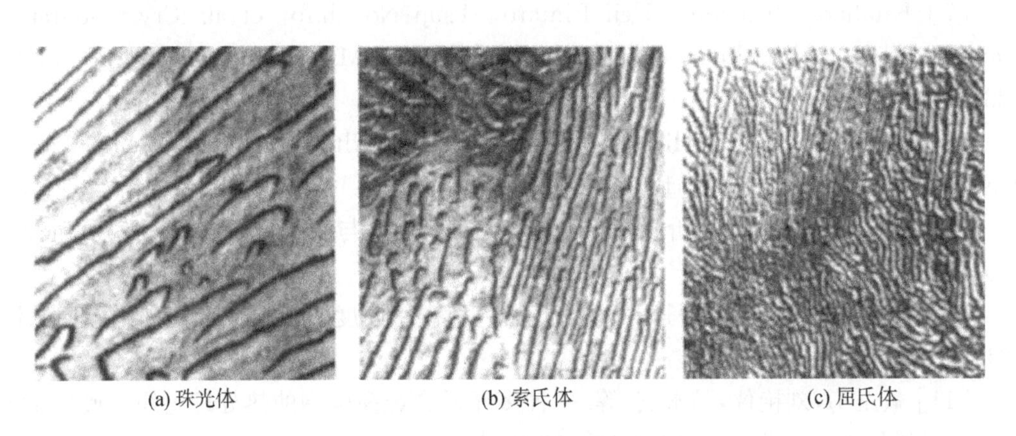

(a) 珠光体　　(b) 索氏体　　(c) 屈氏体

图 23 - 1　珠光体组织 1000×

钢在热处理不同条件下得到的组织与钢的平衡组织就有很大的差别。

1. 退火组织

退火是将金属和合金加热到适当温度，保持一定时间，然后缓慢冷却的热处理工艺。根据退火的目的与加热温度，又可以分为完全退火、不完全退火、球化退火、再结晶退火、

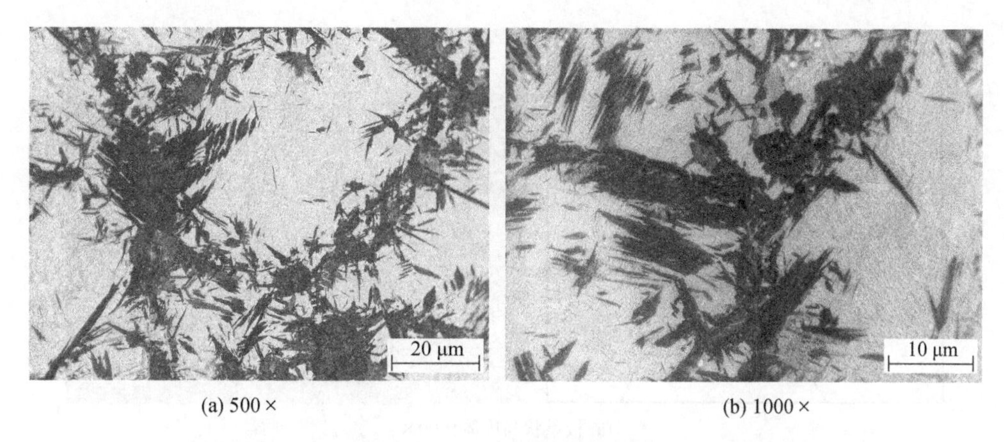

(a) 500×　　(b) 1000×

图 23-2 上贝氏体显微组织

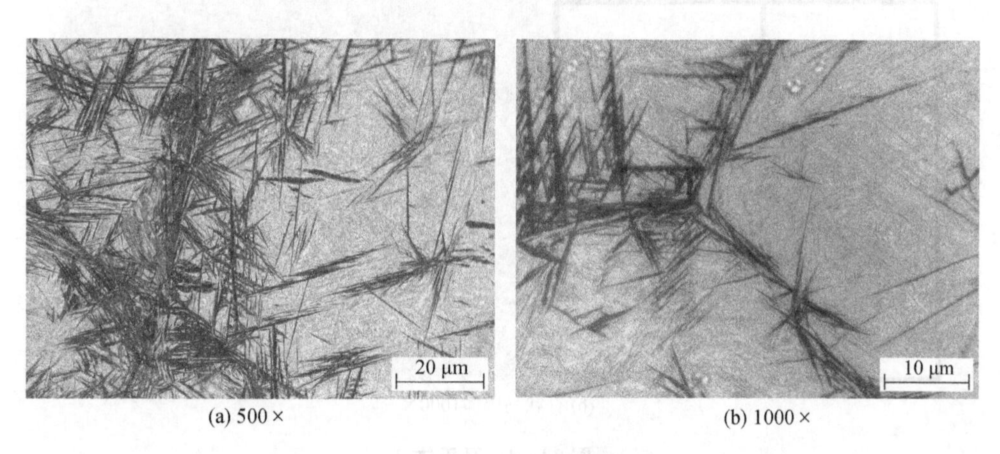

(a) 500×　　(b) 1000×

图 23-3 下贝氏体显微组织

去应力退火以及扩散退火。亚共析钢经完全退火后，组织为先共析铁素体＋片状珠光体；对共析钢或过共析钢，则常采用球化退火，获得的组织是粒状珠光体。退火组织是接近平衡状态的组织。退火可以降低钢的硬度，提高塑性，同时还可以细化晶粒，消除因铸、锻、焊引起的组织缺陷，均匀钢的组织和成分，改善钢的性能，消除钢中的内应力，以防止变形和开裂。

2. 正火组织

正火的冷却速度大于退火的冷却速度，将钢件加热到 Ac_3（或 Ac_{cm}）以上 30～50℃，保温适当的时间后，在静止的空气中冷却的热处理工艺。正火后的组织是伪共析组织，即珠光体组织。把钢件加热到 Ac_3 以上 100～150℃的正火则称为高温正火。对于中、低碳钢的铸、锻件，正火的主要目的是细化组织。与退火相比，正火后珠光体片层较细、铁素体晶粒也比较细小（见图 23-5(b)、图 23-6(a)、(b)），因而强度和硬度较高。

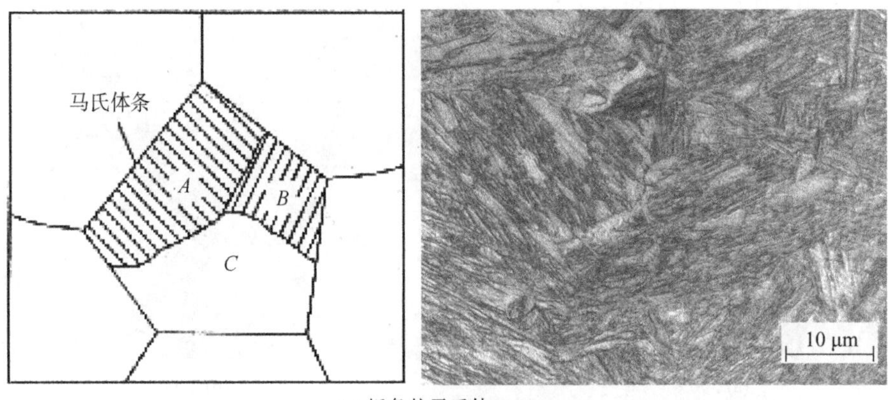

(a) 板条状马氏体1000×

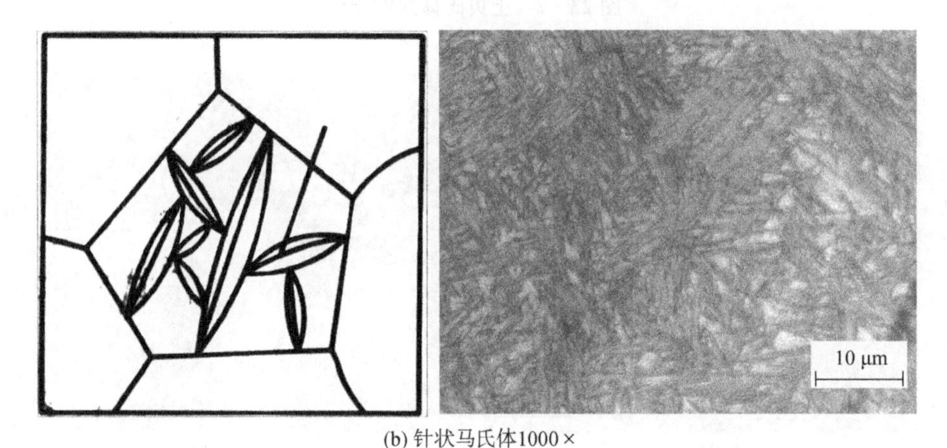

(b) 针状马氏体1000×

图 23-4　马氏体

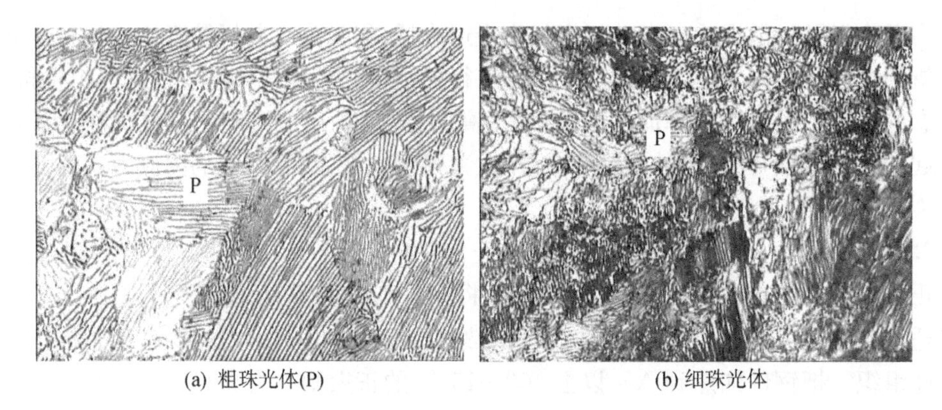

(a) 粗珠光体(P)　　(b) 细珠光体

图 23-5　正火后的珠光体组织

3. 淬火组织

淬火时将钢加热到 Ac_3 或 Ac_1 以上，保温一定时间使其奥氏体化，再以大于临界冷却速度快速冷却，从而发生马氏体转变的热处理工艺。淬火的目的是提高钢的硬度和耐磨性。碳钢淬火后，得到的组织主要是马氏体(图 23-7、图 23-8)，还有少量残余奥氏体及

(a) 索氏体(S)　　(b) 屈氏体(T)

图 23-6　正火后的细珠光体组织

未溶的第二相。对低、中碳的碳钢采用等温淬火,可以获得由贝氏体、马氏体及残余奥氏体组成的多相组织(图 23-10)。一些低、中碳合金钢,在连续冷却的条件下,也会得到含有贝氏体的混合组织,如图 23-9 所示。

(a) 低放大倍数500×　　(b) 高放大位数1000×

图 23-7　低碳钢板条马氏体(M 板)

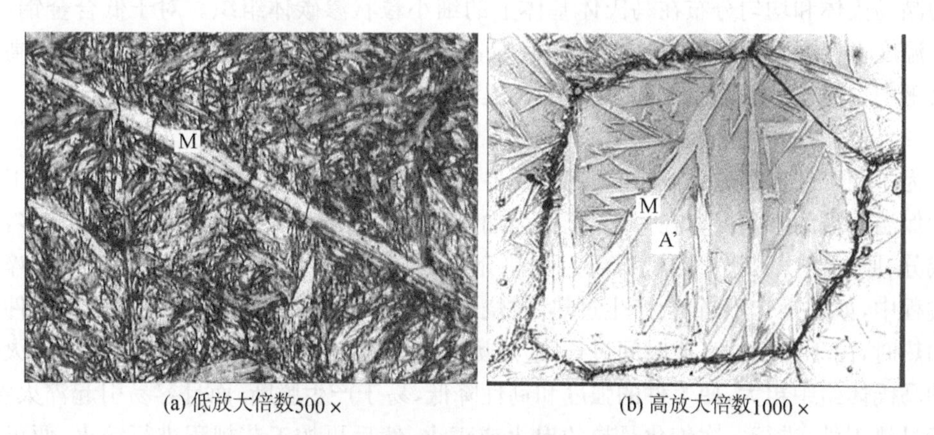

(a) 低放大倍数500×　　(b) 高放大倍数1000×

图 23-8　高碳钢中的针状马氏体(M 针)

图 23-9　上贝氏体(B 上,羽毛状)

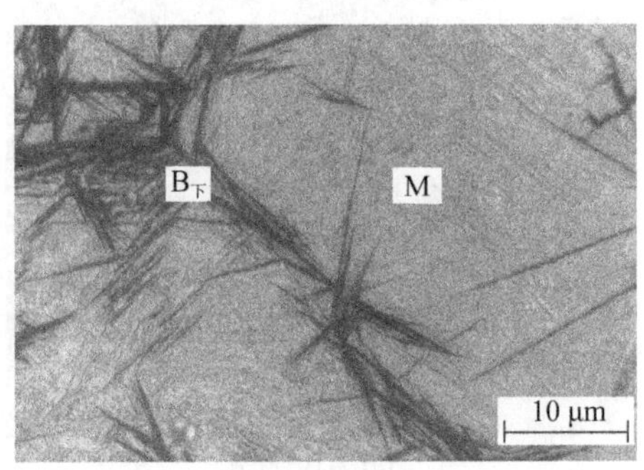

图 23-10　下贝氏体(B 下,针状)

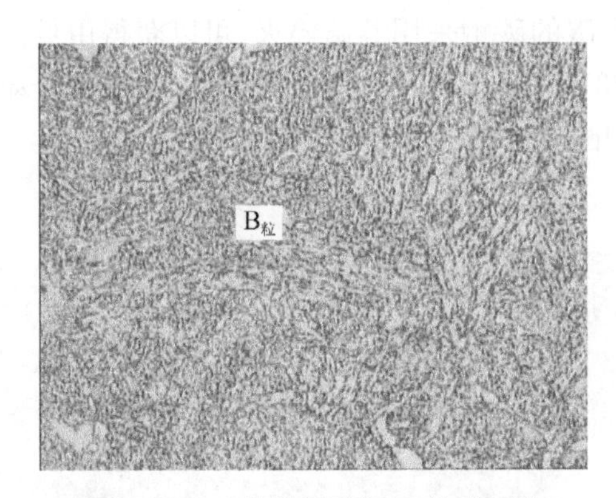

图 23-11　粒状贝氏体(B 粒,粒状)

(1) 淬火加热温度

碳钢的淬火加热温度可利用 Fe—Fe_3C 相图来选择。对于亚共析碳钢,适宜的淬火温度为 Ac_3 以上 30～50℃,使碳钢完全奥氏体化,淬火后获得均匀细小的马氏体组织。对于过共析碳钢,适宜的淬火温度为 Ac_1 以上 30～50℃。淬火前先进行球化退火,使之得到粒状珠光体组织,淬火加热时组织为细小奥氏体晶粒和未溶的细粒状渗碳体,淬火后得到隐晶马氏体和均匀分布在马氏体基体上的细小粒状渗碳体组织。对于低合金钢,淬火加热温度也根据临界点 Ac_1 或 Ac_3 来确定,一般为 Ac_1 或 Ac_3 以上 50～100℃。高合金工具钢中含有较多的强碳化物形成元素,奥氏体晶粒粗化温度高,故淬火温度亦高。

(2) 淬火加热时间

为了使工件各部分完成组织转变,需要在淬火加热时保温一定的时间,通常将工件升温和保温所需的时间计算在一起,统称为加热时间。影响淬火加热时间的因素较多,如钢的成分、原始组织、工件形状和尺寸、加热介质、炉温、装炉方式及装炉量等。钢在淬火加热过程中,如果操作不当,会产生过热、过烧或表面氧化、脱碳等缺陷。过热是指工件在淬火加热时,由于温度过高或时间过长,造成奥氏体晶粒粗大的现象。过热不仅使淬火后得到的马氏体组织粗大,使工件的强度和韧性降低,易于产生脆断,而且容易引起淬火裂纹。对于过热工件,进行一次细化晶粒的退火或正火,然后再按工艺规程进行淬火,便可以纠正过热组织。过烧是指工件在淬火加热时,温度过高,使奥氏体晶界发生氧化或出现局部熔化的现象，过烧的工件无法补救，只得报废。

4. 回火组织

钢经淬火后得到的马氏体和残余奥氏体均为不稳定组织，通过回火处理，可使这些不稳定的组织转变为较为稳定的组织，以改善淬火钢的性能。淬火钢经不同温度回火得到的组织通常可分为回火马氏体(图 23－12(a))、回火屈氏体(图 23－12(b))和回火索氏体(图 23－12(c))三种。

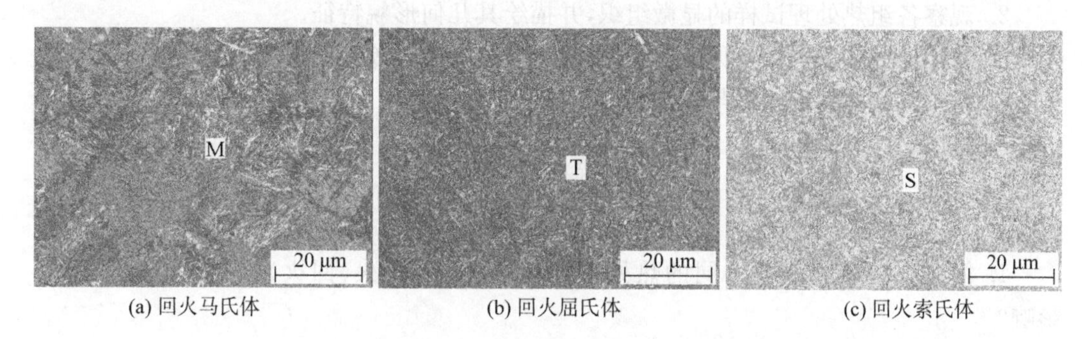

(a) 回火马氏体　(b) 回火屈氏体　(c) 回火索氏体

图 23－12　45 钢回火组织 500×

(1) 回火马氏体

低温回火(150～250℃)组织为回火马氏体，它保留了原马氏体形态特征。针状马氏体回火析出了极细的碳化物，容易受到浸蚀，在显微镜下呈黑色针状。低温回火后，马氏体针变黑，而残余奥氏体不变仍呈白亮色。低温回火后可以部分消除淬火钢的内应力，增加韧性，同时仍能保持钢的高硬度。

(2) 回火屈氏体

中温回火(350～500℃)组织为回火屈氏体，它是铁素体与粒状渗碳体组成的极细混合物。铁素体基体基本上保持了原马氏体的形态(条状或针状)，第二相渗碳体则析出在其中，呈极细的颗粒状，用光学显微镜极难分辨。中温回火后，钢有很好的弹性和一定的韧性。

(3) 回火索氏体

高温回火(500～650℃)组织为回火索氏体，它是铁素体与较粗的粒状渗碳体所组成的机械混合物。碳钢回火索氏体中的铁素体已经通过再结晶，呈等轴的细晶粒状。经充分回火的索氏体已没有针状的形态。在大于 500 倍的光镜下，可以看到渗碳体微粒。回火索氏体具有良好的综合机械性能。

三、实验仪器与材料

1. 实验仪器：金相显微镜。
2. 实验材料：常用碳钢的不同热处理金相标样。

四、实验内容与步骤

1. 结合铁碳相图和等温转变图，理解碳钢的经过不同热处理(退火、正火、淬火及回火)后的组织形成原理。

2. 选用多组相同成分试样进行不同热处理工艺后的组织,对比分析其区别。

3. 在金相显微镜下观察各组试样的金相组织,描绘其组织特征。

五、实验报告要求

1. 写出实验目的和基本操作步骤。
2. 观察各组热处理试样的显微组织,并描绘其几何形貌特征。
3. 叙述珠光体、铁素体、贝氏体、马氏体和回火马氏体等组织的特征。
4. 讨论不同材料的组织与其热处理工艺之间的关系。
5. 完成思考题。

六、思考题

1. 简述碳钢经过四种不同的热处理(退火、正火、淬火、回火)后组织产生了哪些影响?

2. 分析 45 钢经过不同热处理后其组织的区别。

3. 若 45 钢淬火后硬度不足,如何根据组织来分析其原因是淬火加热温度不足、还是冷却速度不够?

七、实验注意事项

1. 金相试样使用观察应注意保护观察面,以免影响组织观察的真实性。
2. 金相显微镜使用完毕后,应及时关闭电源,收拾台面耗材归位。

八、参考文献

[1] Saha Atanu, Mondal Dipak Kumar, Maity Joydeep. Effect of cyclic heat treatment on microstructure and mechanical properties of 0.6wt% carbon steel[J]. Materials Science and Engineering: A, 2010, 527(16-17): 4001-4007.

[2] Okayasu M, Sato K, Mizuno M, et al. Fatigue properties of ultra-fine grained dual phase ferrite/martensite low carbon steel[J]. International Journal of Fatigue, 2008, 30(8): 1358-1365.

[3] Gündüz Süleyman, Acarer Mustafa. The effect of heat treatment on high temperature mechanical properties of microalloyed medium carbon steel[J]. Materials & Design, 2006, 27(10): 1076-1085.

[4] 王章忠. 材料科学基础[M]. 北京:机械工业出版社,2005.

[5] 史美堂. 常用模具钢热处理性能[M]. 上海:上海科学技术出版社,1984.

[6] 刘云旭. 金属热处理原理[M]. 北京:机械工业出版社,1981.

[7] Kitahara Hiromoto, Ueji Rintaro, Tsuji Nobuhiro et al. Crystallographic features of lath martensite in low-carbon steel[J]. Acta Materialia, 2006, 54(5): 1279-1288.

[8] Hodgson P D, Hickson M R, Gibbs R K. Ultrafine ferrite in low carbon steel [J]. Scripta Materialia, 1999, 40(10): 1179-1184.

[9] 卢雪梅. G35 型淬火介质对中高碳钢热处理组织与性能的影响[D]. 兰州:兰州理工大学,2011.

[10] 蒋涛,雷新荣,吴红丹,等. 热处理工艺对碳钢硬度的影响[J]. 材料热处理技术,2011,40(4):167-171.

[11] 戴玉梅,刘艳侠,马永庆,等. 一种多元低合金高碳钢的热处理组织及硬度的研究[J]. 材料科学与工艺,2006(01):60-62.

实验 24　金属材料表面化学热处理及显微硬度测试

一、实验目的

1. 了解渗碳层、渗氮层的组织形貌特征。
2. 了解显微硬度计的使用方法。
3. 掌握化学热处理渗层深度的测定方法。

二、实验原理

钢的化学热处理是将金属或合金工件置于一定温度的活性介质中保温，使一种或几种元素渗入工件的表面，改变其化学成分和组织，达到提高工件表面硬度、耐磨性或耐蚀性等表面性能，满足技术要求的热处理过程。

化学热处理是由介质的分解、活性原子被金属表面吸附和向工件内部扩散的三个基本过程所组成。通过化学热处理，能有效地提高钢件表层的耐磨性、耐蚀性、抗氧化性能以及疲劳强度等。

按照表面渗入的元素不同，化学热处理分为渗碳、渗氮、碳氮共渗、渗硼、渗铝等，其中以渗碳、渗氮应用最广。

1. 渗碳钢的显微组织及渗碳层深度的测定

渗碳的目的是使钢件表层获得高的硬度和耐磨性，而心部具有良好的冲击韧性。渗碳用钢均是低碳钢和低碳合金结构钢，如 10、15、20、20CrMnTi、20MnVB、20Cr、20CrMo 等。

低碳钢或低碳合金钢渗碳后，表面含碳量约在 0.85%～1.05%之间，从表面向心部，含碳量逐渐下降，心部仍为低碳，一般渗碳层厚度约为 0.5～1.7 mm。钢在渗碳后的冷却方式的不同，可得到平衡状态的组织或非平衡状态的组织。

1.1　平衡状态的渗碳组织

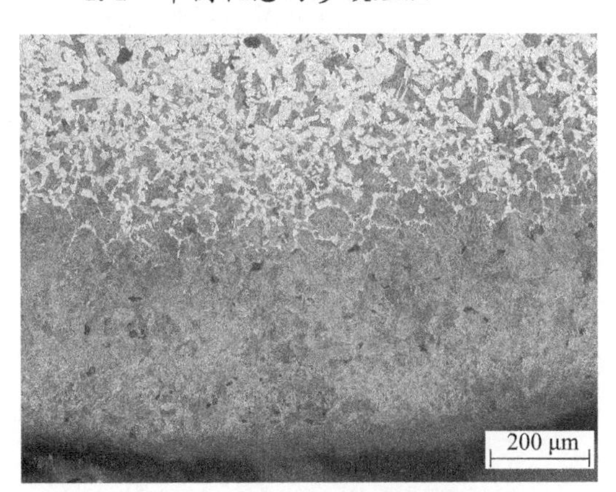

图 24－1　渗碳层退火后的截面显微组织 50×

钢件在高温(900～950℃)渗碳后，自渗碳温度缓慢冷却时，渗层中将发生与其碳浓度相对应的各种组织转变，得到平衡态的组织(见图 24－1)，即：从工件表层至心部，依次为过共析区、共析区、亚共析过渡区以及心部原始组织的未渗碳区。

(1) 过共析渗碳区

这是渗碳零件的最表层，其碳浓度最高，在一般正常的渗碳工艺条件下，这一区的含碳量约在 0.8%～1.0%之间。因此渗碳零件的缓慢冷却到 Fe—Fe_3C 状态图的 ES 线时，便首先沿原奥氏体晶界析出二次渗碳体，继续缓慢冷却到共析温度，奥氏体发生共析转变成为珠光体，故过共析渗碳层在缓冷后的金相组织为珠光体和少量网状碳化物(Fe_3C)。

渗碳层中碳化物的数量、形状及厚薄对渗层的性能有很大影响。表层过多的碳化物，特别是呈块状或粗大网状分布时，将使零件的疲劳强度、冲击韧性和断裂韧性等降低。因此，应对渗碳缓冷后渗层中的碳化物大小、形状、数量及分布等情况进行观察，以确定正确的渗碳或淬火工艺。

(2) 共析渗碳区

紧接着过共析区的是共析渗碳区，这一层的含碳量约为 0.77%。当零件渗碳后缓冷至共析温度时，共析成分奥氏体将全部转变为片状珠光体。珠光体片间距离大小取决于零件冷却速度，冷却速度越大，则珠光体片间距越小，硬度越高。

(3) 亚共析过渡区

自渗碳零件表面向心部延伸，紧接着共析渗碳区的是亚共析渗碳区。其碳浓度随着离表面距离增加而减小，直至过渡到心部原始成分为止，故亚共析过渡区缓慢冷却后得到的金相组织为先共析铁素体和珠光体的混合组织。愈接近心部，铁素体愈多，而珠光体愈少。

应当指出，如果渗碳后空冷速度较快，将抑制先共析铁素体的析出，得到较多的伪共析珠光体组织，致使过渡区加深，影响渗碳层总深度测量的正确性。因此，渗碳后应当缓慢地冷却，才能获得较完全的平衡组织。

(4) 心部未渗碳区

即渗碳零件原材料的组织区，由铁素体和珠光体组成。对于 20 钢，在渗碳缓冷后的心部组织中，铁素体约占光学显微镜视场面积的 75%左右，而珠光体约占 25%。

1.2　渗碳后淬火及回火组织

渗碳改变了零件表面层的含碳量，但为了获得不同的组织和性能而满足渗碳件的使用要求，还必须进行适当的淬火与低温回火处理。其中常用的淬火方法是直接淬火和一次淬火法等。

零件渗碳淬火后，由于淬火工艺和材料等有差异而得到不同组织。但自零件表面至心部的基本组织仍为：马氏体＋碳化物(少量)＋残余奥氏体→马氏体＋残余奥氏体→马氏体→心部低碳马氏体(或屈氏体、索氏体＋铁素体)，如图 24－2 与图 24－3 所示。

图 24－2　渗碳层淬火后的截面显微组织

渗碳零件的性能主要取决于淬火后的组织，因此渗碳件的质量检查中，规定了淬火马氏体针粗细、碳化物分布特征、残余奥氏体数量以及心部游离铁素体含量的金相组织检验标准。渗碳零件淬火后的组织通常应为：渗碳层中有适量的粒状碳化物均匀分布在隐针(或细针)状马氏体基体上(图 24－3(a)),另有少量(<5%)残余奥氏体;心部为低碳马氏体(图 24－3(b))或屈氏体或索氏体,不允许有过多的大块状铁素体。

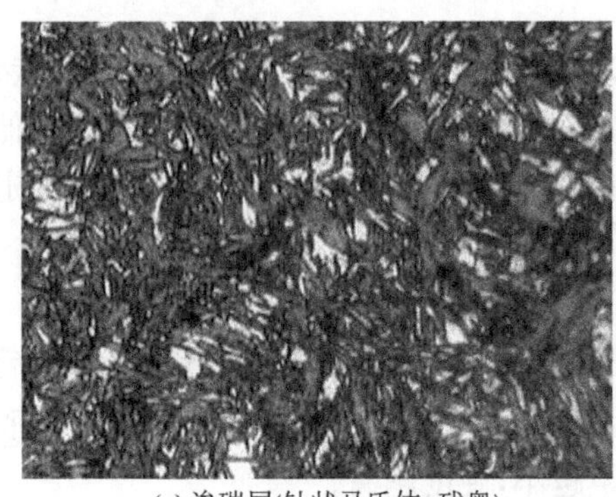
(a) 渗碳层(针状马氏体+残奥)

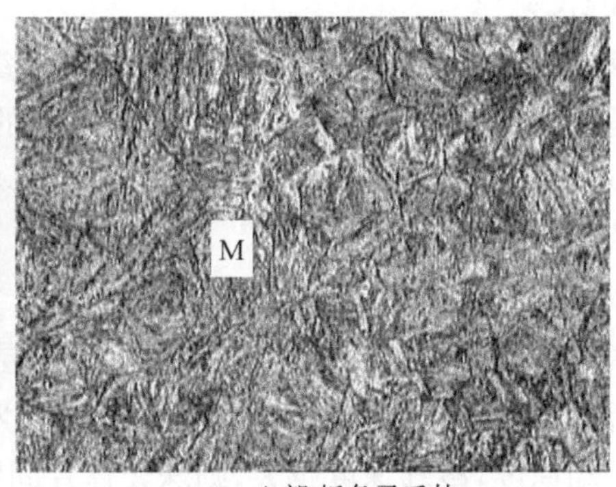

(b) 心部(板条马氏体)

图 24－3　渗碳淬火后的显微组织

1.3　*渗碳层深度的测定*

渗碳层深度是测量渗碳件的主要技术指标之一,但目前国内外对渗层深度与测定方法尚无统一标准。国内常用的方法有:

(1) 宏观分析法

将试样从炉中取出淬火后折断,断口上渗碳层区为白色瓷状,而未渗碳部分为灰色纤维状,两部分交界处的含碳量约为 0.4%,此时至表面的垂直距离相当于渗碳层深度。为更好地显示渗碳层,还可将试样断面粗磨,用 4%硝酸酒精溶液浸蚀,渗碳层则呈现暗黑色,中心部分呈灰色,再用带有标尺的读数放大镜测量。此法简单,适用于出炉前快速分析,但误差较大。为精确测量渗碳层深度及组织沿渗层的变化,需用显微分析法。

(2) 显微分析法

将渗碳试样或零件自炉中取出后缓冷(或用退火制备金相检验样品),切取横截面,经磨光后用 2%～4%硝酸酒精浸蚀,在放大 50～100 倍的显微镜下测量渗碳层深度。渗碳层深度的标准规定为:对合金渗碳钢,一般从表面测量到出现原始组织为止,即以过共析区、共析区和亚共析区三者之和作为渗碳层深度;而对碳钢和低合金钢,则是从渗碳试样表面测至过渡区的 1/2 处为止(含碳量大约为 0.45%)以过共析区、共析区和 1/2 过渡区之和为渗碳层深度。此法测得的渗碳层深度同宏观分析法所测得的渗碳层深度大体一致。

另外,国际上现已普遍采用硬度法标定渗碳层深度,即测定经渗碳、淬火和 150～170℃回火试样,将表面至 550 HV(约合 52 HRC)处的垂直距离作为有效渗碳层深度。

2. 氮化层的显微组织及氮化层深度的测定

氮化的目的是使工件表面具有高的硬度和耐磨性、高的疲劳强度和抗腐蚀性能。氮化的工艺种类较多,有气体氮化、离子氮化和低温氮碳共渗等,应用最广泛的是气体氮化。

38CrMoAl 钢是最常用的氮化专用钢。其他如 40Cr、35CrMo、42CrMo、50CrV、30CrMnSiA 等钢也可进行氮化处理。

2.1　氮化层的含氮量与组织结构

在氮化过程中，氮和铁与合金元素发生作用形成含氮固溶体和氮化物。如纯铁在低于共析温度渗氮时，氮原子开始优先在 α—Fe 金属晶界扩散，进而向晶内扩散形成氮在 α—Fe 中的间隙式固溶体，即含氮的 α 相。随着氮化时间的延长，表面层中的氮浓度逐渐升高，但含氮量超过基体金属中的溶解度极限时发生反应扩散，产生氮浓度达到 γ′相(Fe4N)；随后，当 γ′相外侧氮浓度达到 γ′相的饱和浓度时，即产生 ε 相晶核，并逐渐长大相互连成一片，且向内继续生长呈柱状晶形态的 ε 相(Fe3N)。而后，随着氮化时间的继续延长，ε、γ′及 α 相都不断加厚。因此，纯铁经充分氮化后，从表面至心部的组织依次为 ε 相→γ′相→α 相→Fe(N)→心部。

氮化后，自氮化温度缓冷至室温的过程中，将由 α 相中析出针状 γ′相，同时，ε 相中也析出相同的 γ′相，因此氮化层室温时的组织为：ε→ε+γ′→γ′→γ′+α 相→心部。由于 γ′相成分范围窄，相层很薄，在金相显微镜下常常观察不到，最表层的 ε、ε+γ′相都不易浸蚀而呈白亮色，又难以区分，故此两层通称白亮层，次表层为容易浸蚀变黑的扩散层，即：α+γ′相层，如图 24－4 所示。所以氮化物层通常由化合物层(白亮层)和扩散层所组成。

(a) 放大倍数(500×)

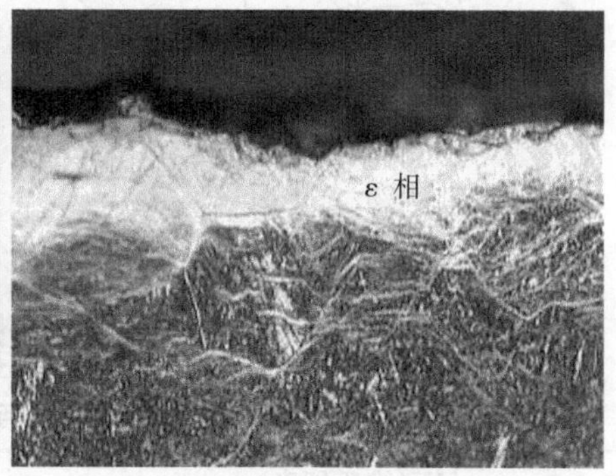

(b) 放大倍数(200×)

图 24－4　渗氮层的截面显微组织

2.2　氮化层深度的测定

测定氮化层深度的方法有多种，如断口法、金相法、显微硬度法等，在一般正常情况下，多以金相法测量为主。其方法是将氮化试样区横截面抛光后，常用 2%～4%硝酸酒精浸蚀，吹干后在放大 100 倍的显微镜下观察并用刻度目镜进行测量，通常规定从氮化件表面沿垂直方向测至与基体组织有明显分界处(黑白颜色的交界处)的距离作为氮化层深度。

另外，也可用显微硬度法测定氮化层深度，即采用维氏压头或努氏压头，负荷为 0.1 kg，从试样表面沿垂直方向测至比基体显微硬度值高 30～50 HV0.1 处的距离标定为氮化层深度。

氮化层深度一般以氮化零件的性能要求和所用钢种而定，如 38CrMoAl 钢要求高疲劳强度时，氮化层深度以 0.5 mm 为宜。

3. 显微硬度

硬度测定是机械性能测定中最简便的一种方法。用小的载荷(1～1 000 g)把硬度测定的范围缩小到显微尺度以内，就称为显微硬度测定法。

显微硬度广泛用于测定合金中各组成相的硬度，如研究钢铁、有色金属以及硬质合金中各组成相的性能。它还可用于研究扩散层的性能，如渗碳层、氮化层以及金属扩散层等，也可用来研究金属表面受机械加工、热加工的影响。

由于显微硬度对于成分不均匀的相具有较敏感的鉴定能力，故常用于研究晶粒内部的不均匀性(偏析)等。

测量显微硬度时，试样需经磨平、抛光与浸蚀，测试在显微硬度计上进行，采用的压头形式有两种，维氏硬度(HV)和努氏硬度(HK)，如图 24－5 所示。这两种显微硬度的特点比较如表 24－1 所示。

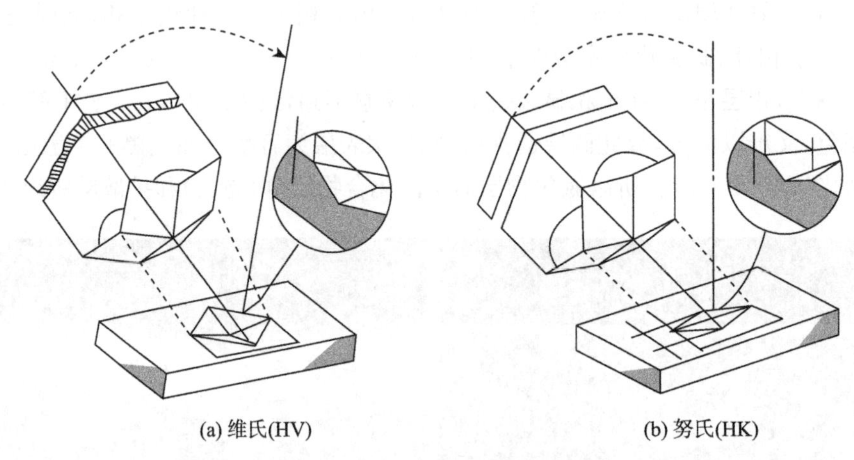

(a) 维氏(HV)　　(b) 努氏(HK)

图 24－5　显微硬度计压头形式

表 24－1　维氏硬度与努氏硬度的特点比较

HV(维氏硬度)	HK(努氏硬度)
金刚石方形压头	金刚石棱形压头
相对面夹角 136°	长边夹角 172°30′
压痕深度 $\tau \approx d/7$	压痕深度 $\tau \approx L/30$
计算公式 $HV=(1\,854.4 \times P)/d^2$	$HK=(14\,230 \times P)/L^2$

(式中：P—负荷(克)；L、d—压痕对角线长(微米)，见图 24－5)

HV 与 HK 的数值可以换算。在相同负荷下，HK 的压痕比较浅，更适合于测定薄层的硬度以及由表层过渡到心部的硬度分布。

显微硬度测定中的主要缺点是：测量结果的精确性、重演性和可比较性较差。同一种材料、不同仪器、不同试验人员往往会测得不同结果。即使是同一材料，同一试验人员在同一仪器上测量，如果选取载荷不同，结果误差也较大，难以进行比较。影响显微硬度精确性的因素中除了仪器本身精度、试样制备优劣、样品成分组织、结构的均匀性以及测试方法的误差以外，最主要的是在小负荷下载荷与压痕不遵守“几何相似定律”。

影响显微硬度精度的因素很多，在测定时必须注意。

(1) 试样制备

制样时表面损伤层造成的加工硬化会使显微硬度值偏高,因此,在磨光及机械抛光时,应力求将表面损伤减到最小,最好采用电解抛光。

(2) 振动

振动是试验中经常遇到但又很难察觉的问题。振动会减少压头与试样之间的摩擦,有利于压入,使压痕尺寸增大,从而使硬度值降低。

(3) 加负荷速率

过快地施加负荷,会使压痕不适当地加大,硬度值降低;压痕愈小,所带来的误差就愈大。通常,当负荷小于 100 g 时,加负荷速率(即压头在单位时间内压入试样的深度)应在 1～20 μm/s 范围内。

(4) 负荷停留时间

负荷完全加上后,再停留 10～60 s 即足够。停留时间太长会增加振动带来的误差,而且浪费时间。

(5) 负荷大小与压痕位置

晶粒大小必须四倍于压痕,否则硬相会被压下,而不能反映硬相的性能。测薄层试样时,试样最小厚度须为 10 倍压痕深度,或者是压痕对角线的 1.5 倍。测定脆性相硬度时,高的负荷会出现"压碎"现象,角上有裂纹的压痕,表明负荷已超过材料的破裂强度,这种形变已不单是塑性形变,因此,获得的硬度值是错误的,故需改用小的负荷。测某个晶粒的硬度时,压痕位置至少离晶界一个压痕对角线的长度,而相邻压痕距离为三倍压痕对角线。所以要挑选较大晶粒进行硬度测定。

显微硬度计的结构主要由显微镜及硬度计两大部分组成,先在显微镜中选择测定部位。把需测部位位置放置在视域中心,通过载物台的旋转或移动把试样移置在压头的下方,并且压头正好对准所测部位,然后加载,打一压痕,通过载物台再将试样移至显微镜下,通过观测目镜测量压痕两对角线长度,取平均值求出硬度值。图 24－6(b)绘制了氮化、渗 Mo 以及钼氮共渗的显微硬度曲线。

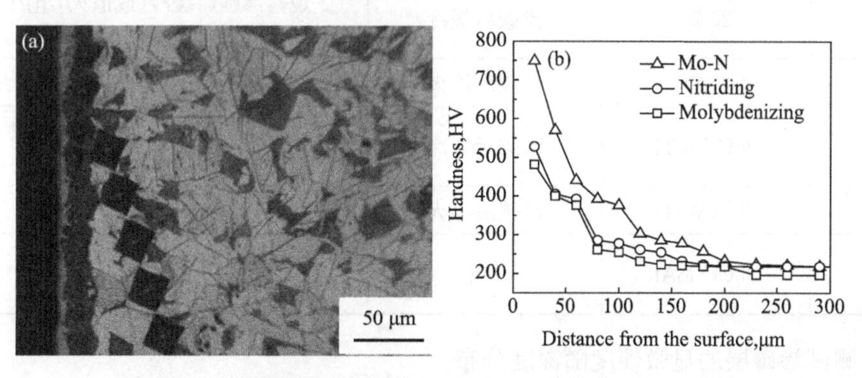

图 24－6　渗氮层横截面光学形貌(a)及显微硬度分布曲线(b)

三、实验仪器与材料

1. 实验仪器：金相显微镜、显微硬度计（见图 24－7）、抛光机。

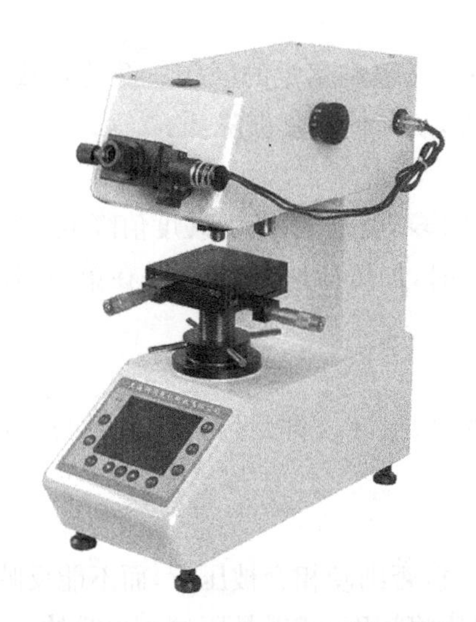

图 24－7　HVS—1000Z 显微硬度计

2. 实验材料：砂纸、渗碳平衡组织试样 5 件、渗碳淬火组织试样 5 件、渗氮层组织试样 4 件。

四、实验内容与步骤

1. 观察经过渗碳、氮化化学热处理试样的显微组织，并测定渗层深度。具体内容列在表 24－2 中。

表 24－2　化学热处理组织观察试样表

试样号	钢号	热处理工艺	实验内容
1	20 钢	渗碳后缓冷	① 观察渗碳后缓冷（或退火）组织 ② 测定渗碳层深度
2	20 钢	渗碳后淬火	观察渗碳后淬火组织
3	20CrMnTi	渗碳后缓冷	① 观察渗碳后缓冷（或退火）组织 ② 测定渗碳层深度
4	20CrMnTi	渗碳后淬火	观察渗碳后淬火组织
5	38CrMoAl	氮化	① 测定氮化层组织 ② 测定氮化层深度

2. 测试渗碳层的显微硬度随深度分布。
3. 画出显微硬度随深度变化曲线。

五、实验报告要求

1. 写出实验目的与内容。

2. 按照表 24 - 2 的实验内容进行组织观察和渗层深度测定。

3. 绘出典型组织示意图。

4. 画出渗碳层显微硬度随深度变化曲线。

5. 完成思考题。

六、思考题

1. 影响显微硬度值的因素有哪些？

2. 工件渗碳后应做什么热处理，为什么？工件氮化后也需要做热处理吗？为什么？

七、实验注意事项

1. 使用金相显微镜观察试样时应注意保证显微镜的清洁，禁止用手触摸显微镜镜头和目镜。

2. 注意保持样品的清洁卫生，防止样品被污染。

3. 绘制组织图时应抓住组织形态的特点，画出典型区域的组织，不要将磨痕或杂质画在图上。

4. 实验完毕后，设备及样品归位，收拾实验台面。

5. 显微硬度计的使用请注意选用的载荷，调整载荷时应轻手旋转操作。

八、参考文献

[1] GB/T 9790－2021 金属材料 金属及其他无机覆盖层的维氏和努氏显微硬度试验[S]. 2021.

第五部分 材料热分析实验

实验 25 热分析法绘制二元合金相图

一、实验目的

1. 了解绘制相图常用的基本方法之一：热分析法。
2. 掌握步冷曲线绘制相图的方法。
3. 分析二元相图体系的基本特点。

二、实验原理

相图是根据实验绘制的，热分析法是测定二元相图的主要方法。热分析所观察的物理性质是被研究物系的温度。当体系缓慢而均匀地冷却（或加热）时，如果体系内不发生相变，则温度将随时间均匀（或线性）改变；当体系内发生相变时，由于相变伴随着吸热或放热现象，所以以温度为纵轴，时间为横轴的步冷曲线上就会出现转折点或水平线段（前者表示温度随时间的变化率发生了改变，即发生了相变；后者表示在水平线段内，温度不随时间而变化，即出现三相平衡）。利用步冷曲线所得到的一系列成分和所对应的相变温度数据，以横轴表示混合物的组成，纵轴上标出开始出现相变的温度，把这些点连接起来，就可绘出相图。用热分析法测绘相图时，为了获得良好的相平衡条件，冷却速度不宜过快。

以 Cd—Bi 二元体系为例，该体系的特点是：在高温区，Cd 和 Bi 的熔液可以无限互溶，形成液体混合物。在低温区 Cd(s)和 Bi(s)两者完全不互溶，形成两个固相的机械混合物。以温度为纵坐标，时间为横坐标。画出温度—时间的曲线，即为步冷曲线。如图 25－1(a)所示。根据多个成分的步冷曲线可以绘出相图，如图 25－1(b)所示。

三、实验仪器与材料

1. 实验仪器：金属相图（步冷曲线）实验加热装置、天平。
2. 实验材料：铋、镉；铅、锡。

四、实验内容与步骤

1. 配制 Bi 质量百分比为 0%、15%、25%、55%、75%及 100%的 Bi、Cd 混合物各 100 克，分次装入样品管中，再加入少量硅油，真空密封以防金属加热过程中接触空气而发生

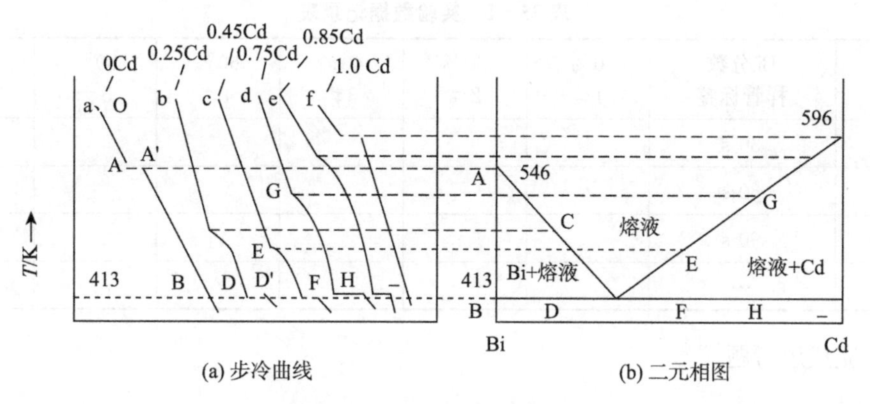

(a) 步冷曲线　　(b) 二元相图

图 25－1　步冷曲线和相图

氧化。同样方法配置 Sn 质量百分比为 0%、15%、25%、55%、75%及 100%的 Pb、Sn 二元混合物装入样品管后真空密封。分别记录试样成分与样品管序号。

2. 检查步冷曲线加热装置各接口连线是否正确。连接好加热装置，确认连线已接好，插上电源插头，打开电源开关。仪器预热 10 分钟。

3. 设置工作参数：

(a) 按"温度切换"4 次，温度自动由样品管 1＃切换到 2＃、3＃与 4＃状态，并显示其当前温度。

(b) 第一次按"设置"按钮，加热速度显示器显示"o"，设置目标温度，显示在加热速度显示器上。按"＋1"增加，按"－1"减少，按"X10"左移一位即扩大 10 倍。

(c) 第二次按"设置"按钮，加热速度显示器显示"b"，设置保温功率，显示在加热速度显示器上。按"＋1"增加，按"－1"减少，按"X10"左移一位即扩大 10 倍。

(d) 第三次按"设置"按钮，加热速度显示器显示"c"，设置加热速度，显示在加热速度显示器上。按"＋1"增加，按"－1"减少，按"X10"左移一位即扩大 10 倍。

(e) 加热装置由 0 档调至 1 档，表示加热样品管 1＃～4＃；2 档则表示加热样品管 5＃～8＃，3 档则表示加热样品管 9＃～10＃。

设置完成后，按"加热"按钮，加热器开始加热(灯闪)。

4. 观察温度变化。当温度开始下降并接近 300℃时，按"状态"键开始 30 s 计时，此时开始记录各成分样品时间—温度数据。

5. 根据所测数据便可绘制温度—时间曲线，绘制相应成分样品的步冷曲线。

6. 绘制相图曲线：从步冷曲线上读出拐点温度及水平温度。通过连线描点描绘出温度—成分相图曲线。

五、实验报告要求

1. 写出实验目的和基本操作步骤。

2. 实验数据的记录，如下表 25－1 所示。

3. 根据原始数据表 25－1 绘制步冷曲线和二元相图，注明相图各单相区、双相区、共晶点温度与成分、纯金属的熔点。

表 25-1　实验数据记录表

No.	Bi 分数 样管标签	0% 1#	20% 2#	40% 3#	60% 4#	80% 5#	100% 6#
1	30 s						
2	60 s						
3	90 s						
…	…						

4. 完成思考题。

六、思考题

1. 对于不同成分的混合物的步冷曲线，其水平段有什么不同？
2. 步冷曲线的斜率以及水平段的长短与哪些因素有关？
3. 根据实验结果讨论各步冷曲线的降温速度控制的是否得当。

七、实验注意事项

1. 仔细阅读实验方法和步骤，确认各实验装置接口正确连接。

2. 实验过程中注意安全，实验结束后关闭仪器，关闭电源，经指导老师检查无误后，方可离开实验室。

八、参考文献

[1] 吴楠，崔雪飞，魏衍广，等. Cr 含量对 Ti5Mo5V3Al—Cr 系合金等温相变动力学和 TTT 图的影响[J]. 材料工程，2018，46(9)：115-121.

[2] 杜雨青，贺志荣，王芳，等. 退火对窄热滞 Ti—Ni—Cu—Cr 形状记忆合金组织和拉伸性能的影响[J]. 材料热处理学报，2018(09)：30-35.

[3] 袁勃，曾磊，钱明芳，等. 形状记忆合金弹热效应研究进展[J]. 材料导报，2018(17)：3033-3040.

[4] 万明攀，温鑫，曾玉金，等. 压应力下 Ti—1300 合金时效过程中相变与组织演化[J]. 稀有金属，2018：1-5.

[5] Wang F J, Zhang Y, Chen G L. Atomic packing efficiency and phase transition in a high entropy alloy[J]. Journal of Alloys and Compounds, 2009, 478(1/2): 321-324.

[6] Zhang L Y, Zhou B D, Zhan Z J, et al. Mechanical properties of cast A356 alloy, solidified at cooling rates enhanced by phase transition of a cooling medium[J]. Materials Science & Engineering A, 2007, 448(1): 361-365.

[7] Yeung K W K, Cheung K M C, Lu W W, et al. Optimization of thermal treatment parameters to alter austenitic phase transition temperature of NiTi alloy for medical implant[J]. Materials Science & Engineering A, 2004, 383(2): 213-218.

[8] Jung Y S, Na E S, Paik U, et al. A study on the phase transition and characteristics of rare earth elements doped $BaTiO_3$ [J]. Materials Research Bulletin, 2002, 37(9): 1633 - 1640.

[9] Zhou M, Makino Y, Nose M, et al. Phase transition and properties of Ti—Al—N thin films prepared by r. f. -plasma assisted magnetron sputtering[J]. Thin Solid Films, 1999, 339(1 - 2): 203 - 208.

[10] Miyazaki S, Otsuka K. Mechanical behaviour associated with the premartensitic rhombohedral-phase transition in a Ti50Ni47Fe3 alloy[J]. Philosophical Magazine Part A, 1984, 50(3): 393 - 408.

[11] Noda Y, Nishihara S, Yamada Y. Critical Behavior and Scaling Law in Ordering Process of the First Order Phase Transition in Cu_3Au Alloy[J]. Journal of the Physical Society of Janpan, 1984, 53(12): 4241 - 4249.

[12] Takaoka S, Murase K. Anomalous resistivity near the ferroelectric phase transition in (Pb, Ge, Sn) Te alloy semiconductors [J]. Physical Review B, 1979, 20(7): 2823 - 2833.

[13] Tian B, Chen F, Tong Y X, et al. Phase transition of Ni—Mn—Ga alloy powders prepared by vibration ball milling[J]. Journal of Alloys and Compounds, 2011, 509(13): 4563 - 4568.

实验 26　材料的差热分析方法研究材料热效应

一、实验目的

1. 掌握差热分析的基本原理、测量技术以及影响测量准确性的因素。
2. 学会差热分析仪的操作，并测定草酸钙的差热曲线。
3. 掌握差热曲线的定量和定性处理方法，对实验结果作出解释。

二、实验原理

差热分析是在程序控制温度下测量物质和参比物之间的温度差和温度关系的一种技术(DTA)。

1. 差热分析仪及其测量曲线的形成

差热分析仪由加热炉、样品支持器、温差热电偶、程序温度控制单元和记录仪组成。试样和参比物处在加热炉中相等温度条件下，温差热电偶的两个热端，其一端与试样容器相连，另一端与参比物容器相连，温差热电偶的冷端与记录仪表相连。对比试样的加热曲线与差热曲线可见：当试样在加热过程中有热效应变化时，则相应差热曲线上就形成了一个峰谷，见图 26 - 1。

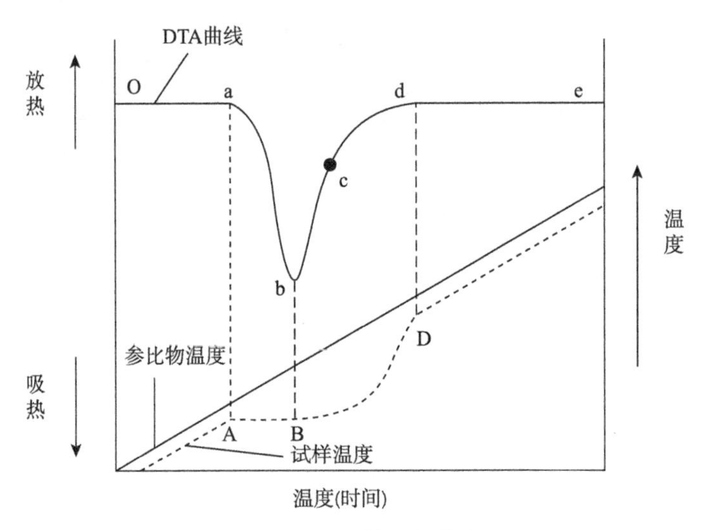

图 26 - 1　差热分析曲线

2. 差热分析的基本理论

$$\Delta H = KS$$

差热曲线的峰谷面积 S 和反应热效应 ΔH 成正比，反应热效应越大，峰谷面积越大。具有相同热效应的反应，传热系数 K 越小，峰谷面积越大，灵敏度越高。

3. 影响差热分析结果的因素

影响差热分析结果的因素有很多，这里简单讨论几个主要影响因素。

(1) 热容和热导率的变化

试样的热容和热导率的变化会引起差热曲线的基线变化，一台性能良好的差热仪的基线应是一条水平直线，但试样差热曲线的基线在反应的前后往往不会停留在同一水平上，这是由于试样在反应前后热容或热导率变化的缘故。

(2) 试样的颗粒度、用量及装填密度

与试样的热传导和热扩散性有密切的关系。它们对差热曲线有什么影响要视研究对象的化学过程而异。对于表面反应和受扩散控制的反应来说，颗粒的大小、用量的多少和装填疏密会对 DTA 曲线有显著的影响。

(3) 升温速度对差热曲线的基线、峰形和温度的影响

① 升温越快，导致热焓变化越快，更多的反应将发生在相同的时间间隔内，峰的高度、峰顶或温差将会变大，因而出现尖锐而狭窄的峰。

② 升温速度不同明显影响峰顶温度向高温偏移。

③ 升温速度不同，影响相邻峰的分辨率。较低的升温速度使相邻峰易于分开，而升温速度太快容易使相邻峰谷合并。

(4) 炉内气氛

炉内气氛对碳酸盐、硫化物、硫酸盐等类矿物加热过程中的行为有很大影响，某些矿物试样在不同的气氛控制下会得到完全不同的 DTA 曲线。

三、实验仪器与材料

1. 实验仪器：差热分析仪，交流稳压电源。

2. 实验材料：草酸钙 10～20 mg(待测试样)，$\alpha-Al_2O_3$ 10～20 mg(参比样品)。

四、实验内容与步骤

准确称量实验样品和参比样品，使用经预热的差热分析仪，记录样品差热电势和温度数据，绘制差热曲线。

1. 按照图 26-2 所示线连接图将仪器主体与控制器连接。

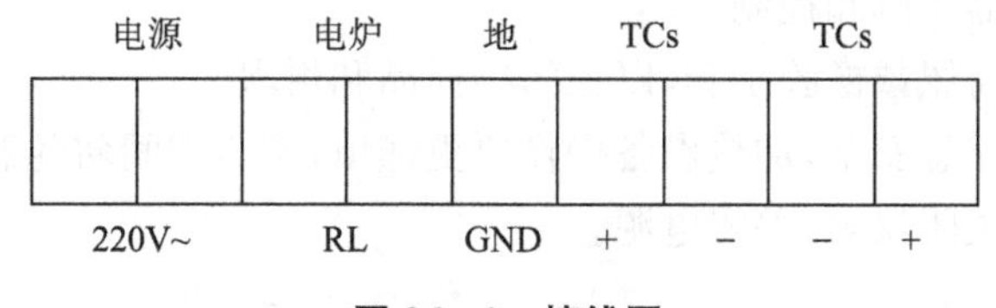

图 26-2　接线图

2. 手摇升降机构使电炉下降至暴露样品池座。

3. 初次连接应检验接线的正确性，方法是：

(1) 取下样品，面对样品座，左边定为参比端，右边定为试样端。

(2) 手摸左边热电偶端(TCr)，温度显示应为升温，差热电势测量显示仪表数字负向

变大。

(3) 手摸右边热电偶端(TCs),差热电势显示正向变大。

4. 将样品池放在样品座上,使热电偶端点位于池孔中央。

5. 左边样品池放入参比物(如中性 Al_2O_3),右边样品池放入被测试样品(如草酸钙)。

6. 手摇升降机构使电炉上升约 100 mm,是样品池位于电炉中部。

7. 接通电源开关,设定程序升温过程参数,选定合适的目标加热终止温度和升温速率,设置温度控制器的参数。

8. 准备就绪后按“加热”按钮,开始实验。

9. 按需要定点记录温度数值和差热电势。

10. 实验完毕,按“停止”按钮,然后关闭电源。

五、实验报告要求

1. 写出实验目的和基本操作步骤。

2. 记录差热电势—温度原始数据。

实验记录如表 26 - 1 所示,至少每隔 5℃记录差热电势数据。

表 26 - 1 实验记录表

温度				
差热电势				

3. 绘制差热分析曲线,注明吸放热峰,分析相应发生的反应情况。

4. 完成思考题。

六、思考题

1. 影响差热分析的因素有哪些?

2. 差热曲线的形状与哪些因素有关?

七、实验注意事项

1. 正确连接仪器主体和控制器。

2. 进行实验时需佩戴橡胶手套,以免污染样品和坩埚。

3. 实验过程中注意安全,加热设备操作要更谨慎,实验期间勿随意走动以免烫伤。

4. 实验结束后关闭仪器,关闭电源。

八、参考文献

[1] 李波,高锦红,许祖昊,等. 热分析法在材料分析中的应用新进展[J]. 分析仪器,2018(2):77 - 81.

[2] Talibudeen O. Differential thermal analysis (DTA)[J]. Encyclopedic Dictionary of polymers, 2007, 3(2): 251 - 260.

[3] Watson E S, O'Neill M J, Justin J, et al. A Differential Scanning Calorimeter for Quantitative Differential Thermal Analysis[J]. Analytical Chemistry, 1988, 36(7): 1233 - 1238.

[4] Warne S S J. Differential thermal analysis: applications and results in mineralogy [J]. Earth Science Reviews, 1977, 13(2): 194 - 195.

[5] Murphy C B, Chen A. Differential Thermal Analysis[J]. Minerals & Rocks, 1974, 87(1035): 420 - 434.

[6] Gordon S. Differential thermal analysis[J]. Academic Press, 1970, 87(1035): 420 - 434.

[7] Stone R L. Differential thermal analysis[J]. US, 1969, 21(6): 683 - 688.

[8] Mackenzie R C, Mitchell B D. Differential thermal analysis. A review[J]. Analyst, 1962, 87(87): 420 - 434.

[9] 邹函君,王桂文,张慧娟,等.同步热分析技术本科实验教学探索与实践[J].实验技术与管理,2017,34(6):165 - 167.

实验 27　材料的热重分析方法研究材料热效应

一、实验目的

1. 掌握热重分析仪的结构、原理和使用方法。
2. 了解热重法在材料中的应用。
3. 测定实验材料的热重曲线，并计算有关的热失重参数。

二、实验原理

热重法（Thermo Gravimetry，TG）又称热失重法，其定义是：在程序控温下，测量物质的质量与温度关系的技术。热重法广泛应用于各种材料热稳定性的评价，如无机物、有机物和聚合物的热分解、氧化稳定性、聚合物和共聚物的热氧化裂解及热氧化的研究等。由于其灵敏度高、样品用量少等特点，热重法在高分子材料的组成分析、热稳定性的测定、氧化或分解反应动力学研究、放出低分子化合物的缩聚反应研究，以及材料的老化性能测定等方面，有着其他测试手段不可替代的重要作用。

1. 热天平的原理及其结构

热失重分析仪的核心部件是热天平，其工作原理如图 27－1 所示。热天平和常规分析天平主要的差别是它能自动地、连续地进行动态称量与记录，并在称量过程中按一定的温度程序改变试样的温度，可以控制和调节试样周围的气氛。一般采用试样皿位于称量机构上面的零位型天平（上皿式），即试样在刀线上方，通过吊钩、吊环和两副边吊带与横梁活动连接。两副边吊带支撑横梁，可以灵活的自由转动。天平在加热过程中试样无质量变化时能够保持初始平衡状态，而有质量变化时，天平失去平衡，位移传感器（电磁或光电检测）立即检测并输出天平失衡信号，经放大后驱动平衡复位器，改变平衡复位器中的电流，使天平重新回到平衡点即零点。由于平衡复位中的线圈电流与试样的质量变化成

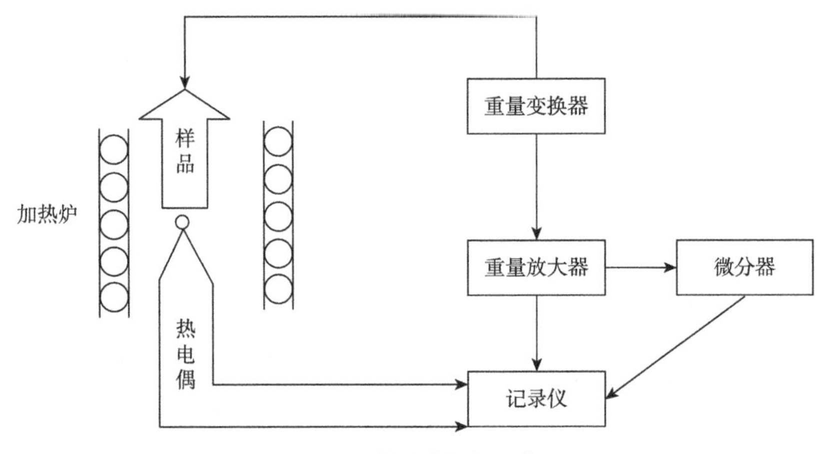

图 27－1　热重分析仪示意图

正比，因此通过记录电流的变化可以计算得到试样在加热过程中质量的变化。

2. 热重曲线及数据表示方法

原始记录得到的是试样质量与温度（或时间）关系的热量曲线，即 $W—T$（或 t）曲线，如图 27－2 所示，称为 TG 曲线。为了更好地分析热重数据，有时希望得到热失重速率曲线，此时可通过仪器的重量微商处理系统得到微商热重曲线，称为 DTG 曲线。在图 27－2 中 TG 曲线横坐标为温度或时间，从左到右表示增加。纵坐标为质量，从上至下表示减少。从 TG 曲线可求得以下几个特征温度：T_i 称为起始失重温度，是 TG 曲线开始偏离基线点的温度；TG 曲线下降段的切线与基线的交点为外延起始温度，这条切线与最大失重线的延长线的交点称为外沿终止温度；TG 曲线达到最大失重的温度称为终止温度，用 T_f 表示；失重率为 50% 的温度则称为半寿温度。材料的失重百分率为：

$$\text{失重率}\ \% = [(W_0 - W_1)/W_0] \tag{27-1}$$

式中，W_0——原始试样重量（mg）；

W_1——TG 曲线上质量基本不变的平台部分相应重量。

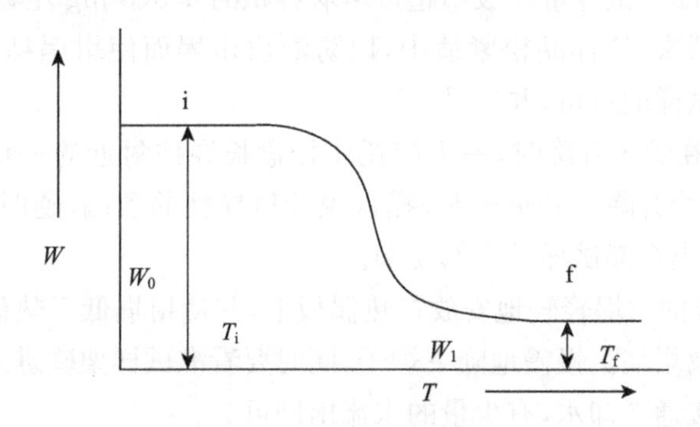

图 27－2　热失重曲线示意图

3. 热重分析的影响因素及温度校正

(1) 影响因素（仅讨论实验因素）

升温速度是一个重要的程序变量，对热重曲线有明显的影响。提高升温速率使 T 曲线向高温推移，升温速率越大，炉壁与试样温度梯度增加，导致热重曲线上的 T_i 和 T_f 偏高，这不利于中间产物的分析检测，因为此时 TG 曲线上拐点很不明显。保持缓慢均匀的升温速率能够保证每一中间产物细节的检测，得到更准确的实验结果。

试样的用量、粒度和形状以及装填方式都会影响热重曲线。试样剂量大时，对热传导和气体扩散都是不利的，使曲线的清晰度变差，并移向较高温度，反应时间延长。试样用量应在热重分析仪灵敏度范围内尽量减少。粒度越细，反应面积越大，使 T_i 和 T_f 降低，反应加速。对于试样装填方式，一般来说，装填越紧密，试样颗粒间接触就越好，有利于热传导，但不利于气氛气体向试样内扩散或分解的气体产物的扩散，通常试样应装填的薄而均匀。

炉内气氛的影响不是一个孤立因素，还取决于试样的反应类型、分解产物的性质和装填方式等许多因素，有动态气氛和静态气氛之分，控制气氛有助于深入了解反应过程的本质，视试验要求而定。

(2) 温度校正

为了消除由于不同热重分析仪而引起的热重曲线上特征分解温度的差异,ICTA(国际热分析协会)标准化委员会推荐了镍和四种合金作为 TG 的温度标准物,其各自的特征温度可由热分析手册或实验仪器的操作手册查得。

三、实验仪器与材料

1. 实验仪器:热重分析仪。
2. 实验材料:草酸钙。

四、实验内容与步骤

1. 熟悉掌握热重分析仪和软件使用的操作流程。

(1) 准备工作。在开机之前开启记录仪和热天平仪电源,至少稳定 30 min。

(2) 准确称取空坩埚重量。用样品勺小心地将试样装入坩埚内,不要沾在坩埚外壁上,否则需用纸擦干净。试样量一般不超过坩埚容积的 2/3(8 mg 左右),装样后的坩埚在清洁的台面上轻墩数次,使样品松紧适中,以防溢出坩埚而使坩埚粘在热板上或污染仪器。然后准确称取试样的重量,并记录。

(3) 升起炉子,在炉子升降时,一手应托住托盘长导柱附近的一角,另一手托住与此角相对的另一角,平稳升降。升炉子时,托盘脱开付导柱的顶端,逆时针旋转 90°～100°,使炉子停在上部,露出全部试样的全部支架。

(4) 将装好试样的坩埚轻轻地安放在热偶板上,并使坩埚低于热偶板平面接触,不用手直接接触样品座及坩埚。慢慢地降下炉子,同时要看准试样架确进入套筒内,以免碰断热电偶试样支架。接通冷却水,有少量的水流出即可。

(5) 开启软件,设定量程、升温速率以及气体流速,输入样品重量和编号。启动软件开始实验。

2. 导出数据,绘制草酸钙 TG 曲线,并进行相应的分析。

五、实验报告要求

1. 写出实验目的和基本操作步骤。
2. 记录原始数据,根据实验数据画出 TG 曲线,求出试样的特征温度 T_i 和 T_f。
3. 计算各温度区间的失重率及余重,分析草酸钙的热失重行为。
4. 完成思考题。

六、思考题

1. 试讨论影响草酸钙 TG 实验结果的因素(不考虑仪器因素)。

2. 对于同样草酸钙试样,差热分析 DTA 和热重分析 TG 的实验曲线有何区别,试综合分析其异同点和原因?

七、实验注意事项

1. 测试加样品时确保样品量不超过坩埚容积的 2/3(一般控制在 5～10 mg)。

2. 将坩埚放在热偶板陶瓷支架上时,要注意平稳轻放,手部不能碰到支架以免支架折断。

3. 操作仪器过程中严格按照教程步骤,防止仪器内部程序紊乱导致死机。

八、参考文献

[1] 何小蝶. 热失重分析仪介绍和影响测试的几种因素[J]. 硅谷. 2014(22):96-97.

[2] Jona E, Rusnak J, Lezovic J. Thermal analysis of biologic materials. I. TG (Thermogravimetry), DTG (Derivative Thermogravimetry) and DTA (Differential Thermal Analysis) of dental tissue[J]. Ceskoslovenska Stomatologie. 1974, 74(2): 100-102.

[3] Flynn J, La W. General Treatment of the Thermogravimetry of Polymers[J]. Journal of Research of the National Bureau of Standards-a physics & Chemistrya. 1966, 70A(6): 452-487.

[4] Hcikichi S. An Apparatus for combined thermogravimetry, derivative thermogravimetry and differential thermal analysis[J]. Waseda University Bulletin of Science and Engineering Research Laboratory. 1964, 27: 26-32.

[5] Kucerik J. Thermogravimetry [M]// Encyclopedia of Geochemistry. Encydopedia of Earth Sciences Series. Springer, 2018:1435-1439.

[6] 宋军,赵薇,宋刚等. 热重法测试过程中的影响因素分析[J]. 化工自动化及仪表. 2011(07):894-896.

[7] 邹华红,胡坤,桂柳成等. 一水草酸钙热重—差热综合热分析的最优化表征方法[J]. 广西科学院学报. 2011(01):17-21.

实验 28　材料的热膨胀性能测试

一、实验目的

1. 了解材料的膨胀曲线对生产的指导意义。
2. 掌握高温卧式膨胀仪测定材料热膨胀系数的原理和方法。
3. 利用材料的热膨胀曲线确定材料的特征温度，如玻璃转化温度、相变温度。

二、实验原理

热膨胀是指制品在加热过程中的长度变化。材料的热膨胀性与材料的热稳定性具有密切关系，对于各种材料，尤其是航空航天材料、电子产品，对材料的热稳定性都有极高的要求。例如用于观测卫星的碳纤维增强聚合物复合材料要求极小的热膨胀系数[3]；应用于电子封装材料具有较低的热膨胀系数[4]。对于材料的热膨胀性能，一般采用热膨胀仪进行测定，如耐驰公司最新产品“DIL 402 Expedis Select/Supreme 水平推杆式热膨胀仪”，该产品新的测试系统打破传统模式，提供宽广检测范围，对于软硬样品皆可进行完整测试。因此研究材料的热膨胀性对于科技进步和社会发展具有重要意义。

热膨胀的表示方法常分为线膨胀率和线膨胀系数两种。测定时，以一定的升温速度，加热试样到指定的测试温度，测定试样随温度变化而发生的伸长量[5,6]。

线膨胀率是指由室温至试验温度间，样品长度的相对变化率。线膨胀系数是指由室温至试验温度间，每升高 1 度，样品长度的相对变化率[7,8]。

HPY—2 型高温卧式膨胀仪由高精度位移传感器、自控温电炉、小车、基座、电器控制箱五部分构成。电炉升温后，炉膛内的试样发生膨胀，顶在试样端部的刚性测试杆将该膨胀量传导至位移传感器测试端，最终经数字位移传感器将其转换为数字信号发送至计算机自动记录。

影响材料热膨胀准确测试的因素有很多，需要克服或消除设备各个部件因被加热或冷却产生的热胀冷缩对几何尺寸测定的影响，以及在几何尺寸变化极微小的情况下，如何保证测量的正确度[9]。为了消除系统热变形量对测试结果造成的影响，计算机分析软件中增加了系统补偿值修正功能，该补偿值由标准样品文件经计算机自动计算标定，并保存于每次测试文件中。

将样品试样管中的测试杆一端顶着试样，一端连接位移传感器，试样另一端顶在试样管挡板上。当试样在升温膨胀过程中，一端固定，另一端由膨胀产生位移，从而将测试杆向外推动。

采用硅钼棒作为发热元件，可以快速准确升温。

试样装在试样管中固定不动，进出炉膛通过移动炉膛来实现，这样避免了移动样品造成的试样振动，提高实验精确度。电炉装在小车上，小车可以在基座导轨上平稳移动。

电气部分采用高性能配件，带有多重保护装置，安全可靠。

通过对材料的热膨胀性能的测量,得到材料的热膨胀曲线,从而确定材料的特征温度[10,11]。

$$\alpha = \alpha_{石英} + \Delta L/(L_0 \times \Delta T) \tag{9-1}$$

式中,ΔL——试样从温度 $T1$ 至 $T2$ 时的伸长量;

L_0——试样在温度 $T1$ 时的原长;

ΔT——温度变化的区间。

其中 $\alpha_{石英} = 5.8 \times 10^{-7}$ ℃$^{-1}$。

三、实验仪器与材料

1. 实验仪器:HPY—2 型高温卧式膨胀仪、游标卡尺、镊子。

2. 实验材料:待测试样(玻璃棒、铝棒、钢棒、铜棒)。

四、实验内容与步骤

1. 学习掌握 HPY—2 型高温卧式膨胀仪的测试方法。

(1) 实验前确认仪器基座水平安放,调整电炉小车位置时,可自由平稳移动。炉膛与试样保护管不发生擦碰现象。

(2) 打开电源开关,将已量好长度的试样放入试样管中,使测试杆顶着试样一端,并调节好试样水平度。观察仪器液晶屏上的“位移”示数,建议显示数据在 1 000~2 000 μm 时,固定样品位置。

(3) 移动电炉,使试样处于炉膛中部,移动电炉时一定要平稳缓慢,若出现擦碰现象则应立即停止并调节样品保护管位置,防止损坏炉膛和试样管。

(4) 双击打开计算机软件“膨胀分析工具”,启动计算机分析系统。

(5) 点击采集窗口左上角的红色三角形,打开“设置新升温参数”对话框。

(6) 填写“基本设置”的“试样名称”“试样长度”信息。

(7) 选择“数据文件保存位置”。

(8) 填写“分段升温参数表”。

(9) 点击窗口右下角的“检查”按钮,若数据无误则“确认”按钮可以点击,点击“确认”按钮开始实验。

(10) 实验结束后,软件自动保存数据文件到指定位置。

(11) 点击“编辑”菜单下的“导出数据”功能,拷贝数据,关闭电源。

2. 根据导出数据绘制热膨胀曲线。

五、实验报告要求

1. 写出实验目的和基本操作步骤。

2. 记录原始数据,根据实验数据画出热膨胀曲线,求出试样的平均热膨胀系数,确定材料的特征温度。

3. 完成思考题。

六、思考题

1. 热膨胀测试结果的不确定因素有哪些？
2. 实验设备使用过程中，有 Kt 校正，其意义是什么？

七、实验注意事项

1. 打开软件时，观察采集窗口上的“仪器状态”指示是否正常，若显示“脱机” 仪器状态：脱机！ 则应检查膨胀仪是否开机，以及数据线是否连接正常。排除问题后，点击“仪器状态”进行刷新，直至显示“正常” 仪器状态：正常。 。

2. 计算 Kt 校正数据

(1) 若第一次实验，则可在采集界面勾选“采集 Kt 值校正数据”选项，软件会自动在实验过程中计算 Kt 校正值并保存。

(2) 如果想手动更新 Kt 值校正数据，请按以下步骤操作：

① 点击“仪器设置”菜单中的“设备控制及参数校正”选项。

② 选择“Kt 数据文件”选项卡。

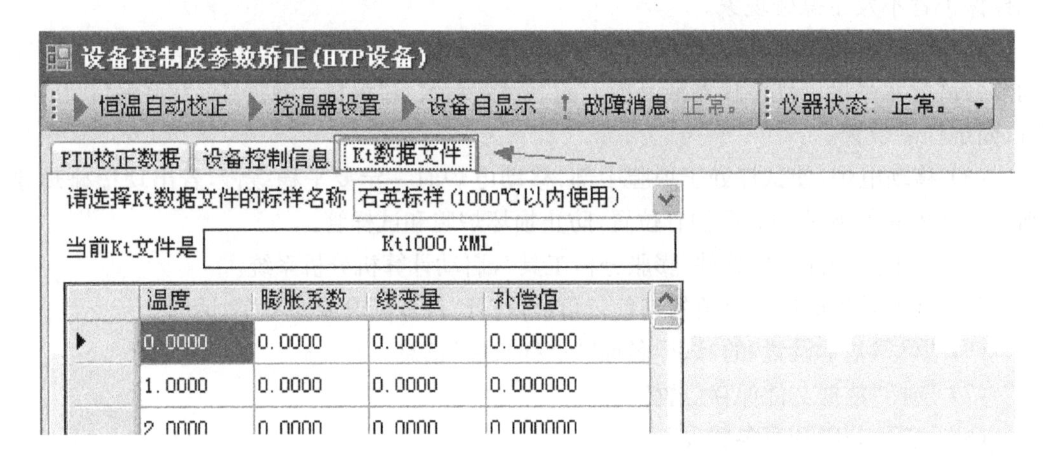

③ 选择石英或刚玉标样数据文件，点击下方“开始校正”按钮。选择对应的标准样品的实验数据文件。

④ 软件自动计算出每个温度下的 Kt 校正数据，点击“保存数据”按钮。

3. 常见故障处理

(1) 不显示炉温或炉温显示异常：热电偶温度信号异常，请检查热电偶是否断裂或引线接触不良。

(2) 炉体不升温：请检查是否接线柱螺丝松动，或硅钼棒断裂。

(3) 电控箱工作正常，但无输出：请检查保险丝烧断或接线柱松动。

4. 仔细阅读实验方法和步骤。

5. 实验过程中注意安全，加热设备操作要更谨慎，实验期间勿随意走动以免烫伤；实验结束后关闭仪器，关闭电源。

八、参考文献

[1] Puneet P., Rao A. M., Podila R. Shape-controlled carbon nanotube architectures for thermal management in aerospace applications[J]. MRS Bulletin, 2015. 40(10):850-855.

[2] Khazaka R, Hanna R. Survey of High-Temperature Reliability of Power Electronics Packaging Components[J]. Power Electronics, IEEE Transactions on, 2015, 30(5): 2456-2464.

[3] Yu G. C., Wu L. Z., Feng L. J. Enhancing the thermal conductivity of carbon fiber reinforced polymer composite laminates by coating highly oriented graphite films[J]. Materials and Design, 2015. 88:1063-1070.

[4] Ryelandt S., Mertens A., Delannay F. Al/stainless-invar composites with tailored anisotropy for thermal management in light weight electronic packaging[J]. Materials and Design, 2015. 85:318-323.

[5] Barron T H K, White G K. Heat capacity and thermal expansion at low temperatures[M]. Springer Science & Business Media, 2012.

[6] Joulia A, Vardelle M, Rossignol S. Synthesis and thermal stability of $Re_2Zr_2O_7$, (Re = La, Gd) and $La_2(Zr_{1-x}Cex)_2O_{7-\delta}$compounds under reducing and oxidant atmospheres for thermal barrier coatings[J]. Journal of the European Ceramic Society, 2013, 33(13): 2633-2644.

[7] 王国梅,万发荣. 材料物理[M]. 武汉:武汉理工大学出版社,2015.

[8] Lin K, Qiu S, Lin B, et al. An Investigation of the Thermal Expansion Coefficient for Resin Concrete with ZrW_2O_8 [J]. Applied Sciences, 2015, 5(3): 367-379.

[9] 李懋强. 热学陶瓷研究进展[J]. 硅酸盐学报,2015,09:1247-1254.

[10] 李宏,林巍. 利用热膨胀仪研究硼硅酸盐玻璃的结构弛豫行为[J]. 硅酸盐学报,2014,09:1167-1172.

[11] Guo L, Zhang Y, Wang C, et al. Phase structure evolution and thermal expansion variation of Sc_2O_3 doped $Nd_2Zr_2O_7$ ceramics[J]. Materials and Design, 2015, 82: 114-118.

实验 29　材料的导热系数测定

一、实验目的

掌握瞬态热线法测定固体、液体、粉体的导热系数。

二、实验原理

导热系数，又称热导率，是表征材料导热能力的物理量，是指单位时间内单位温度变化产生的，垂直于均质材料表面方向的，单位厚度、单位面积上通过的恒定热流。单位是 W/(m・K)，导热系数必须与其被测量的条件相联系，如温度、压力、材料组分系数、试样的方向性和定向性。

瞬态热线法是利用测量热丝的电阻来测量物质导热系数的，基于 1976 年 Healy JJ 提出的理论，其理想模型为：在无限大的各向同性、均匀物质中置入直径无限小、长度无限长、内部温度均衡的线热源，初始状态下二者处于热平衡状态，突然给线源施加恒定的热流加热一段时间，线热源及其周围的物质就会产生温升，由线热源的温升即可得到被测物体的导热系数。其控制方程是简单的傅里叶方程：

$$\frac{\partial T}{\partial t}=a\ \nabla^2 T \tag{29-1}$$

T 为温度，t 为时间，a 为被测物质的热扩散系数，$a=\lambda/\rho C_p$，λ 为被测物质的导热系数，ρ 与 C_p 分别为被测物质的密度和定压比热容。

图 29-1　实验测试图

假设被测物质的物性参数在加热过程中为常数，将初始时刻的线热源与被测物质的温度记为 T_0，任意时刻位置的温升记为 T，则有：

$$\Delta T(r,t)=T(r,t)-T_0$$

由傅立叶方程可写为：

$$\frac{\partial \Delta T(r,t)}{\partial t}=a\ \nabla^2(\Delta T(r,t)) \tag{29-2}$$

初始条件和边界条件分别为：

$$\Delta T(r,0)=0,\quad t\leqslant 0$$

$$\lim_{r\to 0}\left(r\frac{\partial T}{\partial r}\right)=-\frac{q}{2\pi\lambda}=const,\quad t\geqslant 0$$

$$\lim_{r\to\infty}\Delta T(r,t)=0,\quad t\geqslant 0$$

式中：q 为单位长度线热源的加热功率，在模型中假定流体的 α、ρ、λ、C_p 等物性均为恒量，当热源半径 r_0 足够小、t 足够长时，对方程(29 - 2)求解并进行多项展开，可以得到热线的温升为：

$$\Delta T_{id}(r_0,t)=\frac{q}{4\pi\lambda}\ln t+\frac{q}{4\pi\lambda}\ln\left(\frac{4a}{r_0^2c}\right)=A\ln t+B \qquad (29-3)$$

由上式可知，在 $r=r_0$ 处的热线温升与时间的对数成线性关系，因此可以分别从 ΔT - $\ln t$ 线性关系的斜率 A 和截距 B 得到导热系数和热扩散系数，即：

$$\lambda=\frac{q}{4\pi A}=\frac{q}{4\pi(d\Delta T_{id}/d\ln t)}$$

$$a=\frac{r_0c}{4}\exp(B/A),\quad t=1\text{ s} \qquad (29-4)$$

利用瞬态热线法进行导热系数的实验研究，正是基于式(29 - 4)进行的。

从式(29 - 4)中可以看出，只需要知道加到热丝上的单位长度的加热功率以及热丝受热后引起的温升与时间的对数关系，就可以求得导热系数。

瞬态热线法是一种用于测量流体(包括液体、气体)导热系数的方法，具有速度快、精度高的特点。由于瞬态热线法测量液体和气体的导热系数时，测量时间极短，能够成功避免自然对流的影响，且热线既作加热器又作温度计，免去了复杂的装置结构，所以是目前公认最精确的方法之一。瞬态热线法可以分为单热线法与双热线法，单热线与双热线的最大区别在装置主体部分热线数目是一根还是两根。单热线法装置结构相比于双热线装置结构要稍简单，部分学者认为单热线法测量导热系数时无法消除热线的端部效应造成的误差，而瞬态双热线法通过长短两根热线端部效应相抵正好弥补了这个不足。

三、实验仪器与材料

1. 实验仪器：TC 3000 系列导热系数仪(图 29 - 2 所示)。

图 29 - 2　导热系数测试主机、传感器、测试软件(Hotwire3.0)

2. 实验材料：有机玻璃、硼玻璃、不锈钢、乙醇、氧化物粉末。

四、实验内容与步骤

1. 了解导热系数和瞬态热线法的基本原理。

2. 准备试样

对于块状或片状样品，需要准备两块相同材质的样品；样品的最小厚度应大于0.3 mm，最小边长大于2.5 cm，即保证样品将传感器完全覆盖，两块式样尺寸可不一致、边界可不规则；需要保证样品与传感器的接触面尽量平整光滑。

3. 仪器连接

将USB借口连接至计算机；

将传感器连接器连接到测试主机后面面板的传感器端口上并旋紧；

分别连接测试主机和测试计算机电源线，先打开测试主机的电源，然后打开计算机的电源。

① 启动Hotwire 3.0测量软件；

② 温度检测：点击"热平衡监测"按钮，监测被测样品与传感器的温度，但温度波动度小于±50 mK/5分钟的时候，可以结束监测，进入导热系数测量；

③ 导热系数测量：点击"导热系数测量"按钮，选择合适的测试条件，包括测量电压、采集时间、连续采集次数和多次测量的时间间隔(常规默认即可)；

④ 多次测量结束后，软件会自动计算出结果和多次测量的偏差，并展示在分析界面上，可以导出数据或保存；

⑤ 测量结束后，将样品回收，将传感器表面擦拭干净，收回保护套中；

⑥ 关闭测量主机和电脑的电源，实验结束。

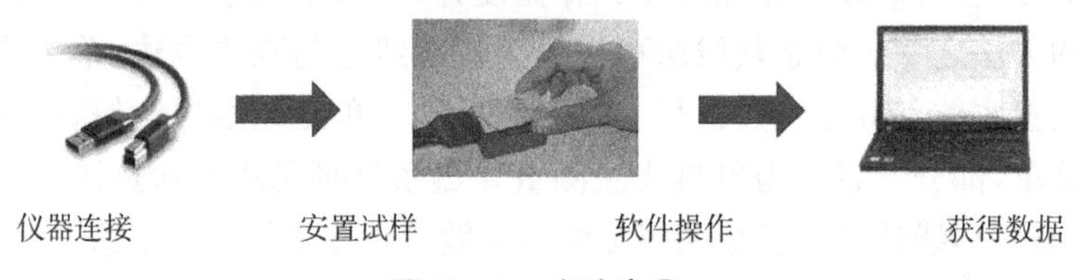

图29-3 实验步骤

五、实验报告要求

1. 写出实验目的和基本操作步骤。

2. 分别测出以下实验样品的导热系数。

(1) 固体：有机玻璃、硼玻璃、不锈钢；

(2) 液体：乙醇；

(3) 粉体：氧化物粉体；

表29-1 导热系数记录表

物质	导热系数 W/(m·K)
有机玻璃	

续表

物质	导热系数 W/(m·K)
硼玻璃	
不锈钢	
乙醇	
氧化物粉体	

3. 完成思考题。

六、思考题

1. 实验中外加电压和材料导热系数之间有什么联系？如何根据实验前对材料导热系数的估值来选取合适的电压？

2. 实验中测试的导热系数大小与什么因素有关？什么情况下测试出的导热系数会偏小？

七、实验注意事项

1. 对于块状或片状样品，需要准备两块相同材质的样品。

2. 样品的最小厚度应大于 0.3 mm，最小边长大于 2.5 cm，即保证样品将传感器完全覆盖，两块式样尺寸可不一致、边界可不规则。

3. 需要保证样品与传感器的接触面尽量平整光滑。

八、参考文献

[1] 张先来，饶保林. 固体电绝缘材料导热系数的测定方法[J]. 绝缘材料，2007(05)：60－62.

[2] 陈成杰，任冬云，张立群，等. 基于瞬态热线法的橡胶粉导热系数的测量分析[J]. 高分子材料科学与工程，2015(03)：118－122.

[3] 李丽新，刘秋菊，刘圣春，等. 利用瞬态热线法测量固体导热系数[J]. 计量学报，2006(01)：39－42.

[4] 肖俐. 热线法测试纺织纤维导热系数的方法研究[D]. 上海：上海工程技术大学，2016.

[5] 阎秋会，刘志刚，阴建民. 瞬态热线法测量流体导热系数的实验研究[J]. 西安建筑科技大学学报(自然科学版)，1997(03)：88－91.

[6] 刘明. 瞬态热线法测量液体导热系数的研究[D]. 杭州：浙江大学，2010.

[7] 陈清华，张国枢，唐明云，等. 松散煤体导热系数测定方法[J]. 煤矿安全，2007(04)：25－27.

[8] 李强，宣益民. 液体导热系数的双线式瞬态热线测试技术[J]. 仪器仪表学报，2005(07)：678－680.

第六部分　材料表面工程实验

实验 30　材料表面润湿角与表面张力的测定

一、实验目的

1. 了解接触角法测定固体表面张力的基本原理。
2. 熟悉表面接触测定仪的操作方法。
3. 掌握用躺滴法测定接触角的实验步骤。

二、实验原理

液体和固体接触时，常常会发现有些液体能润湿固体，有些不能润湿。把水滴在玻璃板上，水会沿板面铺展开来，说明水能润湿玻璃。把水银滴在玻璃板上，水银会缩成珠滴，很容易在玻璃板上滚动，说明水银是不能润湿玻璃的。润湿是在日常生活和生产实际中，如印染[1]、矿物浮选[2]、防水[3]及涂层[4,5]等，最常见的现象之一。在所有这些应用领域中，液体对固体表面的润湿性能均起着极为重要的作用。例如，用于船舶防污的涂料只有当其与海水的接触角大于 98°时，才能防止海生物附着，从而具有防污效果[6]；具有自清洁、高效热传导、优良的生物相容性等特性的超亲水涂膜的应用[7]。实际上，润湿的规律是这些应用的理论基础。从理论上讲，润湿现象为研究固体表面（特别是低能表面）自由能、固—液界面自由能和吸附在固—液界面上的分子的状态提供了方便的途径。因此，接触角的测量无论在材料研究领域，还是在工业领域的应用都具有独特的重要性，有必要对其进行深入了解和研究。

同一液体能润湿某些固体的表面，而不能润湿另外一些表面。例如，水能润湿清洁的玻璃表面，但不能润湿石蜡的表面。这不仅是和固体的表面性能有关，更重要的是和液体与固体两种分子的相互作用有关。所以，润湿本质上是由液体分子与固体分子之间的相互作用力（黏附力）大于或小于液体分子本身相互作用力（内聚力）而决定的。原则上，液体与固体分子之间相互作用力大于液体本身分子相互作用力，则发生润湿；液体分子与固体分子之间相互作用力小于液体分子本身的相互作用力，则不发生润湿[8]。

表面张力是由于固体表面上分子间作用力不平衡而产生的。与固体内部的分子相比较，表面上的分子具有称为内聚能的附加能量，内聚力倾向于将表面减至最小。

固体聚合物的表面张力或表面能，在研究聚合物的某些实际应用中，如黏合、吸附、涂层、印刷和摩擦等方面，有重要的参考价值。但是，固体聚合物又不能像聚合物液体或熔体那样，通过直接测定的方法得到。这只有借助于与固体聚合物有关系的一些间接方法来推算。也就是说，目前固体聚合物的表面张力只能间接测定，较简便的方法就是测定接触角[9]。测定已知表面张力的不同液体在固体聚合物表面的接触角经过数据处理而求得固体聚合物的表面张力[10]。

1. Young 方程[11]

接触角的定义是液滴放在理想平面上，若有一相为气体，由气液界面通过液体与固、液界面所夹的角，如图 30－1 所示。

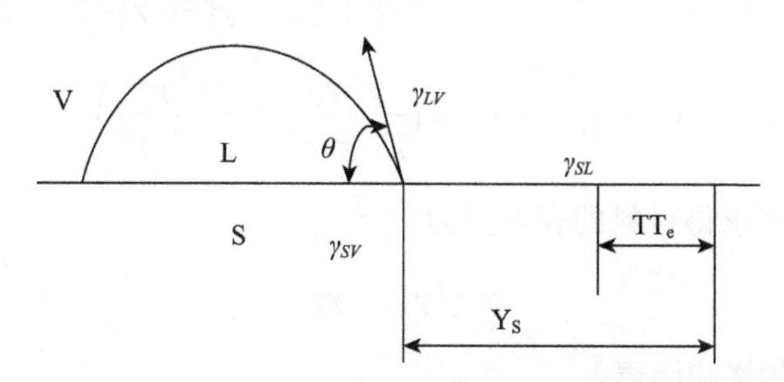

图 30－1　液滴在固体表面上的接触角

Young 方程给出三个界面张力与接触角的关系为：

$$\gamma_{SV}=\gamma_{SL}+\gamma_{LV}\cos\theta \tag{30-1}$$

式中 γ_{SV} 和 γ_{LV} 是与液体的饱和蒸气成平衡时的固体和液体的表面张力（或表面自由能），如图 30－1 所示，设 π_e 是由于吸附了液体饱和蒸气而引起的固体表面自由能的下降，即

$$\pi_e=\gamma_S^0-\gamma_{SV} \tag{30-2}$$

式中 γ_S^0 是固体在真空中的表面自由能。

应当指出，Young 方程的应用条件是理想表面，即指固体表面是组成均匀、平滑、不变形（在液体表面张力的垂直分量的作用下）和各向同性的。只有在这样的表面上，液体才有固定的平衡接触角，Young 方程才可应用。虽然严格而论这种理想表面是不存在的，但只要精心制备，可以使一个固体表面接近理想表面。

上面讨论的固—液界面黏附功为：

$$W_\alpha=\gamma_{SL}-\gamma_{SV}-\gamma_{LV}=\gamma_{LV}(\cos\theta+1) \tag{30-3}$$

2. 接触角与表面张力的关系

按 Fowkes 的理论认为[12]有机化合物的表面张力主要是由表面张力的色散分量 γ^d 和极性分量 γ^p 构成，即 $\gamma=\gamma^d+\gamma^p$，同理，有：$W_a=W_a^d+W_a^p$

运用调和平均法，经过一系列近似，得到

$$W_\alpha^d=\frac{4\gamma_L^d\gamma_S^d}{\gamma_L^d+\gamma_S^d} \tag{30-4}$$

$$W_\alpha^p=\frac{4\gamma_L^p\gamma_S^p}{\gamma_L^p+\gamma_S^p} \tag{30-5}$$

所以

$$\gamma_L(\cos\theta+1)=4\left(\frac{\gamma_L^d\gamma_S^d}{\gamma_L^d+\gamma_S^d}+\frac{\gamma_L^p\gamma_S^p}{\gamma_L^p+\gamma_S^p}\right) \tag{30-6}$$

选用两种已知表面张力 γ_1、γ_2 的不同液体，分别测出它们在固体聚合物上的接触角 θ_1 和 θ_2，代入(6)式则得：

$$\gamma_1(\cos\theta_1+1)=4\left(\frac{\gamma_1^d\gamma_S^d}{\gamma_1^d+\gamma_S^d}+\frac{\gamma_1^p\gamma_S^p}{\gamma_1^p+\gamma_S^p}\right) \tag{30-7}$$

$$\gamma_2(\cos\theta_2+1)=4\left(\frac{\gamma_2^d\gamma_S^d}{\gamma_2^d+\gamma_S^d}+\frac{\gamma_2^p\gamma_S^p}{\gamma_2^p+\gamma_S^p}\right) \tag{30-8}$$

解得 γ_s^p、γ_s^d，从而求得材料的表面张力

$$\gamma=\gamma_S^d+\gamma_S^p \tag{30-9}$$

3. 接触角测定的影响因素

(1) 接触角滞后的影响[13]

通常液滴体积在一定程度内发生增大或缩小的变化，不会影响液滴底面面积的变化，只有液滴的曲面发生变化而影响接触角的变化，接触角变大后称为前进接触角，接触角缩小后称为后退接触角，前进接触角与后退接触角之差值，则称为接触角的滞后。接触角的滞后对接触角的测量带来较大的影响，使得接触角所测值的重现性不好。产生接触角滞后的原因除了液膜的弹性外，还有固体表面粗糙不平与表面组成不均匀，表面受到污染和表面的不流动性等。

(2) 固体表面的粗糙度的影响[14]

固体表面及本体内部的原子排列都是固定的，不能随意自由移动。固体表面有种种缺陷，因而表面能也是不均匀的，而且固体表面的微观形貌总是高低不平的。研究表明，当接触角＞90°时，表面粗糙化将使接触角变大；接触角＜90°时，表面粗糙化将使接触角变小。

(3) 空气相对湿度的影响

例如，四溴乙烷液体滴到石英片上，当空气的相对湿度从 40％变化到 80％时，接触角会引起 15°～25°的变化。在一固定的环境下，相对湿度在一天之内发生这样的变化是完全可能的，在不同的日期或不同的地点，引起这样的湿度变化可能性会更大。当空气的湿度达到饱和程度时，仪器测得固体表面与四溴乙烷的接触角为玻璃 36°、石英 37°、石膏 37.5°、云母 39°、天青石 38°。也即空气、四溴乙烷和固体之间的接触角变得和固体表面的本性没有太大的关系。其原因是在饱和湿度下，固体表面吸附的水蒸气膜足以掩盖固体表面本身的特性。

(4) 固体表面不均匀性的影响

固体表面的不均匀性或多相性也会造成接触角的滞后。例如，固体表面的各部分对液体的相互作用力不同，则与液体相互作用力弱的那部分固体表面测出的是前进接触角，而与液体相互作用力强的那部分固体表面，测出的是后退接触角。不同材料组成的复合

表面，对接触角也有类似的影响。

(5) 表面污染的影响

无论是液体还是固体表面的污染，对接触角均会有影响。例如，水对非常清洁的玻璃或某些金属表面是完全能够润湿的，这时的接触为零或趋近于零。若玻璃表面上沾染了油污，与水接触时，则大部分油将在水面上展开成油膜，而使接触角发生变化。表面的污染，往往是由于液体或固体表面的吸附作用引起，从而使接触角发生变化。由此可以设想，使用不干净的仪器或用手指触摸了试样，都会影响接触角测定的准确性。同一种固体，表面经不同的预处理或是结晶条件不同，也会影响接触角。

由于影响接触角的因素很复杂，在测定时要考虑上述因素的影响，尽可能控制测定环境的温度、湿度、液体的蒸汽压、液体与固体的清洁度和试样表面的粗糙度等。

三、实验仪器与材料

1. 实验仪器：JC2000D 接触角测定仪

JC2000D 接触角测定仪主要用于测量液体对固体的接触角，即液体对固体的浸润性，也可测量外相为液体的接触角。该仪器能测量各种液体对各种材料的接触角，例如块状材料、纤维材料、纺织材料等，粉末样品在压片后也可测量。同时此系列仪器可测量和计算表面/界面张力、CMC、液滴形状尺寸、表面自由能。

该仪器包括样品台、进样器、CCD 光学系统、背景光控制系统和电脑软件控制系统几部分组成。仪器外形如图 30－2 所示。

图 30－2　JC2000D 接触角测定仪

2. 实验材料：实验试样材料为 PE、PTFE、PVC 等高分子材料以及不锈钢、碳化硅、陶瓷等；测试液选用水和二碘甲烷。

四、实验内容与步骤

1. 实验内容

学习表面接触测定仪的操作方法；学习躺滴法测定接触角的实验步骤，并熟练操作；思考分析影响接触角测定的影响因素。

2. 实验步骤

① 将主机打开，点击 JC2000D 测试软件。

② 手动调整微量进样器升降台升高至合适位置，将微量进样器放置稳定，拧紧上部固定螺栓，下部固定夹片逆时针旋转。

③ 放置样品，调整倾斜台旋钮，确保样品水平放置。

④ 下降微量进样器升降台，接近样品时候观察屏幕监视画面，减缓下降速度。

⑤ 接近样品时，旋动进样器旋钮，两圈半（5 μL），液滴即悬挂针头下部。

⑥ 将微量进样器升降台继续下降，直至液滴接触样品后，缓慢抬起。

⑦ 拍摄图片，并用量角法进行角度的测量。

⑧ 重复以上实验步骤三次，将三次接触角数值取平均值。

⑨ 将液体换成其他液体，或者试样换成其他材料，再进行实验，测定不同液体在不同材料试样上的接触角。

⑩ 测量完毕，关闭光源，关闭软件以及计算机电源。升降台上升至安全高度，取下微量进样器，挤出剩余液体，并清洗后放置在盒内。将防尘罩盖在机器上。

五、实验报告要求

1. 写出实验目的和基本操作步骤。
2. 测定给定实验材料的接触角，讨论影响接触角测定的主要因素。
3. 根据接触角计算相应材料的表面张力。
4. 完成思考题。

六、思考题

1. 表面张力测定在材料研究中有哪些应用？
2. 设计测定接触角的其他方法？

七、实验注意事项

1. 读取接触角方法

移动目镜中十字线作液滴的切线，目镜中的角度就是接触角 θ。取液滴圆弧上的中心点读取这个角，这个角的 2 倍就是接触角 θ。（几何定理可证明）

① 先转动目镜刻线的两条十字线与液滴两侧相切。

② 工作台上移，使目镜中的圆心与液滴的定点重合。

③ 转动目镜的十字线，使它通过液滴的顶点，圆弧和平面的两个交点，这时在目镜中读出的角度的 2 倍即为接触角。

2. 液体表面张力

已知水、二碘甲烷的表面张力如表 30 - 1 所示。

表 30 - 1　水、二硅甲烷的表面张力

液体	表面张力（20℃，10^{-3} N/M）		
	γ	γ^d	γ^p
水	72.8	22.1	50.7
二碘甲烷	50.8	44.1	6.7

八、参考文献

[1] Li X, Banham D, Feng F, et al. Wettability of colloid-imprinted carbons by

contact angle kinetics and water vapor sorption measurements[J]. Carbon, 2015, 87: 44 - 60.

[2] 范桂侠,曹亦俊,张峰伟. 微细粒钛铁矿和钛辉石的表面润湿性与自由能[J]. 中国矿业大学学报,2014,06:1051 - 1057.

[3] 王奔,念敬妍,铁璐,等. 稳定超疏水性表面的理论进展[J]. 物理学报,2013,14:370 - 384.

[4] 刘娟娟,桑可正,韩璐,等. Al_2O_3 陶瓷表面化学气相沉积 Ni 涂层及其与 Cu 润湿性[J]. 硅酸盐学报,2014,03:397 - 401.

[5] 刘宗德,董世运,白树林. 颗粒增强金属基复合材料涂层的制备及其特性与应用[J]. 复合材料学报,2013,01:1 - 13.

[6] 解来勇,洪飞,刘剑洪,等. 海洋防污高分子材料的综合设计和研究[J]. 高分子学报,2012,01:1 - 13.

[7] 邵菲,郝红,樊安,等. 超亲水性涂膜的研究及应用[J]. 材料导报,2014,21:63 - 67.

[8] 王中平,孙振平,金明. 表面物理化学[M]. 上海:同济大学出版社,2015.

[9] 杨浩邈,刘娜,孙静,等. 接触角测量方法及其对纤维/树脂体系的适应性研究[J]. 玻璃钢/复合材料,2014(1):17 - 23.

[10] 鲍雪,陆太进,魏然,等. 表面接触角的测量及表面张力在宝玉石鉴定中的应用[J]. 岩矿测试,2014,33(5):681 - 689.

[11] Lu J, Zhang H, Wei D, et al. A method for determining surface free energy of bamboo fiber materials by applying Fowkes theory and using computer aided machine vision based measurement technique[J]. Journal of Shanghai Jiaotong University (Science), 2012, 17: 593 - 597.

[12] Nishiyama T, Yamada Y, Ikuta T, et al. Metastable Nanobubbles at the Solid - Liquid Interface Due to Contact Angle Hysteresis[J]. Langmuir, 2015, 31(3): 982 - 986.

[13] Bottiglione F, Carbone G, Persson B N J. Fluid contact angle on solid surfaces: Role of multiscale surface roughness[J]. The Journal of chemical physics, 2015, 143(13): 134705.

实验 31　BET 法测定多孔材料的比表面实验

一、实验目的

掌握 BET 法测定多孔材料比表面积和孔径分布的方法。

二、实验原理

比表面积、孔径分布和孔体积是多孔材料十分重要的物性常数。比表面积是指单位质量固体物质具有的表面积值，包括外表面积和内表面积；孔径分布是多孔材料的孔体积相对于孔径大小的分布；孔体积是单位质量固体物质中一定孔径分布范围内的孔体积值。等温吸脱附线是研究多孔材料表面和孔的基本数据。一般来说，获得等温吸脱附线后，方能根据合适的理论方法计算出比表面积和孔径分布等。因此，必须简要说明等温吸脱附线的测定方法。

所谓等温吸脱附线，即对于给定的吸附剂和吸附质，表现为在一定的温度下，吸附量(脱附量)与一系列相对压力之间的关系。最经典、最常用的测定等温吸脱附线的方法是静态氮气吸附法，该法具有优异的可靠度和准确度，采用氮气为吸附质，因氮气是化学惰性物质，在液氮温度下不易发生化学吸附，能够准确地给出吸附剂物理表面的信息，基本测定方法如下：先将已知质量的吸附剂置于样品管中，对其进行抽空脱气处理，并可根据样品的性质适当加热以提高处理效率，目的是可定量转移气体的托普勒泵相吸附剂导入一定数量的吸附气体(氮气)，吸附达到平衡时，用精密力传感器测得压力值。因样品管体积等参数已知，根据压力值可算出未吸附氮气量。用已知的导入氮气重量扣除此值，便可求得此相对压力下的吸附量。继续用托普勒泵定量导入或移走氮气，测出一系列平衡压力下的吸附量，便可获得等温吸脱附线。

获取等温吸附线后，需根据样品的孔结构的特性，选择合适的理论方法推算出表面积和孔分布数据。一般来说，按孔平均宽度来分类，可分为微孔(<2 nm)、中孔(2～50 nm)和大孔(>50 nm)，不同尺寸的孔道表现出不同的等温吸附特性。对于沸石分子筛而言，其平均孔径通常在 2 nm 以下，属微孔材料。由于微孔孔道的孔壁间距非常小，宽度相当于几个分子的直径总和，形成的势场能要比间距更宽的孔道高，因此表面与吸附质分子间的相互作用更加强烈。在相对压力很低的情况下，微孔便可被吸附质分子弯曲充满。通常情况下，微孔材料呈现Ⅰ型等温吸附线型，如图 31－1 所示。这类等温线以有一个几乎水平的平台为特征，这是由于在较低的相对压力下，微孔发生毛细孔填充。当孔完全充满后，内表面失去了继续吸附分子的能力，吸附能力急剧下降，表现出等温吸附线的平台。当在较大的相对压力下，由

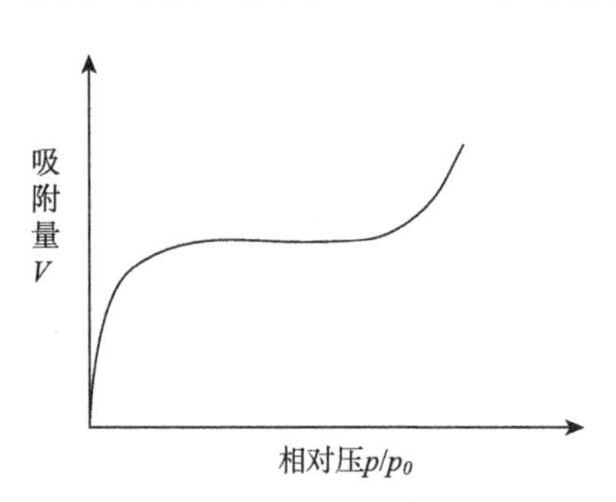

图 31－1　Ⅰ型等温吸附曲线

微孔材料颗粒之间堆积形成的大孔径间隙孔开始发生毛细孔凝聚现象，表现出吸附量有所增加的趋势，即在等温吸附线上表现出一陡峭的“拖尾”。

由于 BET 方程适用相对范围为 0.05～0.3，该压力下沸石分子筛的微孔已发生毛细孔填充，敞开平面上朗格缪尔(Lagmuir)理想吸附模型也不合适，均会带来较大误差。目前常采用 D—R 方程来推算微孔材料的比表面积，尽管该法仍不十分完善。

1947 年，杜比宁(Dubinin)和瑞德凯文斯(Radushkevich)提出了一个由吸附等温线的低中压部分来描述微孔吸附的方程，即 D—R 方程，他们认为吸附势 A 满足以下方程。

$$A = RT\ln(p_0/p) \tag{31-1}$$

式中 p 为平衡压力；p_0 为饱和压力。

引入一个重要的参数 θ—微孔填充度。

$$\theta = W/W_0 \tag{31-2}$$

式中 W_0 为微孔总体积；W 为一定相对压力下已填充的微孔体积。

假设 θ 为吸附势 A 的函数，则

$$\theta = \varphi(A/\beta) \tag{31-3}$$

式中 φ 为微孔直径，β 为由吸附质决定的一个特征常数。

假设孔分布为高斯(Gauss)分布，于是

$$\theta = \exp\left[-k\left(\frac{A}{B}\right)^2\right] \tag{31-4}$$

式中 k 为特征常数。

将式(31-2)和(31-4)代入式(31-1)，得 D—R 方程：

$$W = W_0\exp\left[-\frac{k}{\beta^2}(RT\ln p_0/p)^2\right] \tag{31-5}$$

变化后可得

$$\lg W = \lg W_0 - D[\lg(p_0/p)]^2 \tag{31-6}$$

式中 $D = B(T/\beta)^2$，β 为吸附剂结构常数。

因此，在一定相对压力范围内以 $\lg W$ 对 $(\lg p_0/p)^2$ 作图可得到一条直线，通过截距值可计算出微孔总体积 W_0。

比表面积还需借助另外一个近似公式来推算。Stoeckli 等人指出，假设微孔为狭长条形，则微孔的平均宽度 L_0 与吸附能 E_0 有关，关系式如下。

$$L_0 = 10.8/(E_0 - 11.4) \tag{31-7}$$

式中 L_0 为微孔的平均宽度，单位是 nm；E_0 为吸附能，单位是 kJ/mol。吸附能 E_0 由吸附质和微孔材料的表面性质决定。于是，比表面积可通过下式计算得到

$$S = 2\,000W_0/L_0 \tag{31-8}$$

同样，由于微孔环境的特殊性，其孔径分布的计算也有别于中孔和大孔材料。目前，有两种理论可以较好地描述微孔孔径分布，即 Horvath-Kawazoe(DHK)方程和 Density Functional Theory(DFT)方程，后者非常复杂，此处仅简要说明 DHK 方程。

1983 年，霍尔特(Horvath)和川添(Kawazoe)二人提出了 DHK 方程，认为微孔吸附势能 φ 满足以下方程：

$$\varphi=\frac{N_1A_1+N_2A_2}{(2\sigma)^4}\left[\left(\frac{\sigma}{d+z}\right)^{10}+\left(\frac{\sigma}{d-z}\right)^{10}-\left(\frac{\sigma}{d+z}\right)^{4}-\left(\frac{\sigma}{d-z}\right)^{4}\right] \quad (31-9)$$

式中 N_1、N_2、A_1、A_2 分别由吸附数量、吸附质和孔壁原子的极性、直径等决定；d 和 z 分别是微孔半径和吸附质原子与孔心的间距；σ 由两者决定。

势能函数 U_0 可用以下方程描述

$$RT\ln(p/p_0)=U_0+P_a \quad (31-10)$$

式中 P_a 描述吸附质和孔壁的相互作用。

联立式(31－9)和(31－10)两个方程式

$$RT\ln(p/p_0)=K\frac{N_1A_1+N_2A_2}{(2\sigma)^4(2d-\sigma_1-\sigma_2)}\int_{-z}^{z}\left[\left(\frac{\sigma}{d+z}\right)^{10}+\left(\frac{\sigma}{d-z}\right)^{10}-\left(\frac{\sigma}{d+z}\right)^{4}-\left(\frac{\sigma}{d-z}\right)^{4}\right]dz$$

积分后得

$$\ln(p/p_0)=\frac{K}{RT}\frac{N_1A_1+N_2A_2}{\sigma^4(2d-\sigma_1-\sigma_2)}\left[\frac{\sigma^{10}}{9\left(\frac{\sigma_1+\sigma_2}{2}\right)^9}-\frac{\sigma^4}{3\left(\frac{\sigma_1+\sigma_2}{2}\right)^3}-\frac{\sigma^{10}}{9\left(2d-\frac{\sigma_1+\sigma_2}{2}\right)^9}-\frac{\sigma^4}{3\left(2d-\frac{\sigma_1+\sigma_2}{2}\right)^3}\right] \quad (31-11)$$

上述方程描述出微孔孔径和相对压力之间的关系，因已假设微孔为狭长条形，一定孔径对应的孔体积 W 可通过数学公式求出，因此可得到微孔体积相对于孔径的分布曲线，即孔径分布图。

三、实验仪器与材料

1. 实验仪器：比表面积和孔径分析仪 1 套，如图 31－2 所示；电子天平 1 台。
2. 实验材料：沸石分子筛。

四、实验内容与步骤

1. 实验内容

图 31－2　V-Sorb 2800 比表面积和孔径分析仪

了解静态氮吸附法测定多孔材料比表面积和

孔径分布的基本原理。

2. 实验步骤

用精度为万分之一的电子天平准确称取 0.2 g 左右的干燥分子筛粉末，转移至吸附仪样品管中，用少量真空油脂均匀涂抹玻璃磨口，套上考克并旋紧阀门，接入吸附仪的预处理脱气口。设置预处理温度为 300℃，缓慢打开考克阀门。样品处理的目的是使样品表面清洁。约处理 2 h 后，转移至吸附仪测试口上进行氮气等温吸附线的测定。测试完毕后，取下样品管，回收样品并清洁样品管。

五、实验报告要求

1. 写出实验目的和基本操作步骤。

2. 测定给定实验材料的比表面积、平均孔径和孔径体积数据。

用 Milestone—200 软件分别处理 NaA、NaY 和 ZSM—5 分子筛的数据，其中比表面积和微孔体积的计算选用 Dubinin 法，孔径分布用 Horv. /Kaw 法。记录各样品的比表面积、平均孔径和孔径体积数据(表 31 - 1)，并打印孔径分布图。

表 31 - 1　实验数据记录表

分子筛	产量 /g	比表面积 /(m^2/g)	微孔体积 /(cm^2/g)	平均孔径 /nm
NaA 型				
NaY 型				
ZSM—5 型				

3. 完成思考题。

六、思考题

进行等温吸附线测试前，为何要对样品进行抽真空和加热处理?

七、实验注意事项

1. 在对样品进行测试之前要对样品进行抽真空和加热处理。

2. 严禁将样品管在低温和加热状态之间随意转移，否则可能导致样品管破裂。通常需待管温和室温无太大差别后，再进行操作。

八、参考文献

[1] 顾惕人. BET 法测定固体的比表面[J]. 化学通报，1963(1):8 - 14.

[2] 刘培生. 多孔材料比表面积和孔隙形貌的测定方法[J]. 稀有金属材料与工程，2006(S2):25 - 29.

[3] 何长彪，夏幽兰. 流动吸附色谱法测定固体比表面和微孔分布(一):固体比表面的测定[J]. 贵金属，1979(2):45 - 57.

[4] 中国科学院大连化学物理研究所.流动吸附色谱法测定固体表面积和细孔分布[J].石油化工,1976(4):384-392.

[5] 陈小娟,张伟庆,余小岚,等.适用于本科教学的BET比表面测定实验[J].大学化学,2017(07):60-67.

实验 32　电镀实验

一、实验目的

1. 了解电镀的主要装置。

2. 了解电镀镍过程及工艺参数对电镀质量的影响。

二、实验原理

电镀是指在含有欲镀金属的盐类溶液中，在直流电的作用下，以被镀基体金属为阴极，以欲镀金属或其他惰性导体为阳极，通过电解作用，在基体表面上获得结合牢固的金属膜的表面技术。电镀过程宏观上是一个电解过程；而微观上是一个电沉积过程，即在外电流的作用下，反应粒子（金属离子或络离子）在阴极表面发生还原反应并生成新相——金属的过程。亦称为电结晶过程。

实验选用工程上常用的碳素结构钢 45＃钢作为基体。考虑到实验用量，将一定直径的 45＃钢棒材用车刀加工成一批 φ58 mm×5 mm 的圆片。为便于悬挂，在距离其边缘 1.0 mm 处，钻一直径 3.0 mm 的圆孔。在试样的边缘靠近小孔的地方打上钢印编号，以备不同工艺参数实验时容易区分。实验前，45＃钢片须经打磨、除油、脱脂、水洗、干燥等处理。先用 400＃水砂纸打磨，去除加工痕迹，然后再用 600＃、800＃、1000＃水砂纸逐一打磨，直至其表面粗糙度达到约 0.03 μm。之后进行除油，除油溶液配比为：氢氧化钠(NaOH)50～60 g/L、碳酸钠(Na_2CO_3)70～80 g/L、水(H_2O)1 000 ml。加热到 50℃状态下使用，煮沸 20～30 min。经过稀盐酸溶液(0.5%wt)活化处理 30 s。丙酮浸泡脱脂，用流动水冲洗，烘干后备用。

实验采用瓦特型(Watt's type)电镀溶液，其组成和实验条件如表 32－1 所示。

表 32－1　电镀液成分及工艺参数

镀液组分	浓度(g/L)	工艺参数	数值
$NiSO_4 \cdot 6H_2O$	240	pH	3.0～5.5
$NiCl_2 \cdot 6H_2O$	45	温度(℃)	50
H_3BO_3	30	电流密度，i(A/dm^2)	2.5～22.5
Na_2SO_4	20	搅拌速度，ω(r/min)	300～750

镀液中各成分作用如下：

(1) 硫酸镍：硫酸镍是电镀溶液的主成分，是主盐，它是阴极沉积的镍离子的供给源。一般对于确定的电镀溶液来说，主盐都有一个适宜的范围与电镀液中其他成分维持适当的浓度比值。硫酸镍的含量低，镀液分散能力好，镀层结晶细致，易于抛光，但阴极电流效率和极限电流密度低，沉积速度慢。硫酸镍含量高，可使用的电流密度较大，沉积速度快，但电镀液分散能力稍差。

(2) 氯化镍:仅用硫酸镍的镀液,在通电之后镍阳极表面很容易钝化,影响镍阳极的离子化,使电镀液中的镍离子含量迅速减少,导致电镀液性能恶化。加入氯离子能显著降低阳极极化,促进阳极溶解,它是阳极去极化剂。此外,氧离子还可以提高镀液的导电性,增加镀液的极化度,使镀液的分散能力改善。因而氯离子是镀镍溶液中不可缺少的成分.但是氯离子含量过高时,会引起阳极过腐蚀,产生大量阳极泥,使镀层粗糙并形成毛刺。因而氯离子含量应该严格控制。可以用 NaCl 做阳极活化剂。为避免钠离子的影响,一般用 $NiCl_2$ 较适宜。

(3) 硼酸:在镀镍时由于氯离子在阴极的放电作用,使镀液 pH 值逐渐升高。当 pH 值过高时,阴极周围的氢氧根离子会以金属氢化物的形式夹杂于镀层中,使镀层的外观和机械性能恶化。硼酸是一种弱酸,起缓冲剂的作用。它在水溶液中会离解出 H^+,对电镀液的 pH 值起到缓冲作用,使镀液的 pH 值相对稳定。如果镀液中硼酸含量过低,缓冲作用太弱,pH 值不稳定:但硼酸含量过高,因为它的溶解度小,在室温时容易结晶析出,造成镀层毛刺和原料浪费。故一般应根据温度控制硼酸含量在 30～45 g/L。

(4) 硫酸钠:硫酸钠是用作提高溶液的导电性能。在镀镍溶液中,由于主盐的电导率较高,因此主盐又起导电盐的作用。导电率高的镀液的分散能力好,所需的槽电压低,镀液中需要加入一些导电盐。

(5) 十二烷基磺酸钠:十二烷基磺酸钠的加入可以防止氢气的析出,从而降低镀层的孔隙率,提高阴极的电流效率,是常用的润湿剂。

如图 32－1 所示是垂直挂件的实验装置。

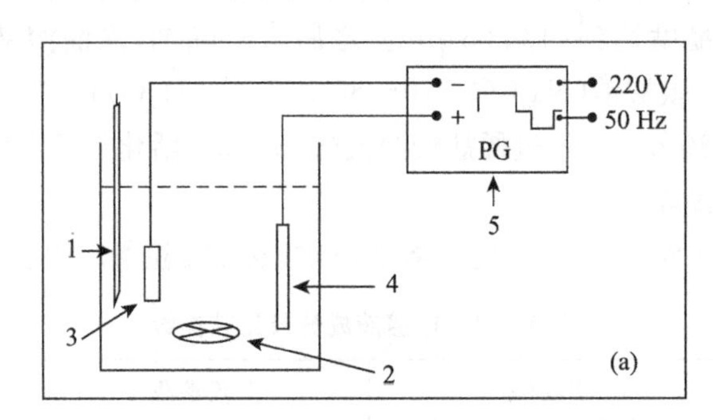

图 32－1　电镀实验装置示意图

1. 温度器;2. 搅拌器拌子;3. 阴极;4. 阳极;5. 脉冲电源

电镀时,电源用双脉冲电镀电源,电镀溶液盛放在由烧杯容器中,烧杯放在数显恒温水浴锅中,通过恒温水浴锅恒定镀液温度,采用 pH—4.5 型数字酸度计测定镀液的 pH 值,用 H01—1B 型磁力搅拌器对电镀溶液进行搅拌。所用试剂均为分析纯,用去离子水配置电镀溶液。以纯镍板作阳极,45＃钢片作阴极,非镀面用 PVC 胶带绝缘。将处理好的阴极基体如图 1 实验装置所示放置,接好电线,通直流电进行电镀。温度控制在 50℃左右。电镀过程中采用机械搅拌方式搅拌溶液,速率控制在 300 r/min。阴极电流密度为 2 A · dm^{-2} 左右,电镀时间 240 min。电镀一定时间后取出试样,先用水冲洗,接着用超声清洗 10 分钟,水洗、干燥。相同工艺条件下共做多个实验,以备各种参数表征及性能测试。

三、实验仪器和材料

1. 实验仪器：脉冲直流稳压电源，玻璃镀槽，以及其他实验设备如表 32－2 所示。

表 32－2　实验用仪器设备

仪器名称	生产厂家	型号
双向脉冲电镀电源	河北大禹	SMC—30S
电热恒温水浴锅	江苏金坛医疗仪器厂	HH—S
数显恒温磁力搅拌器	上海梅颖浦仪器仪表制造有限公司	H01—1B
pH 计	上海精密科学仪器有限公司	pHS—25
超声波清洗器	江苏金坛荣华仪器制造有限公司	DF—S

2. 实验材料：热轧镍板，欲镀零件(45 钢)。

四、实验内容与步骤

1. 实验内容

熟悉镀镍装置的各种仪器、配件名称及作用；配制酸性镀镍电解液；观察镀镍工艺过程；检查镍镀层质量，分析工艺参数对镀层质量的影响。

2. 实验步骤

① 正确连接电镀设备的电源和电极；
② 配制酸性镀镍电解液；
③ 将电解液倒入玻璃镀槽，放入电极和零件并接通直流电源；
④ 观察镍镀层形成过程，注意电流密度和搅拌情况对电镀的影响；
⑤ 检查镀层的外观、结合力和孔隙率。

五、实验报告要求

1. 写出实验目的和基本操作步骤。
2. 说明电镀装置的主要名称及作用；叙述酸性镀镍电解液的主要成分和作用。
3. 分析影响镀层质量的主要因素。

六、思考题

结合实验，简述金属电镀的基本原理与过程。

七、实验注意事项

1. 电解液化学品有一定的腐蚀和污染，实验和观察过程中应避免手、皮肤直接接触；
2. 实验完成后电解液必须倒入专用容器集中处理，不能随意倒入下水道，避免污染和腐蚀环境。镀槽和电极零件应清洗干净。

八、参考文献

[1] 黄惠,周继禹,何亚鹏,等.表面工程原理与技术[M].北京:冶金工业出版社,2022.

[2] 曾晓雁,吴懿平.表面工程学[M].2版.北京:机械工业出版社,2016.

[3] 徐滨士,朱邵华、刘世参.材料表面工程技术[M].哈尔滨:哈尔滨工业大学出版社,2014.

[4] 戴达煌,周克崧,袁镇海,等.现代材料表面技术科学[M].北京:冶金工业出版社,2004.

实验 33　等离子喷涂法制备涂层

一、实验目的

等离子喷涂是材料表面工程领域中应用非常广泛的一项技术。通过实验使学生加深对课堂教学内容的理解，培养学生思考问题、解决问题的能力，提高实际动手能力。要求学生熟悉和掌握等离子喷涂方法、喷涂工艺流程及喷涂设备的工作原理，使学生熟悉和掌握电弧喷涂的方法及设备的使用。

二、实验原理

1. 等离子喷涂设备的工作原理

等离子弧喷涂是利用非转移等离子弧作为热源，把难熔的金属或非金属粉末材料送入弧中快速熔化，并以极高的速度将其喷散成极细的颗粒撞击到工件表面上，从而形成一很薄的具有特殊性能的涂层。等离子弧喷涂涂层与工件表面的结合基本属于机械结合。当粉末涂层材料被等离子弧焰熔化并从喷枪口喷出以后，在高速气流作用下喷散成雾状细粒，并撞击到工件表面，被撞扁的细粒就嵌塞在已经粗化处理的清洁表面上，然后凝固并与母材结合。随后的颗粒喷射到先喷的颗粒上面，填塞其间隙中而形成完整的喷涂层。

2. 等离子喷涂过程中最主要的工艺参数及其影响

主要工艺参数：等离子气体、电弧的功率、供粉、喷涂距离和喷涂角、喷枪与工件的相对运动速度、基体温度控制。

(1) 等离子气体

气体的选择原则主要根据是可用性和经济性，氮气便宜，且离子焰热焓高，传热快，利于粉末的加热和熔化，但对于易发生氮化反应的粉末或基体则不可采用。氩气电离电位较低，等离子弧稳定且易于引燃，弧焰较短，适于小件或薄件的喷涂，此外氩气还有很好的保护作用，但氩气的热焓低，价格昂贵。

气体流量大小直接影响等离子焰流的热焓和流速，从而影响喷涂效率，涂层气孔率和结合力等。流量过高，则气体会从等离子射流中带走有用的热，并使喷涂粒子的速度升高，减少了喷涂粒子在等离子火焰中的“滞留”时间，导致粒子达不到变形所必要的半熔化或塑性状态，结果是涂层黏接强度、密度和硬度都较差，沉积速率也会显著降低；相反，则会使电弧电压值不适当，并大大降低喷射粒子的速度。极端情况下，会引起喷涂材料过热，造成喷涂材料过度熔化或汽化，引起熔融的粉末粒子在喷嘴或粉末喷口聚集，然后以较大球状沉积到涂层中，形成大的空穴。

(2) 电弧的功率

电弧功率太高，电弧温度升高，更多的气体将转变成为等离子体，在大功率、低工作气体流量的情况下，几乎全部工作气体都转变为活性等粒子流，等粒子火焰温度也很高，这可能使一些喷涂材料气化并引起涂层成分改变，喷涂材料的蒸汽在基体与涂层之间或涂层的叠层之间凝聚引起粘接不良。此外还可能使喷嘴和电极烧蚀。而电弧功率太低，则得到部分离子气体和温度较低的等离子火焰，又会引起粒子加热不足，涂层的黏结强度，硬度和沉积效率较低。

(3) 供粉

供粉速度必须与输入功率相适应，过大，会出现生粉(未熔化)，导致喷涂效率降低；过低，粉末氧化严重，并造成基体过热。

送料位置也会影响涂层结构和喷涂效率，一般来说，粉末必须送至焰心才能使粉末获得最好的加热和最高的速度。

(4) 喷涂距离和喷涂角

喷枪到工件的距离影响喷涂粒子和基体撞击时的速度和温度，涂层的特征和喷涂材料对喷涂距离很敏感。喷涂距离过大，粉粒的温度和速度均将下降，结合力、气孔、喷涂效率都会明显下降；喷涂距离过小，会使基体温升过高，基体和涂层氧化，影响涂层的结合。在机体温升允许的情况下，喷距适当小些为好。

喷涂角：指的是焰流轴线与被喷涂工件表面之间的角度。该角小于45°时，由于“阴影效应”的影响，涂层结构会恶化形成空穴，导致涂层疏松。

(5) 喷枪与工件的相对运动速度

喷枪的移动速度应保证涂层平坦，不出线喷涂脊背的痕迹。也就是说，每个行程的宽度之间应充分搭叠，在满足上述要求前提下，喷涂操作时，一般采用较高的喷枪移动速度，这样可防止产生局部热点和表面氧化。

(6) 基体温度控制

较理想的喷涂工件是在喷涂前把工件预热到喷涂过程要达到的温度，然后在喷涂过程中对工件采用喷气冷却的措施，使其保持原来的温度。

3. 等离子喷涂过程中常见工艺问题及涂层表面容易产生的缺陷

缺陷包括：起粒、垂流、橘皮、泛白、气泡、收缩、起皱。

三、实验仪器与材料

1. 实验仪器：空气压缩机系统、冷却系统(水冷机)、抽风系统、Metco 9MB大气等离子喷涂设备(主要包括六轴机器人、喷枪、控制柜、送粉器、配电柜)(图33-1所示)。

图33-1 大气等离子喷涂设备

2. 实验材料：喷砂、喷涂试件等。

四、实验内容与步骤

1. 实验内容

正确对喷涂前的金属基材进行处理，用6轴机器人配合变位机控制喷枪运行，观察等离子喷涂过程，分析喷涂参数对等离子喷涂过程及涂层的影响。

2. 实验步骤

① 选择实验材料：试验选用粒度为200～325目(44～74 μm)的镍粉末；
② 确定喷涂参数：根据粉末类型及粒度选择合适的喷涂参数；
③ 基体表面清洗：用丙酮或酒精清洗基体表面油污；
④ 基体表面粗化：对基体表面进行喷砂处理；
⑤ 粉末进送粉器：将事先准备好的粉末装进送粉器中；
⑥ 调试喷涂程序：将处理好的试样装在夹具上，调试机器人程序，准备喷涂；
⑦ 等离子喷涂：先用等离子枪预热基体，然后送粉，喷涂。
⑧ 涂层后处理：一般包括精加工、重熔、封孔处理等。
⑨ 涂层性能测试：一般包括结合强度、孔隙率、硬度、抗热震性能、耐磨性等。

五、实验报告要求

1. 写出实验目的和基本操作步骤。
2. 测定给定实验材料的接触角，讨论影响接触角测定的主要因素。
3. 按照实验工艺记录实验过程与现象，如表33－1所示。

表33－1　等离子喷涂法制备涂层实验记录表

序号	喷涂材料	工艺参数				外观	涂层形貌	备注
		电压(V)	电流(A)	气体流量(L/min)	扫描速度(cm/s)			
1	Ni	61	550	32	50			
2	NiCr	61	550	8	50			

4. 完成思考题。

六、思考题

1. 等离子喷涂设备采用的是交流还是直流电源？
2. 等离子喷涂采用的基体可以是非金属吗？
3. 等离子工件(基体)喷涂前为什么要进行喷砂等粗化处理？
4. 等离子喷涂与喷涂基体的结合是冶金结合还是机械结合？

七、实验注意事项

1. 喷涂前粉末要进行烘干，一般在100℃以上烘干1小时左右；

2. 喷砂时要先打开喷砂机的电源，然后再开压缩空气，喷砂枪与试样表面之间的角度不小于 60°，以免砂粒嵌入试样表面；

3. 装粉末和送粉测试时一定要有口罩防护；

4. 调试程序时一定不要进入机器手臂的作业半径，以免受伤；

5. 等离子喷涂枪点燃前一定要注意操作间大门已经关闭，各项措施到位；

6. 等离子喷涂过程中及喷涂完毕后要严格按照控制柜上的操作流程进行，并小心弧光辐射。

八、参考文献

[1] 黄惠，周继禹，何亚鹏，等. 表面工程原理与技术[M]. 北京：冶金工业出版社，2022.

[2] 曾晓雁，吴懿平. 表面工程学[M]. 2 版. 北京：机械工业出版社，2016.

[3] 徐滨士，朱邵华、刘世参. 材料表面工程技术[M]. 哈尔滨：哈尔滨工业大学出版社，2014.

[4] 戴达煌，周克崧，袁镇海，等. 现代材料表面技术科学[M]. 北京：冶金工业出版社，2004.

实验 34　液相等离子沉积功能薄膜

一、实验目的

1. 通本实验使学生了解真空泵的使用方法和真空计的测量原理。
2. 使学生了解并熟悉磁控溅射镀膜系统的结构和使用方法。
3. 掌握磁控溅射镀膜的工艺原理及在基片上沉积镍薄膜的工艺过程。

二、实验原理

物理气相沉积是制备薄膜材料的主要方法，它是利用某种物理过程，如物质的热蒸发或在受到粒子轰击时物质表面原子的溅射现象，实现物质原子从源物质到薄膜的可控转移过程。在物理气相沉积技术中最为基本的两种方法是蒸发法和溅射法。溅射镀膜是指在真空室中，利用荷能粒子轰击靶材表面，通过粒子动量传递打出靶材中的原子及其他粒子，并使其沉积在基体上形成薄膜的技术。溅射镀膜技术具有可实现大面积快速沉积，薄膜与基体结合力好，溅射密度高、针孔少，膜层可控性和重复性好等优点，而且任何物质都可以进行溅射，因而近年来发展迅速，应用广泛。

1. 溅射

在高真空系统中，通入少量的所需要的气体（如氩气、氧气、氮气等），气体分子在高电场作用下发生击穿而电离产生辉光放电，气体电离后产生的带正电荷的离子受到电场加速而形成高能量的离子流，高能量的入射离子轰击靶面时，将其部分能量传输给表层晶格原子，引起靶材中原子的运动。有的原子获得能量后从晶格处移位，并克服了表面势垒直接发生溅射；有的不能脱离晶格的束缚，只能在原位做振动并波及周围原子，结果使靶的温度升高；而有的原子获得足够大的能量后产生一次反冲，将其临近的原子碰撞移位，反冲继续下去产生高次反冲，这一过程称为级联碰撞。级联碰撞的结果是部分原子达到表面，克服势垒逸出，形成了级联溅射，这就是溅射机理。因此溅射是一个在离子与物质表面原子碰撞过程中发生能量与动量转移、最终将物质表面原子激发出来的复杂过程。从靶材溅射出来的粒子主要是单个原子、另外还可能有少量的原子团、化合物分子或离子。溅射镀膜就是利用溅射出来的原子或原子与反应气体分子形成化合物的形式淀积到衬底表面上形成薄膜层。

在溅射镀膜过程中，表征溅射特性的主要参数有溅射产额、溅射阈值、溅射离子的速度和能量。溅射阈值是指将靶材原子溅射出来所需的入射离子最小能量值。当入射离子能量低于溅射阈值时，不会发生溅射现象。溅射阈值与入射离子的质量或种类无明显的依赖关系，与靶材有关（与被溅射物质的升华热有一定比例关系），随原子序数增加而减小；金属的溅射阈值大概在 20～40 eV，约为其升华所需要能量的几倍。溅射产额表示入射正离子轰击阴极靶材时平均每个正离子能从靶材打出的原子数，主要跟与入射离子的种类、能量、角度及靶材的种类、结构有关，一般物质的溅射产额在 0.01～4 之间。

① 溅射产额依赖于入射离子的质量，质量越大，溅射产额越高；

② 在入射离子能量小于 150 eV，溅射产额与入射离子能量呈平方关系；在 150 eV～10 keV 之间，变化不大；大于 10 keV，溅射产额下降；

③ 随入射角增加而增大，在 0°～60°范围内成 $1/\cos\theta$ 关系，60°～80°时溅射产额最大；

④ 随靶材原子序数增加而增大，元素的溅射产额呈明显的周期性变化；

⑤ 在一定的温度范围内，溅射产额与靶材温度关系不大。

但是当温度达到一定水平后，溅射产额会发生急剧的变化，原因可能是温度升高之后，物质中原子间的键合力弱化，溅射的能量阈值减小。溅射粒子的能量在 1～10 eV，比热蒸发原子大 1～2 个数量级，且与靶材、入射离子种类和能量有关。

2. 反应磁控溅射

溅射镀膜的方法根据其特征主要有直流溅射、射频溅射、磁控溅射和反应溅射。相对于蒸发沉积来说，一般传统溅射方法具有两个缺点即沉积薄膜的速度太低；溅射所需工作气压较高，否则电子的平均自由程太长，放电现象不容易维持。这两个缺点的综合效果是气体分子对薄膜产生污染性提高。因而磁控溅射技术作为一种沉积速度较高、工作压力较低的溅射技术具有独特的优越性。我们知道，运动的电子在电磁场中将受到洛伦磁力的作用。当电子的运动速度方向与电场和磁场的方向平行时，则电子的运动轨迹不变。但是当电子的运动速度具有与磁场垂直的分量的话，电子的运动轨迹将沿电场方向加速，同时绕磁场方向螺旋前进。磁控溅射的原理就是利用垂直方向分布的磁力线将电子约束在靶材表面附近，延长其在等离子体中的运动轨迹，提高电子与气体分子的碰撞和电离过程概率。因而在溅射镀膜装置中加入磁场，既可以降低溅射过程中的气体压力，还可以在同样的电流和气压条件下显著提高溅射的效率和沉积速率。

常用磁控溅射装置主要使用圆筒结构和平面结构，如图 34-1 所示。这两种结构中，磁场方向都基本平行于阴极表面，并将电子运动有效地限制在阴极附近。一般平面磁控溅射靶是在阴极靶的后面设置磁铁，磁铁在靶面上产生水平分量的磁场。离子轰击靶材时放出二次电子，这些电子的运动路径很长，被电磁场束缚在靠近靶表面的等离子体区域内沿跑道转圈，在该区中通过频繁地碰撞电离出大量 Ar+用以轰击靶材，从而实现了高速溅射。电子经数次碰撞后能量逐渐降低，逐步远离靶面，最终以很低的能量飞向阳极基体，这使得基体的升温也较低。由于增加了正交电磁场对电子的束缚效应，故其放电电压

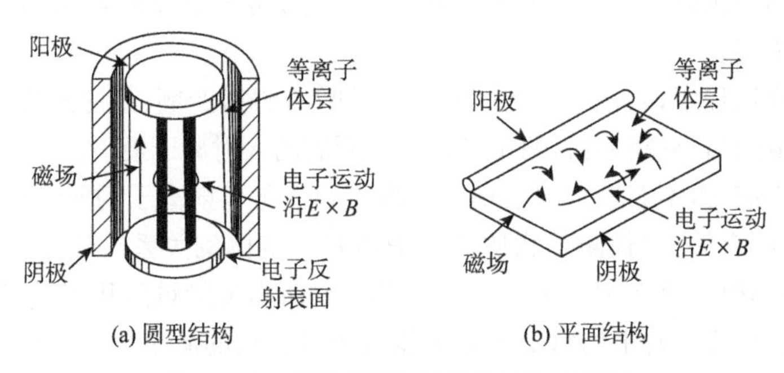

图 34-1　两种磁控溅射源的结构示意图

和气压都远低于直流二极溅射。磁控溅射的制备条件通常是，加速电压：300～800 V，气压：1～10 mTorr，电流密度：4～60 mA/cm，功率密度：1～40 W/cm，对于不同的材料最大沉积速率范围从 100 nm/min 到 1 000 nm/min。根据溅射材料的不同，磁控溅射可采用直流电源和射频电源，因此磁控溅射也分为直流磁控溅射和射频磁控溅射。射频磁控溅射相对于直流磁控溅射的主要优点是，它不要求作为电极的靶材是导电的。因此，理论上利用射频磁控溅射可以溅射沉积任何材料。

在制备化合物薄膜时，可以直接使用化合物作为溅射靶材，但是溅射沉积的薄膜往往在化学成分上与靶材有很大的区别，电负性强的元素的含量一般会低于化合物正确的化学计量比，如氧化物薄膜，氧元素含量偏低。也可以采用纯金属作为靶材，在工作气体中引入适量的活性气体如 O_2、N_2、NH_3、CH_4、H_2S 等，使金属原子与活性气体在溅射沉积的同时发生反应形成所需的化合物，然后在基片上沉积得到化合物薄膜，这种溅射方法称为反应溅射。在反应溅射过程中会出现靶中毒的现象，即溅射靶材时由于靶材与反应气体发生反应从而在靶材表面形成一层化合物，这样就大大降低了靶材的溅射速率。在磁控溅射镀膜过程中，如果结合反应溅射的方法，就成了反应磁控溅射，目前反应磁控溅射已广泛应用于化合物薄膜的制备。

三、实验仪器与材料

1. 实验仪器

高真空磁控溅射镀膜系统，主要包括组成溅射真空室组件、磁控溅射靶组件、基片水冷加热台组件、窗口及法兰接口部件、工作气路、抽气机组（机械泵和分子泵）、阀门及管道、真空测量及电控系统；超声清洗器。

2. 实验材料

玻璃基片、硅片、氩气、镍靶、丙酮、酒精。

四、实验方法和步骤

1. 实验内容

基片的清洗；低真空和高真空的获得与测量，使用真空计进行真空的跟踪测量；设定实验工艺参数、利用磁控溅射方法制备镍涂层。

2. 实验步骤

① 用超声波清洗器清洗玻璃基片 15 min，清洗时加入丙酮或酒精，清洗后用氮气吹干。

② 装好镍靶。

③ 将清洗好的玻璃基片放入沉积室里面的样品台上，然后关好真空室门。

④ 仔细检查水源、气源和电源正常后，打开冷却循环水。

⑤ 抽真空。首先用机械泵抽真空，一段时间后（约 10 min）打开热偶真空计测量真空度，待真空室内气压达到极限 0.1 Pa 后，然后打开分子泵用分子泵与机械泵一起抽真空，一段时间后（约 30 min）打开电离真空计测量真空室里面的真空度，待室内气压达到需要的本底真空度（约 3×10^{-3} Pa），然后关闭电离真空计。

⑥ 关闭分子泵，机械泵仍然工作，开始通入 Ar 气体，根据实验条件设定工作气压（真

空室内气压约 0.5 Pa)。

⑦ 根据实验条件设定沉积工艺参数,功率(100～300 W)、靶电压(300～400 V)、靶—基距 50～70 mm,基片温度为室温。在阴阳极之间加上直流电压,通过辉光放电产生等离子体,荷能粒子轰击镍靶,对基片进行溅射镀膜。辉光放电所产生的二次电子在磁场作用下被限制在靶表面附近,有利于提高溅射粒子激元团的离化效率。

⑧ 磁控溅射镀膜进行约 10 min,然后结束镀膜。将靶电压逐渐调小,关闭靶电源;关闭氩气。

⑨ 薄膜在真空状态下搁置一段时间。待冷却后,关机械泵(此时电磁阀会自动切断管路并对泵内灌入大气)。打开充气阀对真空室充气后,打开真空室门,取出薄膜进行观察。

⑩ 合上真空室门,将真空室内抽到一定真空后,然后关掉机械泵,关掉总电源,切断冷却水。

五、实验报告要求

1. 写出实验目的。
2. 说明实验装置中各主要部分的用途。
3. 详细记录实验过程、工艺参数及实验步骤,给出镍涂层制备的实验研究报告。
4. 完成思考题。

六、思考题

1. 沉积薄膜之前,基片为什么要进行清洗?
2. 热偶规管和电离规管的工作原理是什么?它们的量程范围是多少?
3. 在观察热偶规及电离规时,若指针来回摆动表明真空系统有何问题?如何解决?
4. 在金属靶与氧气进行反应溅射时,靶材会出现那些问题?
5. 简述在溅射过程中溅射功率的调节及注意事项。

七、实验注意事项

1. 预习时须认真阅读有关仪器的使用说明,理解仪器操作规程中先后操作步骤的关系;
2. 在开启高真空磁控溅射镀膜系统之前,需要确保冷却水已经打开;
3. 注意电离真空计的开启时间,以免规管烧坏。

八、参考文献

[1] 黄惠,周继禹,何亚鹏,等. 表面工程原理与技术[M]. 北京:冶金工业出版社,2022.

[2] 曾晓雁,吴懿平. 表面工程学[M]. 2 版. 北京:机械工业出版社,2016.

[3] 徐滨士,朱邵华、刘世参. 材料表面工程技术[M]. 哈尔滨:哈尔滨工业大学出版社,2014.

[4] 戴达煌,周克崧,袁镇海,等. 现代材料表面技术科学[M]. 北京:冶金工业出版社,2004.

实验 35　恒电位法阳极极化曲线的测定

一、实验目的

1. 掌握用恒电位法测定金属极化曲线的原理和方法。
2. 了解极化曲线的意义和应用。

二、实验原理

1. 阳极极化曲线

为了探索电极过程的机理及影响电极过程的各种因素，必须对电极过程进行研究，在该研究过程中极化曲线的测定是重要的方法之一。在研究可逆电池的电动势和电池反应时，电极上几乎没有电流通过，每个电极或电池反应都是在无限接近于平衡条件下进行的，因此电极反应是可逆的。当有电流通过电池时，则电极的平衡状态被破坏，此时电极反应处于不可逆状态，随着电极上电流密度的增加，电极反应的不可逆程度也随之增大。在有电流通过电极时，由于电极反应的不可逆而使电极电位偏离平衡值的现象称为电极的极化。根据实验测出的数据来描述电流密度与电极电位之间关系的曲线称为极化曲线，如下图 35－1 所示。

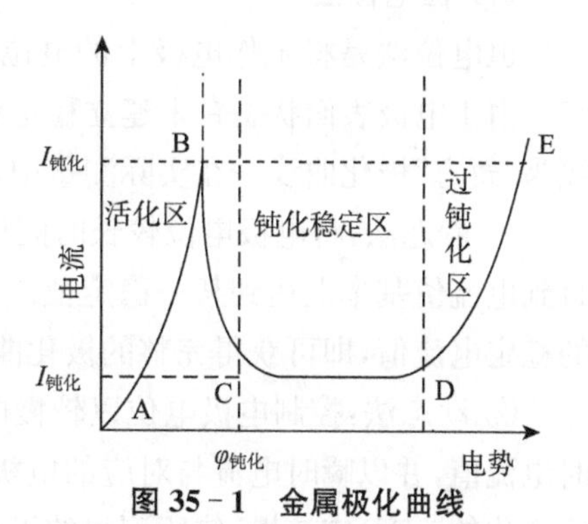

图 35－1　金属极化曲线

AB. 活性溶解区；B. 临界钝化点；BC. 钝化过渡区；CD. 钝化稳定区；DE. 过钝化区

金属的阳极过程是指金属作为阳极时，在一定的外电势下发生的阳极溶解过程，如下式所示：

$$M \rightarrow M^{n+} + ne^-$$

此过程只有在电极电位大于其热力学电位时才能发生。阳极的溶解速度随电位变正而逐渐增大，这是正常的阳极溶出，当阳极电位正到某一数值时，其溶解速度达到一最大值。此后阳极溶解速度随着电位变正，反而大幅度的降低，这种现象称为金属的钝化现象。

图 35－1 曲线表明，电位从 A 点开始上升(即电位向正方向移动)，电流密度也随之增加；电位超过 B 点以后，电流密度迅速减至很小，这是因为在金属表面上生成了一层电阻高、耐腐蚀的钝化膜；到达 C 点以后，电位再继续上升，电流仍保持在一个基本不变的很小的数值上；电位升到 D 点后，电流又随电位的上升而增大。从 A 点到 B 点的范围称为活性溶解区；B 点到 C 点称为钝化过渡区；C 点到 D 点称为钝化稳定区；D 点以后称为过钝化区。对应于 C～D 段的电流密度称为维钝电流密度。如果对金属通入维钝电流，再用维钝电流保持其表面的钝化膜不消失，则金属的腐蚀速度将大大降低，这就是阳极保护的基本原理。

2. 影响金属钝化过程的几个因素

影响金属钝化过程及钝化性质的因素，可归纳为以下几点：

(1) 溶液的组成

在中性溶液中，金属一般比较容易钝化，而在酸性或某些碱性溶液中，则不易钝化；溶液中卤素离子(特别是 Cl^-)的存在，能明显地阻止金属的钝化；溶液中存在某些具有氧化性的阴离子(如 CrO_4^{2-})则可以促进金属的钝化。

(2) 金属的化学组成和结构

各种纯金属的钝化能力不尽相同，例如铁、镍、铬三种金属的钝化能力为铬>镍>铁。因此，添加铬、镍可以提高钢铁的钝化能力及钝化的稳定性。

(3) 外界因素(如温度、搅拌等)

一般来说，温度升高以及搅拌加剧，可以推迟或防止钝化过程的发生，这与离子扩散有关。

3. 极化曲线的测量

(1) 恒电位法

恒电位法是将工作电极上的电位控制在某一数值上，然后测量对应于该电位下的电流。由于电极表面状态在未建立稳定状态之前，电流会随时间而改变，故一般测出来的曲线为“暂态”极化曲线。在实际测量中，常采用的控制电位测量方法有下列两种：

① 静态法：将电极电位较长时间地维持在某一恒定值，同时测量电流随时间的变化，直到电流值基本上达到某一稳定值。如此每隔 20～50 mV 逐点地测量各个电极电位下的稳定电流值，即可获得完整的极化曲线。

② 动态法：控制电极电位以较慢的速度连续地改变(扫描)，并测量对应电位下的瞬时电流值，并以瞬时电流与对应的电极电位作图，获得整个的极化曲线。扫描速度(即电位变化的速度)应较慢，使所测得的极化曲线与采用静态法的接近。

动态恒电位法是利用慢速线性电压扫描信号控制恒电位仪，使电位信号连续线性变化，用数据处理器采集电流信号，处理数据并绘制极化曲线。

为了测得稳态极化曲线，扫描速度必须足够慢，可依次减小扫描速度测定若干条极化曲线，当继续减小扫描速度而极化曲线不再明显变化时，就可确定此速度来测量该体系的极化曲线，但有些电极测量时间越长，表面状态及其真实面积变化的积累越严重，在这种情况下，就不一定测稳态极化曲线，而测非稳态或准稳态极化曲线来比较不同体系的电化学行为以及各种因素对电极过程的影响。

动电位伏安法的实验线路示意图如图 35－2 所示。

其中，恒电位仪是中心环节，它保证研究电极电位随给定电位的变化而变化。要使恒电位仪的给定电位发生线性扫描必须接上信号发生器，即把信号发生器的输出端与恒电位仪的“外接给定”端连接起来，而且接地端彼此相连，根据实验需要选择扫描速度以及初始和结束电位。

比较上述两种测量方法，静态法测量结果较接近稳态值，但测量的时间较长；而动态法距稳态值相对较差，但测量的时间较短，故在实际工作中，常采用**动态法**来进行测量。

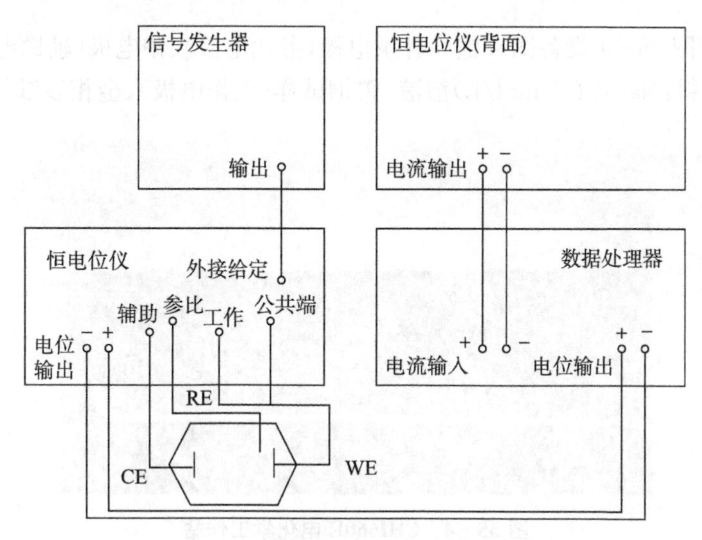

图 35－2　动态恒电位法的实验线路示意图

(2) 恒电流法

恒电流法是将工作电极的电流恒定在某定值下,测量其对应的电极电位,得到的极化曲线。但恒电流法所得到的阳极极化曲线不能完整地描绘出碳钢的溶解和钝化的实际过程。

本实验过程中研究电极电位及电流信号的采集和处理在数据处理器重完成,并在处理器重直接绘制极化曲线。本实验用动电位法测定碳钢在 NaCl(3.5 mol/L)中的极化曲线。

三、实验仪器与材料

1. 实验仪器:WHHD—2 恒电位仪(图 35－3 为实验设备及连接示意图)或 CHI660E

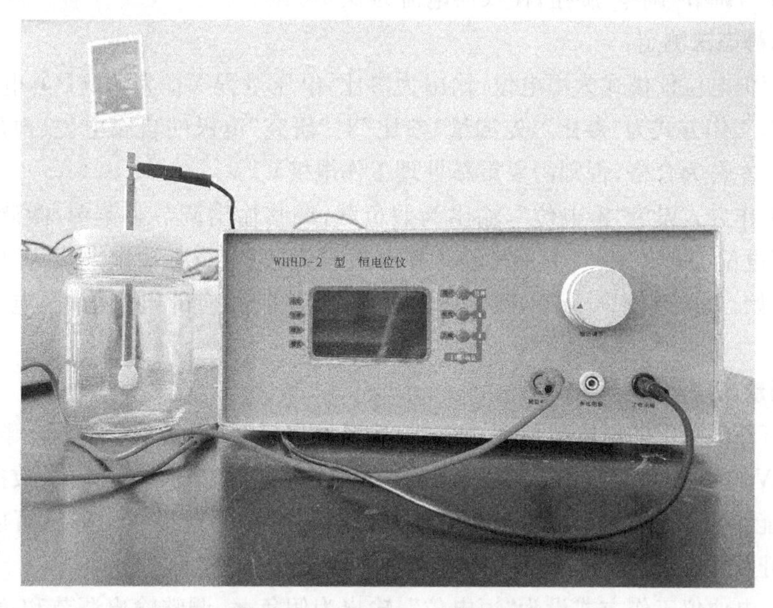

图 35－3　WHHD—2 恒电位仪

电化学工作站(图 35-4 设备图)、饱和甘汞电极(参比电极)、铂电极(辅助电极)、电解池。

2. 实验材料:NaCl(3.5 mol/L)溶液、碳钢试样(工作电极)、金相砂纸等。

图 35-4 CHI660E 电化学工作站

四、实验内容与步骤

1. 将碳钢试样(工作电极)用金相砂纸逐级打磨,用酒精棉脱脂,并用去离子水冲洗。

2. 用量筒分别量取 NaCl(3.5 mol/L)溶液 70 mL,加至 100 mL 三口电解池(或其他电解池容器)中。固定电解池于铁架台上,以铂电极为辅助电极,饱和甘汞电极为参比电极,与碳钢电极(工作电极)组成三电极体系,分别插入电解池中,工作电极居中。

3. 打开恒电位仪设备预热,将恒电位仪的接线夹分别与碳钢电极(工作电极)、铂电极(辅助电极)、甘汞电极(参比电极)连接,检查,注意不要接错。

4. 如**使用 WHHD—2 恒电位仪**设备,打开恒电位仪开关,预热 15 min,确认 IR 补偿旋钮逆时针到 0,IR 补偿开关处于弹出状态。旋转“菜单/微调”旋钮和输出调节旋钮,使仪器电位为 0,调节“调零”旋钮,使仪器电流为 0。

如采用**静态法**测定:

① 设定恒电位仪模式为恒电位,输出为参比,电压量程 VL 为 AUTO,电流量程 AL 为“20 mA”,工作方式为“参比”,先测量“参比”对“研究”电极的自腐电位(电压表数字应在−0.88 V 左右为合格,否则需要重新处理工作电极)。

② 将工作方式设为“恒电位”,输出为假负载,调整输出调节和菜单/微调旋钮,至电位值为自腐电位(约−0.88 V),然后将工作方式设为“恒电位”,输出方式为“电解槽”,从自腐电位开始,每次改变 20 mV,恒定一段时间,测量其相应的电流值;至电位为 1.0 V 为止。

如采用**动态法**测定:

① 需打开电脑上的恒电位仪记录软件,选择好串口号,设置电位坐标为−1 000 mV 至 1 000 mV,电流坐标为−2 mA 至 2 mA,并点击开始,看软件能否记录数据并绘制图形,如果不能绘制图形和显示数据,则需检查仪器与电脑的连接线。确认可以绘制图形后,点击停止记录。

② 将恒电位仪工作方式设为“恒电位”,输出为假负载,调整输出调节和菜单/微调旋

钮，至电位值为自腐电位（约－0.88 V），然后将工作方式设为“恒电位”，输出方式为“电解槽”，选择“更多”，进入扫描设置界面，选择扫描方式为单次，起始电位为－0.890 V，终止电位为1.000 V，速度为3(mV/s)，然后选择运行，立刻按下电脑软件上的“开始记录”按钮，即可记录下完整的碳钢钝化曲线。

③ 在电位扫描到1.000 V或者达到预定的曲线后，立刻按下“菜单/微调”旋钮，进入扫描控制界面并选择“关闭”，停止扫描，并在电脑上点击“停止采集”按钮，停止记录图形并保存数据。然后再次按下恒电位仪的“菜单/微调”旋钮，设置输出为“假负载”，并运行。

实验完毕，先将输出方式设定为假负载，再关掉恒电位仪电源，取出电极，清洗仪器。

说明：

1号：电流输出；2号：电压输出；3号：工作电极；4号：辅助电极；5号：参比电极；6号：扫描输出；7号：外输出；8号：地线。

5. 如使用**CHI660E电化学工作站**设备进行实验，打开电化学腐蚀测试系统，打开计算机中的实验软件，设置实验参数，启动测试，观察计算机中记录的极化曲线，曲线依次出现活性溶解区、活化—钝化过渡区、钝化区和过钝化区，待过钝化区出现较明显时，停止采集，信号发生器停止扫描；保存实验数据，软件作图，打印后附在实验报告上。

五、实验报告要求

1. 写出实验目的和基本操作步骤。
2. 将实验数据列成表格。

表2　实验数据记录表

日期：　　　　　　　　　　　　　室温：　　　　　　　　　　　大气压：

电极电位 φ/V	
电流 i/mA	

3. 以电流密度为纵坐标，电极电位（相对于参比电极）为横坐标，绘出阳极极化曲线，标出阳极极化曲线的活化区、活化—钝化过渡区、钝化区和过钝化区。
4. 讨论所得实验结果及曲线的意义，指出 $\varphi_{钝化}$ 及 $i_{钝化}$ 的值。
5. 完成思考题。

六、思考题

1. 在极化曲线测量时，对工作电极、参比电极、辅助电极的主要要求是什么？
2. 测定阳极极化曲线为什么要用恒电位法？
3. 阳极保护的基本原理是什么？
4. 画出实验中得到的极化曲线，通过曲线判断试样是否钝化，是自发钝化还是经极化诱导的钝化？
5. 写出开路电位、致钝电位、致钝电流数值。致钝电位硬接近还是远离Ecorr，致钝电流较小还是较大时表示试样易于钝化？
6. 写出维钝电流和过钝化电位数值。维钝电流小还是大时表示钝化程度高？过钝化电位越正表示钝化膜越稳定还是越不稳定?

七、实验注意事项

1. 按照实验要求,严格进行工作电极表面的处理。

2. 必须先测量"参比"对"工作"电极的自腐电势,合格时方能开始下一步的恒电位测定工作。

3. 恒电位仪工作时,严禁将工作电极与辅助电极接线夹短路。

4. 实验完成后及时清理仪器,关闭电源。

八、参考文献

[1] 朱雪梅,曲乐,赵贝贝,等. Fe24Mn4Al5Cr 合金阳极钝化改性层的耐蚀性能[J]. 大连交通大学学报,2012(01):72-75.

[2] 陈祖秋,许川壁,张永福,等. SUS36 不锈钢阳极钝化膜的研究[J]. 中国腐蚀与防护学报,1991,11(2):125-131.

[3] 郑军涛,申殿邦. 电解铜过程中阳极钝化的研究[J]. 世界有色金属,2011(01):44-48.

[4] 朱良俊,范少华. 关于金属阳极钝化曲线测定实验中的几个问题[J]. 阜阳师范学院学报(自然科学版),2000(3):17-18.

[5] 陈贻阶,王明亮,郭庆华. 扫描速率对阳极钝化曲线的影响[J]. 天津轻工业学院学报,1997(02):44-47.

[6] 秦毅红,唐安平. 铜阳极钝化机理及其影响因素[J]. 湖南有色金属,2001,17(1):21-24.

第七部分　材料制备加工实验

实验 36　铝合金的熔炼与铸造

一、实验目的

1. 了解各种熔剂、涂料、中间合金的含义及其选用。
2. 掌握井式坩埚电阻炉的操作规程及常用熔炼浇注工具的使用方法。
3. 熟悉铝合金的配料及其计算。
4. 掌握铝合金的熔炼、精炼及浇注工艺。

二、实验原理

铝合金的熔炼与铸造是铝合金生产工艺中重要的、必需的组成部分。它主要目的是：配制合金；通过合适的技术措施（精炼和变质）提高合金净度和力学性能；铸造成型。对于变形铝合金，熔炼过程不仅为后续的压力加工生产提供优质铸锭，而且铸锭质量在很大程度上影响加工过程的工艺技术性能和成品质量。对于铸造铝合金，熔制过程中的精炼和变质，是非常关键的工艺措施，可制取无缺陷高质量的铸件。

本实验使学生通过对已设计好成分的铝合金进行炉料配比、熔炼、浇注等过程的实际操作，熟悉掌握铝合金熔炼浇注过程中的一系列工艺规范。

1. 铝合金熔体的净化

从铝合金熔体中除气、除渣以获得优良铝液的工艺方法和操作过程称为净化。

（1）熔体净化的目的

熔体净化是利用物理—化学原理和相应的工艺措施，去除液态金属中的气体（主要是氢）、夹杂物（主要是 Al_2O_3）和有害元素等，净化熔体，防止在铸件中形成气孔、夹杂、疏松、裂纹等缺陷，从而获得纯净金属熔体。

（2）熔体净化的方法

铝合金熔体净化的方法按其作用原理可分为吸附净化和非吸附净化。吸附净化是指通过铝合金熔体直接与吸附剂（如各种气体、液体、固体精炼剂及过滤介质）接触，使吸附剂与熔体中的气体和固体氧化夹杂物发生物理—化学的、物理的或机械的作用，达到除气、除杂的目的。非吸附净化是指不依靠向铝合金熔体中添加吸附剂，而是通过某种物理作用（如真空、超声波、密度等），改变金属—气体系统或金属—夹杂物系统的平衡状态，从而使气体和固体夹杂物从铝合金熔体中分离出来。

2. 铝合金铸锭成形

铸锭成形是将金属熔体浇入铸型或结晶器，获得形状、尺寸、成分和质量符合要求的锭坯。一般而言，铸锭应满足下列要求：

(1) 铸锭形状和尺寸必须符合压力加工的要求，避免增加工艺废品和边角废料。

(2) 铸锭内外不应该有气孔、缩孔、夹渣、裂纹及明显偏析等缺陷，表面光滑平整。

(3) 铸锭的化学成分符合要求，结晶组织基本均匀。

铸锭成形方法目前广泛应用的有块式铁模铸锭法、直接水冷半连续铸锭法和连续铸轧法等。

3. 中间合金

中间合金是预先制备好的，以便在熔炼台金工作时为了满足合金成分而加入炉料中的合金半成品。金属铝中的合金元素加入是一个重要的工艺过程。元素的溶解与其性质有关，一般取决于添加元素固态结构结合力的破坏和原子在铝液中的扩散速度。从相图上看，通常与铝形成易熔共晶的元素易溶解；与铝形成包晶转变的，特别是熔点相差很大的元素难于溶解。制取 Al—Mg，Al—Cu，Al—Zn 等合金，可在熔炼过程中直接把金属加入铝熔体中，而 ALTI 等属于包晶型合金，为难熔元素，在铝中溶解困难，必须以中间台金形式加入。Al—Si、Fe 等合金系显然也存在共晶反应，但因熔点相差大，金属在铝液中溶解得很慢，需要较大的过热才能完全溶解，也必须采用中间合金加入。

使用中间合金除了便于加入难熔组元以外，还有利于加入某些稀贵元素。Zr、Be、Mo、V、B 等元素比较稀贵，来源很少，常常利用较易供应的这些元素化合物，用铝热法使这些稀贵元素还原后进入铝液。使用中间合金还可以促使获得化学成分尽可能准确的合金。某些元素如稀土元素，较易挥发、氧化，直接加入铝液中会引起严重的烧损，难以控制合金的化学成分，可事先熔制戚 Al—Re 中间合金，以减少熔炼时的烧损，获得成分准确的合金。

三、实验仪器与材料

1. 实验仪器与准备

(1) 铝合金熔炼可在电阻炉、感应炉、燃气炉或焦炭坩埚炉中进行，易偏析的中间合金在感应炉熔炼为宜，而易氧化的合金在电阻炉中熔炼为宜，本实验采用井式坩埚电阻炉。

(2) 坩埚分为铸铁坩埚、铸钢坩埚、石墨坩埚、石墨黏土坩埚和碳质坩埚。本实验采用石墨黏土坩埚。

(3) 石墨黏土坩埚由石墨与 20%～43%耐火泥组成。新坩埚使用前须清理干净并检查有无缺陷，新坩埚要加热到 600～700℃，保温 30～60 min，以去除水分和可燃物质。旧坩埚须清理表面杂物。

(4) 浇铸模具及熔炼工具须进行清除工作，预热到 200～300℃上涂料。常用涂料由 20%ZnO＋3%～5%水玻璃＋水组成。

(5) 涂料后必须再次加热到 200～300℃彻底干燥。

2. 实验材料

(1) 配制合金的原材料见表 27-1。

表 27-1　配制合金的原材料

材料名称	材料主要元素 w(%)	用途
工业纯铝锭	Al99.70	配制铝合金
镁锭	Mg99.80	配制铝合金
锌锭	Zn98.70	配制铝合金
电解铜	Cu—Ag≥99.95	配制 Al—Cu 中间合金
金属铬	JCr98.5—A	配制 Al—Cr 中间合金
电解金属锰	JMn95—A	配制 Al—Mn 中间合金

(2) 配制 Al—Cu、Al—Mn、Al—Cr 中间合金时，先将铝锭熔化并过热，再加入合金元素。

实验中主要采用的中间合金见表 27-2。

表 27-2　实验中主要采用的中间合金

组元成分范围 w(%)	中间合金名称	熔点/℃	特性
Al—Cu 中间合金	Cu48～52	575～600	脆
Al—Mn 中间合金	Mn9～11	不脆	780～800
Al—Cr 中间合金	Cr2～4	750～820	不脆

3. 熔剂及配比

铝合金常用熔剂包括覆盖剂、精炼剂和打渣剂，主要由碱金属或碱土金属的氯盐和氟盐组成。本实验采用 50%NaCl+40%KCl+6%Na_3AlF_6+4%CaF_2 混合物覆盖，用六氯乙烷(C_2Cl_6)除气精炼。

4. 合金的配料

配料包括确定计算成分，炉料的计算是决定产品质量和成本的主要环节。配料的首要任务是根据熔炼合金的化学成分、加工和使用性能确定其计算成分，其次是根据原材料情况及化学成分，合理选择配料比，最后根据铸锭规格尺寸和熔炉容量，按照一定程序正确计算出每炉的全部料量。

配料计算：根据材料的加工和使用性能的要求，确定各种炉料品种及配料比。

(1) 熔炼合金时首先要按照该合金的化学成分进行配料计算，一般采用国家标准的算术平均值。

(2) 对于易氧化、易挥发的元素，如 Mg、Zn 等一般取国家标准的上限或偏上限计算成分。

(3) 在保证材料性能的前提下，参考铸锭及加工工艺条件，合理充分利用旧料(包括回炉料)。

(4) 确定烧损率，合金易氧化、易挥发的元素在配料计算时要考虑烧损。

(5) 为了防止铸锭开裂,硅和铁的含量有一定的比例关系,必须严格控制。

(6) 根据坩埚大小和模具尺寸要求确定配料的质量。

根据实验的具体情况,配置两种高强高韧铝合金,成分为:

① 2024 铝合金:$W_{Cu}=3.8\%\sim4.9\%$,$W_{Mg}=1.2\%\sim1.8\%$,$W_{Mn}=0.3\%\sim0.9\%$,余 Al。

② 7075 铝合金:$W_{Zn}=5.1\%\sim6.1\%$,$W_{Mg}=2.1\%\sim2.9\%$,$W_{Cu}=1.2\%\sim2.0\%$,$W_{Cr}=0.18\%\sim0.28\%$,余 Al。

四、实验内容与步骤

1. 熔铸工艺流程

原材料准备→预热坩埚至发红→加入纯铝和少量覆盖剂→升温至 750~760℃待纯铝全部熔化→加入中间合金→加入覆盖剂→熔融完全后充分搅拌→扒渣→加镁→加覆盖剂→精炼除气→扒渣→再加覆盖剂→静置→扒渣→出炉→浇注。

2. 熔铸方法

(1) 熔炼时,熔剂需均匀撒入,待纯铝全部熔化后再加入中间合金和其他金属,并压入溶液内,不准露出液面。

(2) 炉料熔化过程中,不得搅拌金属。炉料全部熔化后可以充分搅拌,使成分均匀。

(3) 铝合金熔体温度控制在 720~760℃。

(4) 炉料全部熔化后,在熔炼温度范围内扒渣,扒渣尽量彻底干净,少带金属。

(5) 在出炉前或精炼前加入镁,以确保合金成分,减少烧损。

(6) 熔剂要保持干燥,钟罩要事先预热,然后放入熔体内,缓慢移动,进行精炼。精炼要保证一定时间,彻底除气除渣。

(7) 精炼后要撒熔剂覆盖,然后静置一定时间,扒渣,出炉浇注。浇注时流速要平稳,不要断流,注意补缩。

3. 实验组织和程序

每班分为 6~8 组,每组 4~5 人,任选 2024 或 7075 铝合金进行实验。每小组参照上述配料计算方法和熔铸工艺流程,领取相应的原材料进行实验,熔铸出合格的铝合金铸锭。

注意事项:

(1) 熔炼前工具需要涂刷涂料,低温烘干 3 h。

(2) 熔化过程中需要加料时,必须切断电源,操作人员必须戴劳保手套,用钳子轻放物料,关闭炉门时需随手轻关。

(3) 专用钳子夹石墨黏土坩埚时,须用力均匀,不可用猛力。

(4) 精炼处理和浇注时,操作人员须戴口罩穿工作服,同时打开排气系统。

五、实验报告要求

1. 写出实验目的和基本操作步骤。

2. 分析铝合金制备的关键环节。

3. 完成思考题。

六、思考题

1. 铝合金的制备工艺与铝合金性能有哪些关系?
2. 为什么铝合金熔制时要使用中间合金?

七、实验注意事项

1. 实验过程涉及高温设备,进行实验时需佩戴防烫手套,做好防护,以免烫伤。
2. 实验结束后收拾实验室后才能离开。

八、参考文献

[1] 曹文龙. 铸造工艺学[M]. 北京:机械工业出版社,1990.
[2] 李魁盛. 铸造工艺及原理[M]. 北京:机械工业出版社,1990.
[3] 施雯,戚飞鹏,杨戈涛,等. 金属材料工程实验教程[M]. 北京:化学工业出版社,2009.

实验 37　蒸汽冷凝法制备 Cu 纳米颗粒

一、实验目的

1. 了解纳米粉体的基本特性和制备方法。
2. 掌握蒸汽冷凝法制备纳米颗粒的基本原理。
3. 掌握蒸汽冷凝法制备纳米颗粒的实验步骤。

二、实验原理

1. 纳米材料

在过去的 20 年中，纳米材料从制备成功到形成一门独立学科，获得了极为快速的发展。由于它的尺度介于宏观物质与微观原子、分子之间，且具有比表面大和量子尺寸效应而具有不同于常规固体的新特性。习惯上人们将 1～100 nm 的范围就特指为纳米尺度，在此尺度范围的研究领域称为纳米体系。纳米科技是指在纳米尺度上研究物质的特性和相互作用以及利用这些特性的科学技术。经过近十几年的急速发展，纳米科技已经形成纳米物理学、纳米化学、纳米生物学、纳米电子学、纳米材料学、纳米力学和纳米加工学等学科领域。

纳米材料与宏观材料相比具有以下的一些特殊效应：

(1) 小尺寸效应

纳米材料的尺度与光波波长、德布罗意波长以及超导态的相干长度或透射深度等物理特征尺寸相当或更小，宏观晶体的周期性边界条件不再成立，导致材料的声、光、电、磁、热、力学等特性呈现小尺寸效应。例如各种金属纳米颗粒几乎都显现黑色，表明光吸收显著增加；许多材料存在磁有序向无序转变，导致磁学性质异常的现象；声子谱发生改变，导致热学、电学性质显著变化。

(2) 表面效应

以球形颗粒为例，单位质量材料的表面积(称为比表面积)反比于该颗粒的半径。因此当半径减小时比表面积增大。例如将一颗直径 1 μm 的颗粒分散成直径 10 nm 的颗粒，颗粒数变为 100 万颗，总比表面积增大 100 倍。表面原子数比例。表面能等也相应地增大，从而表面的活性增高。洁净的金属纳米微粒往往会在室温环境的空气中燃烧(表面有薄层氧化物时相对稳定)，这是必须面对的问题，但是反过来也为优良的催化剂提供了现实可能。

(3) 量子尺寸效应

传统的电子能带理论表明，金属费米能级附近电子能级是连续的。但是按照著名的久保(Kubo)理论，低温下纳米微粒的能级不连续。相邻电子能级间距 δ 与微粒直径相关，随着微粒直径变小，电子能级间距变大。

久保理论中提及的低温效应按如下标准判断，即只在 $\delta > K_B T$ 时才会产生能级分裂,式中 K_B 为玻尔兹曼常数,T 为绝对温度。这种当大块材料变为纳米微粒时,金属费米能级附近的电子能级由准连续变为离散能级的现象称为量子尺寸效应。当能级间距大于热能、磁能、静磁能、静电能、光子能量或超导态的凝聚能时,微粒的磁、电、光、声、热以及超导电性均会与大块材料有显著不同。以 Cu 纳米微粒为例,其导电性能即使在室温下也明显下降。对于半导体微粒,如果存在不连续的最高被占据分子轨道和最低未被占据的分子轨道能级,能隙变宽现象亦称为量子尺寸效应。

(4) 宏观量子隧道效应

微观粒子具有穿透势垒的概率,称为隧道效应。近年来,人们发现一些宏观量,例如小颗粒的磁化强度,量子相干器件中的磁通量等,亦具有隧道效应,称为宏观量子隧道效应。宏观量子隧道效应对纳米科技有着重要的价值,它是纳米电子学发展的重要基础依据。

2. 纳米材料的制备

在整个纳米科技的发展过程中,纳米微粒的制备和微粒性质的研究是最早开展的。纳米微粒的制备方法分为物理方法和化学方法两大类。物理方法有真空冷凝法、物理粉碎法等;化学法有化学沉淀法、化学还原法、溶胶凝胶法、热分解法、喷雾法及气相反应法等。

蒸汽冷凝法虽然是一种开发较早的纳米粉末制备的物理方法,由于其制备原理的适用性和所需设备比较简单,尤其克服了纳米颗粒由于很高的化学活性所带来的保证高纯度制备的困难,并且通过控制有关工艺参数,可以实现对纳米粉末颗粒度的调控。

蒸汽冷凝法是将纳米粒子的原料加热、蒸发,使之成为原子或分子,在使许多原子或分子凝聚,生成极细微细的纳米粒子。利用这种方法制备得到的粒子尺寸一般在 5～100 nm 之间。

蒸汽冷凝法制备纳米微粒的过程。首先利用抽气泵对系统进行真空抽吸,也可充入惰性气体进行保护。惰性气体通常选用高纯度的氩气或氦气,也可考虑采用氮气,保护气的压强通常约为 0.1 kPa 至 10 kPa 范围,与所需粒子的粒度有关。

抽真空结束或者调节保护气体压强后,利用钨灯丝加热使原料蒸发,当原材料被加热至蒸发温度时蒸发成气相。气相的原材料原子在收集器上或者与惰性气体分子碰撞迅速失去能量而骤然冷却。这种有效的骤冷使得原材料的蒸汽中形成很高的局域过饱和而均匀成核并生长。成核与生长过程都是在极短的时间内发生的,一旦核生长的半径超过临界半径,它将迅速长大。首先形成原子簇,然后继续生长成纳米微晶,最终在收集器上收集到纳米粒子。

三、实验仪器与材料

1. 实验仪器:HT218 纳米微粒制备实验仪;
2. 实验材料:薄铜片。

四、实验内容与步骤

1. 检查设备接线是否正确,并仔细擦净真空罩以及罩内的底盘、电极和烧牌。

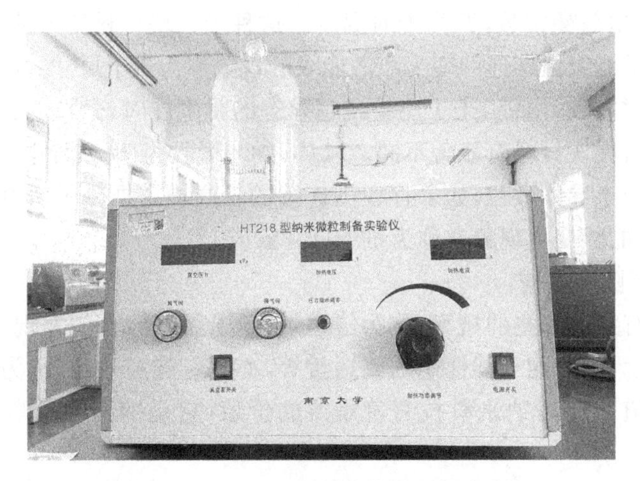

图 37－1　HT218 型纳米微粒制备试验仪

2. 将螺旋状钨丝接至铜电极，注意不要将钨灯丝弯折。

3. 将铜片挂在钨灯丝上，并罩上烧杯。

4. 罩上真空罩，关闭放气阀和换气阀（顺时针旋转到底），将加热功率旋钮沿逆时针旋至最小，打开电源开关，此时真空度显示器显示出与大气压相当的数值，加热电流和电压为零。

5. 开启真空泵抽真空至真空度显示器显示为 0 并稳定。

6. 沿顺时针旋转加热功率旋钮至功率在 150～200 W 之间，观察钨丝、铜片和收集器的变化，待铜片全部蒸发掉后将加热功率调至最小。

7. 待系统冷却后关闭真空泵，打开放气阀，待真空度恢复大气压后打开真空罩，取下作为收集罩的烧杯，用刷子轻轻地将一层黑色粉末刷下并装入备好的容器中，收集到的细粉即是纳米粉。

8. 实验结束后，将收集器等清理干净，关闭电源。

五、实验报告要求

1. 简述实验目的与基本实验步骤。

2. 详细描述实验过程中观察到的实验现象。

3. 简述蒸发冷凝法制备铜纳米颗粒的基本过程。

4. 完成思考题。

六、思考题

1. 为什么一般多晶铜呈红色或近黄色，而纳米铜粉末呈黑色？

2. 我们的实验中影响铜纳米颗粒的颗粒尺寸的主要因素有哪些？

七、实验注意事项

1. 为便于教学上的直观观察，真空钟罩为玻璃制品，移动钟时应轻拿轻放。

2. 使用阀门时力量应适中，不要用暴力猛拧，但也不要过分谨慎不敢用力以至阀门不能完全关闭。

3. 蒸发材料时，钨丝将发出强烈耀眼的光。其中的紫外部分已基本被玻璃吸收，在较短的蒸发时间内用肉眼观察未见对眼睛的不良影响。但为安全起见，请尽量带上保护眼镜。

4. 制成的纳米微粉极易弥散到空气中，收集时要尽量保持动作的轻慢。

5. 若需制备其他金属材料的纳米微粒，可参照铜微粒的制备。但熔点太高的金属难以蒸发，而铁、镍与钨丝在高温下易发生合金化反应，只宜闪蒸，即快速完成蒸发。

6. 亦可利用低气压空气中的氧或低气压氧，使钨丝表面在高温下局部氧化并升华制得氧化钨微晶。

7. 因真空泵为油泵，不能直接对大气抽气(所有阀门关上)以免喷油。加热后的钨丝很脆容易折断，务必小心！如要清洁在真空中加热即可。

八、参考文献

[1] 黄润生，沙振舜，唐涛，等. 近代物理实验[M]. 2 版. 南京：南京大学出版社，2008.

实验 38　材料的 3D 打印创意实验

一、实验目的

1. 了解 3D 打印技术增材制造的基本原理,和常见的 4 种成形工艺以及材料选择。

2. 自主设计建模或自选模型,使用 FDM 打印技术实验设备进行 3D 打印作业,获得打印作品,加深学生对 FDM 成形工艺的理解、提升工科审美观。

二、实验原理

“3D 打印”学术名称为“快速原型制造”。3D 打印(3D Printing)技术最早起源可以追溯到 1984 年,3D 打印技术的创始人查尔斯·W. 赫尔就定义了专利术语“Stereolithography”即“立体光刻造型技术”。通俗的说法就是“系统通过创建多个截面的方式生成三维物体对象”。只不过在最近才因为材料、工艺、成本等原因被从行业边缘拉回了主流市场。自美国 Stratasys 公司于 1992[1]首台商用 3D 打印机问世以来,该技术的发展之快令世界始料未及。目前,3D 打印技术作为快速成型领域的新宠,正成为一种迅猛发展的潮流。

3D 打印技术是指通过连续的物理层叠加,逐层增加材料来生成三维实体的技术,与传统的去除材料加工技术不同,因此又称为增材制造(Additive Manufacturing,AM)。作为一种综合性应用技术,3D 打印综合了数字建模技术、机电控制技术、信息技术、材料科学与化学等诸多方面的前沿技术知识,具有很高的科技含量。3D 打印机是 3D 打印技术的核心装备。与传统技术相比,3D 打印技术最突出的优点是无需机械加工或任何模具,就能直接从计算机图形数据中生成任何形状的零件,从而大幅缩短生产周期、提高生产效率。目前,3D 打印技术主要被应用于产品原型、模具制造以及艺术创作、珠宝制作等领域,替代这些领域传统依赖的精细加工工艺。

3D 打印技术与激光成型技术基本上是一样的。其基本原理是根据“分层制造、逐层叠加”的制造思想[2]。首先收集到相关对象的三维结构信息,将数据建模,即运用计算机设计出所需零件的三维模型,然后再根据工艺需求,按照一定规律将该模型离散为一系列有序的单位,通常在 z 向将其按照一定的厚度进行离散,把原来的三维 CAD 模型变成一系列的层片,即一系列的二维层面数据;再根据每个层片的轮廓信息,输入加工参数,然后系统后自动生成数控代码。最后由成型一系列层片并自动将它们连接起来,最后得到一个三维物理实体[3~8]。其具体的工艺流程一般可分为三维建模、数据分割、打印、后处理四步(如图 38-1 所示)。

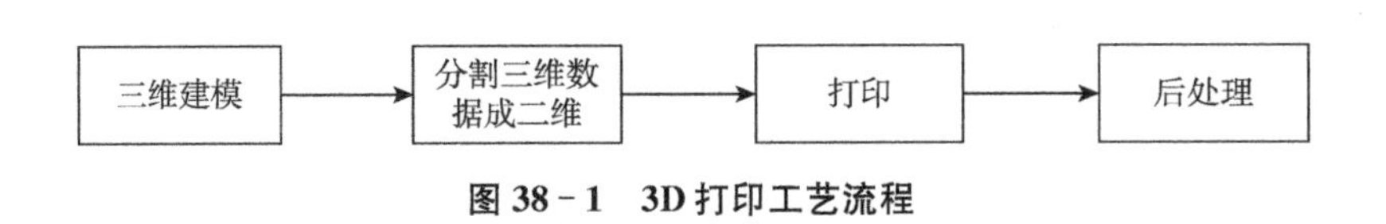

图 38-1　3D 打印工艺流程

目前，3D打印技术已经拥有了许多不同的方法，其中比较成熟的有SLA、SLS、LOM和FDM等方法。每种方法都有各自的优缺点，其不同之处在于以可用的材料的方式，通过不同层构建创建部件。

1. SLA技术

SLA(光固化快速成型，Stereo lithography Appearance)是1984年Charles W. Hull在UVP公司的支持下，发明了一种"光固化成型"系统，是以光固化树脂单体为原料，采用紫外光辐射快速固化进行成型，这是快速成型制造技术发展的一个里程碑[5]。SLA是最早实用化的快速成形技术，采用液态光敏树脂原料。其工艺过程是，首先通过CAD设计出三维实体模型，利用离散程序将模型进行切片处理，设计扫描路径，产生的数据将精确控制激光扫描器和升降台的运动；激光光束通过数控装置控制的扫描器，按设计的扫描路径照射到液态光敏树脂表面，使表面特定区域内的一层树脂固化后，当一层加工完毕后，就生成零件的一个截面；然后升降台下降一定距离，固化层上覆盖另一层液态树脂，再进行第二层扫描，第二固化层牢固地黏结在前一固化层上，这样一层层叠加而成三维工件原型。将原型从树脂中取出后，进行最终固化，再经打光、电镀、喷漆或着色处理即得到要求的产品。SLA技术主要用于制造多种模具、模型等；还可以在原料中通过加入其他成分，用SLA原型模代替熔模精密铸造中的蜡模。SLA技术成形速度较快，精度较高，但由于树脂固化过程中产生收缩，不可避免地会产生应力或引起形变。因此开发收缩小、固化快、强度高的光敏材料是其发展趋势。

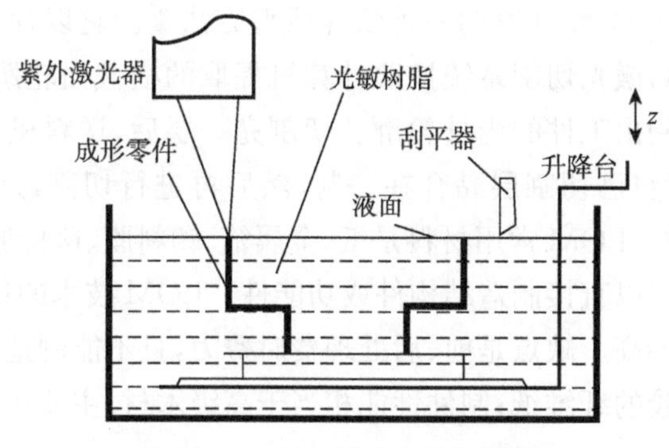

图38-2 SLA技术工艺原理图

2. SLS技术

SLS(选择性激光烧结技术，Selective Laser Sintering)是系1986由C. Deckard提出了，并于1992年开发成功商业样机[1]。采用激光有选择地分层烧结固体粉末，并使烧结成型的固化层，层层叠加生成所需形状的零件。其整个工艺过程包括CAD模型的建立及数据处理、铺粉、烧结以及后处理等。

整个工艺装置由粉末缸和成型缸组成，工作时粉末缸活塞(送粉活塞)上升，由铺粉辊将粉末在成型缸活塞(工作活塞)上均匀铺上一层，计算机根据原型的切片模型控制激光束的二维扫描轨迹，有选择地烧结固体粉末材料以形成零件的一个层面。粉末完成一层后，工作活塞下降一个层厚，铺粉系统铺上新粉。控制激光束再扫描烧结新层。如此循环往复，层层叠加，直到三维零件成型。最后，将未烧结的粉末回收到粉末缸中，并取出成型件。对于金属粉末激光烧结,在烧结之前,整个工作台被加热至一定温度,可减少成型中的热变形,并利于层与层之间的结合。与其他3D打印机技术相比,SLS最突出的优点在于它所使用的成型材料十分广泛。从理论上说,任何加热后能够形成原子间黏结的粉末材料都可以作为SLS的成型材料。目前,可成功进行SLS成型加工的材料有石蜡、高分子、金属、陶瓷粉末和它们的复合粉末材料。由于SLS成型材料品种多、用料节省、成型件性能分布广泛、适合多种用途以及SLS无需设计和制造复杂的支撑系统,所以SLS的应用非常广泛。

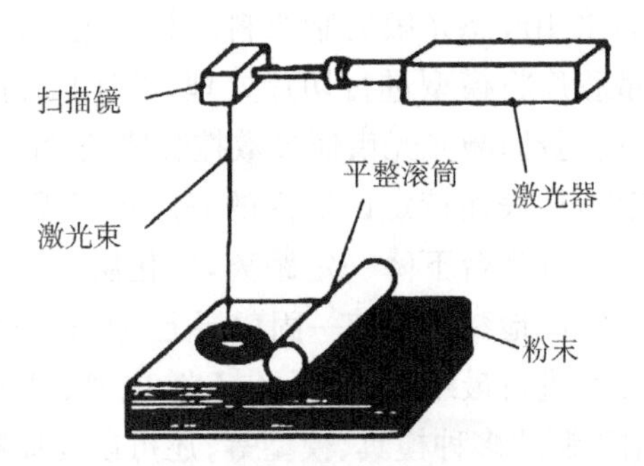

图38-3 SLS技术工艺原理图

3. LOM技术

LOM(分层实体制造法,Laminated Object Manufacturing)又称层叠法成形,是由M. Feygin提出,并于1990年开发的一种快速成型方法[6]。它以片材(如纸片、塑料薄膜或复合材料)为原材料,激光切割系统按照计算机提取的横截面轮廓线数据,将背面涂有热熔胶的纸用激光切割出工件的内外轮廓。切割完一层后,送料机构将新的一层纸叠加上去,利用热粘压装置将已切割层黏合在一起,然后再进行切割,这样一层层地切割、粘合,最终成为三维工件。LOM常用材料是纸、金属箔、塑料膜、陶瓷膜等,此方法除了可以制造模具、模型外,还可以直接制造结构件或功能件。LOM技术的优点是工作可靠,模型支撑性好,成本低,效率高。缺点是前、后处理费时费力,且不能制造中空结构件。成形材料主要是涂敷有热敏胶的纤维纸;制件性能相当于高级木材;主要用途是快速制造新产品样件、模型或铸造用木模。

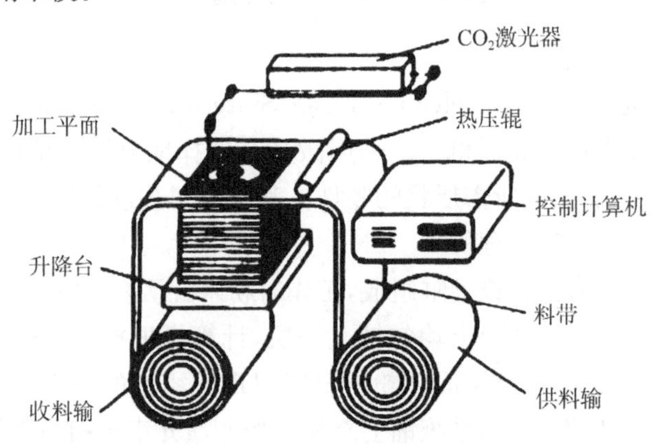

图38-4 LOM技术工艺原理图

4. FDM 技术

FDM(熔积成型,Fused Deposition Modeling)是 1988 年由 Scott Crump 在提出了,并于 1992 年开发成功了样机。熔丝沉积成型工艺是将丝状材料加热熔化,然后挤出成形[7]。该方法使用丝状材料(石蜡、金属、塑料、低熔点合金丝)为原料,利用电加热方式将丝材加热至略高于熔化温度(约比熔点高 1℃),在计算机的控制下,喷头作 $x-y$ 平面运动,将熔融的材料涂覆在工作台上,冷却后形成工件的一层截面,一层成形后,喷头上移一层高度,进行下一层涂覆,这样逐层堆积形成三维工件。其优点是:成型直接,材料利用率高;其缺点是:表面粗糙度高,需要设置支撑。由于该技术污染小,材料可以回收,已用于中、小型工件的成形。成形材料:固体丝状工程塑料;制件性能相当于工程塑料或蜡模;主要用于塑料件、铸造用蜡模、样件或模型[8]。

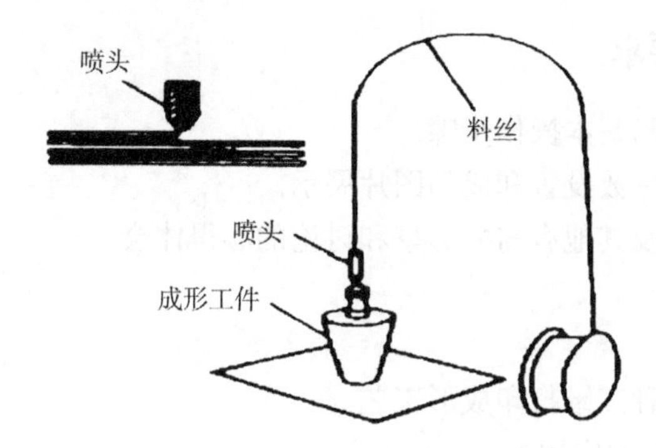

图 38－5　FDM 技术工艺原理图

该工艺也是目前国内最常用的个人级 3D 打印技术,通常以 ABS 或者 PLA 材料为原材料,在其熔融温度下靠自身的粘接性逐层堆积成形。在该工艺中,材料连续地从喷嘴挤出,零件是由丝状材料的受控积聚逐步堆积成形。ABS 温度喷头温度 210～230℃,底板温度 110～120℃,PLA 喷头温度 190～210℃,底板温度 55～70℃。

三、实验仪器与材料

1. 实验仪器:3D 打印机、工作电脑;
2. 实验材料:各色 PLA 材料。

四、实验内容与步骤

1. 自行设计出拟打印的三维模型,或从网络上选取有特色的模型,并按照通用的格式存储(STL 文件)。

2. 打开工作电脑中的 New Creality Slicer 软件,导入模型 STL 文件。根据模型情况思考对应的工艺要求,设置合适的切片参数和打印工艺参数,并必要时添加额外的支撑部件,将该模型离散为一系列有序的单元,即“切片”,保存为打印机适用的切片文件格式(GCODE 文件);完成切片文件后可预览或按照时间需要进行修改设置。

3. 连接 3D 打印机设备电源线,将电源开关拨至 I 档,即启动设备。

4. 预热:点击 3D 打印机设备液晶界面上的“控制系统”,选择“自动设温”,或依据耗材“手动设温”。

5. 预热完成后进行装料和调平(有需要更换耗材时)。

6. 打印:将第2步中获得的切片文件保存在存储卡中(注意文件名只能为数字或字母,不能为中文字或者特色字符),将存储卡插入打印机,显示屏菜单选择“打印”,点击所需打印的文件开始打印,显示屏显示打印进度;开始底层打印时要时刻关注是否工作正常。

7. 后处理:打印完成后,待实验平台稍稍冷却即慢慢取下打印的模型,如必要用相应修剪打磨工具进行微小处理,去除辅助支撑部件;有必要时可进行进一步着色和二次艺术创作。

8. 完善后的打印作品拍照留档(打印作品可由学生带走)。

9. 整理实验设备及工作台面,填写实验设备使用记录,收尾关闭设备电源和实验室电源。

五、实验报告要求

1. 写出实验目的和基本操作步骤。
2. 记录打印工艺参数设置和成品图片展示。
3. 完成思考题以及其他有需要分享和讨论的心得体会。

六、思考题

1. 简述常见的四种三维打印成形工艺。
2. 列举FDM工艺的应用。
3. FDM成形系统的组成有哪些?
4. 三维打印模型的来源有哪些?

七、实验注意事项

1. 自带U盘使用工作电脑进行切片处理,请务必确保U盘已严格杀毒。
2. 打印设备具备一定高温环境,工作时切勿打开柜门。
3. 打印完成后用铲刀取下产品时要小心,铲刀锋利切勿划伤。

八、参考文献

[1] Williams J D, Deckard C R. Advances in modeling the effects of elected parameters on the SLS process[J]. Rapid Prototyping Journal, 1988, 4(2): 90-100.

[2] 崔国起,陈光辉,张庆华,等. 快速成型技术及其发展概况[J]. 计算机辅助设计与制造,2000(9):3-5.

[3] 孟庆华. 喷墨打印技术在3D快速成型制造中的应用[J]. 信息记录材料,2013,14(5):41-51.

[4] 李一欢. 三维打印快速成型机理与工艺研究[D]. 西安科技大学,2008.

[5] D'Urso P S, Barker T M, Earwaker W J. Stereolithographic biomodelling in cranio-maxillofacial surgery: a prospective trial[J]. Journal of Cranio-Maxillofacial Surgery, 1999, 27: 30-37.

［6］Feygin M. LOM System goes into Production［C］. The Second International Conference on Rapid Prototyping，1991：347－353.

［7］Crump S S. Fused Deposition Modeling［C］. The Second International Conference on Rapid Prototyping，1991：351.

［8］张曼. 3D 打印技术及其应用发展研究[J]. 电子世界，2013(13)：7－8.

第八部分　材料综合研究实验

实验 39　金属零件失效及原因分析

一、实验目的

1. 掌握金属零件磨损、疲劳和腐蚀等破坏的形式。掌握每种破坏形式不同工艺条件下的特点。

2. 通过金属零件的破坏现象，分析形成的原因。

3. 掌握摩擦实验机、疲劳实验机的结构和使用。

二、实验原理

1. 磨损理论

摩擦是指两个相互接触的表面发生相对运动或具有相对运动趋势时，在接触表面间产生的阻止相对运动或相对运动趋势的现象，按照物体运动时接触面的变化不同，又可以分为滑动摩擦和滚动摩擦。由于出现摩擦，系统的运动学和动力学性质受到影响和干扰，使系统的一部分能量以热量形式发散和以噪音形式消失，同时，摩擦效果还往往伴随着表面材料的逐渐消失，即磨损。磨损是零部件失效的一种基本类型。通常意义上来讲，磨损是指零部件几何尺寸(体积)变小。零部件失去原有设计所规定的功能称为失效。失效包括完全丧失原定功能；功能降低和有严重损伤或隐患，继续使用会失去可靠性和安全性。

磨损按照表面破坏机理特征，磨损可以分为磨料磨损、粘着磨损、表面疲劳磨损、腐蚀磨损和微动磨损等。前三种是磨损的基本类型，后两种只在某些特定条件下才会发生。

为了反映零件的磨损，常常需要用一些参量来表征材料的磨损性能。常用的参量有以下几种：

(1) 磨损量：由于磨损引起的材料损失量称为磨损量，它可通过测量长度、体积或质量的变化而得到，并相应称它们为线磨损量、体积磨损量和质量磨损量。

(2) 磨损率：以单位时间内材料的磨损量表示，即磨损率 $I=\mathrm{d}V/\mathrm{d}t$（$V$ 为磨损量，t 为时间）。

(3) 磨损度：以单位滑移距离内材料的磨损量来表示，即磨损度 $E=\mathrm{d}V/\mathrm{d}L$（$L$ 为滑移距离）。

(4) 耐磨性：指材料抵抗磨损的性能，它以规定摩擦条件下的磨损率或磨损度的倒数来表示，即耐磨性 $=\mathrm{d}t/\mathrm{d}V$ 或 $\mathrm{d}L/\mathrm{d}V$。

(5) 相对耐磨性：指在同样条件下，两种材料(通常其中一种是 Pb—Sn 合金标准试样)的耐磨性之比值，即相对耐磨性 $\varepsilon_w = \varepsilon_{试样} / \varepsilon_{标样}$。

机械零件的磨损失效常经历一定的磨损阶段，可以将磨损失效过程分为三个阶段。

(1) 跑合磨损阶段。新的摩擦副在运行初期，由于对偶表面的表面粗糙度值较大，实际接触面积较小，接触点数少而多数接触点的面积又较大，接触点黏着严重，因此磨损率较大。但随着跑合的进行，表面微峰峰顶逐渐磨去，表面粗糙度值降低，实际接触面积增大，接触点数增多，磨损率降低，为稳定磨损阶段创造了条件。为了避免跑合磨损阶段损坏摩擦副，因此跑合磨损阶段多采取在空车或低负荷下进行；为了缩短跑合时间，也可采用含添加剂和固体润滑剂的润滑材料，在一定负荷和较高速度下进行跑合。

(2) 稳定磨损阶段。这一阶段磨损缓慢且稳定，磨损率保持基本不变，属正常工作阶段。

(3) 剧烈磨损阶段。经过长时间的稳定磨损后，由于摩擦副对偶表面间的间隙和表面形貌的改变以及表层的疲劳，其磨损率急剧增大，使机械效率下降、精度丧失、产生异常振动和噪声、摩擦副温度迅速升高，最终导致摩擦副完全失效。

2. 疲劳理论

机械零件受到大小、方向随时间呈周期性变化的交变载荷作用，尽管交变应力低于屈服强度，但在交变载荷的长期作用下，零件发生突然断裂，这种现象称为疲劳。

疲劳强度是指材料抵抗无限次应力循环也不疲劳断裂的强度指标，交变负荷 $\sigma-1<\sigma_s$ 为设计标准。金属内部结构并不均匀，从而造成应力传递的不平衡，有的地方会成为应力集中区。与此同时，金属内部的缺陷处还存在许多微小的裂纹。在力的持续作用下，裂纹会越来越大，材料中能够传递应力部分越来越少，直至剩余部分不能继续传递负载时，金属构件就会全部毁坏。

早在 100 多年以前，人们就发现了金属疲劳给各个方面带来的损害。但由于技术的落后，还不能查明疲劳破坏的原因。直到显微镜和电子显微镜相继出现之后，使人类在揭开金属疲劳秘密的道路上不断取得新的成果，并且有了巧妙的办法来对付这个大敌。金属疲劳所产生的裂纹会给人类带来灾难。然而，也有另外的妙用。现在，利用金属疲劳断裂特性制造的应力断料机已经诞生。可以对各种性能的金属和非金属在某一切口产生疲劳断裂进行加工。这个过程只需要 1～2 s 的时间，而且，越是难以切削的材料，越容易通过这种加工来满足人们的需要。疲劳断口保留了整个断裂过程的所有痕迹，记录了很多断裂信息。具有明显区别于其他任何性质断裂的断口形貌特征，而这些特征又受材料性质、应力状态、应力大小及环境因素的影响，因此对疲劳断口分析是研究疲劳过程、分析疲劳失效原因的重要方法。一个典型的疲劳断口往往由疲劳裂纹源区、疲劳裂纹扩展区和瞬时断裂区三个部分组成，具有典型的“贝壳”状或“海滩”状条纹的特征，这种特征给疲劳失效的鉴别工作带来了极大的帮助。

3. 腐蚀理论

金属腐蚀是金属材料受周围介质的作用而损坏。金属的锈蚀是最常见的腐蚀形态。金属腐蚀与防腐蚀问题与现代科学技术发展和人民生活息息相关，几乎所有金属材料都是在一定环境中使用。金属材料在使用过程中受环境的作用，往往随时间的延长而逐渐受到损毁或性能下降，通常称之为“腐蚀”或“老化”。自然环境主要是指大气、海水、土壤、酸碱等环境，它们对金属材料都会发生腐蚀作用。腐蚀时，在金属的界面上发生了化学或电化学多相反应，使金属转入氧化(离子)状态。这会显著降低金属材料的强度、塑性、韧性等力学性能，破坏金属构件的几何形状，增加转动件间的磨损，恶化电学和光学等物理性能，缩短设备的使用寿命，甚至造成火灾、爆炸等灾难性事故。金属材料使用量的90%以上是钢铁，全世界现存的钢铁及金属设备大约每年腐蚀率为10%，全世界每年因腐蚀损失约高于7 000亿美元，一般看来，由于腐蚀所造成的经济损失约占国民经济总产值的2%～4%，由此可见，金属腐蚀问题十分严重和普通。

金属在腐蚀过程中所发生的化学变化，从根本上来说就是金属单质被氧化形成化合物。这种腐蚀过程一般通过两种途径进行，化学腐蚀和电化学腐蚀。化学腐蚀：金属表面与周围介质直接发生化学反应而引起的腐蚀。电化学腐蚀：金属材料(合金或不纯的金属)与电解质溶液接触，通过电极反应产生的腐蚀。

三、实验仪器和材料

1. 实验仪器：摩擦实验机、疲劳实验机；

2. 实验材料：08、T12、2Cr13、45、40Cr等材料，根据不同实验，按照国家标准制备试样。

四、实验内容与步骤

1. 实验内容

金属零件失效及原因分析包括摩擦实验、疲劳实验、腐蚀实验三个实验，通过实验使学生掌握金属零件磨损、疲劳和腐蚀破坏的形式和形成原因，从而加深学生对金属材料的认识，提高学生科学使用材料和分析解决材料破坏问题的能力。

2. 实验步骤

(1) 摩擦实验方法和步骤

实验采用08、T12材料，做成标准试样，在摩擦实验机进行摩擦实验，观察两种材料在相同实验载荷100 N，不同时间30 min、45 min实验条件下的磨损情况；08在相同时间45 min，不同实验载荷100 N、500 N条件下的磨损情况，并分析其原因。

(2) 疲劳实验方法和步骤

实验采用45、40Cr材料，45的疲劳强度为280MPa，40Cr的疲劳强度为552 MPa，做成标准试样，在疲劳实验机进行疲劳实验，观察45在285 MPa、350 MPa、观察40Cr材料在560 MPa、700 MPa不同载荷实验条件下的疲劳破坏情况，观察断口并分析其原因。

(3) 腐蚀实验方法和步骤

实验采用45、2Cr13材料，做成10×50×5试样，分别放入10% HCl、10% H_2SO_4、50%HCl、50%H_2SO_4溶液中进行腐蚀实验，采用10 min、30 min不同放入时间工艺条件，观察两种材料在实验溶液中的腐蚀情况，总结出钢铁材料腐蚀的不同，并分析其腐蚀原因。

五、实验报告要求

1. 写出实验目的和基本操作步骤。

2. 记录实验过程，对实验中出现的特殊现象，要重点加以论述，并且用所学的理论知识加以分析原因。

3. 完成思考题以及其他有需要分享和讨论的心得体会。

六、思考题

1. 金属材料磨损到什么程度机械零件不能使用？

2. 金属材料疲劳极限是什么？

3. 金属材料腐蚀原因是什么？

七、实验注意事项

1. 实验中要求学生注意力高度集中，认真按照设备的使用规程来操作。

2. 实验要求的保护装备要齐全，以免学生受到伤害。

3. 严格按照实验步骤进行，学生分工明确，并做好实验记录。

八、参考文献

[1] 孙智. 失效分析——基础与应用[M]. 2 版. 北京：机械工业出版社，2017.

[2] 廖景娱. 金属构件失效分析[M]. 北京：化学工业出版社，2010.

实验 40　工程材料的选材分析

一、实验目的

1. 了解零件失效的形式、常用零件的工作条件。
2. 了解并灵活运用选材的基本原则。
3. 掌握常用结构零件的选材、制备、热处理工艺的制定等。

二、实验原理

1. 零件的失效

失效是指由于某种原因导致零件的尺寸、形状或材料的组织与性能发生变化而丧失其规定功能的现象。零件失效的类型可归纳为变形、断裂与表面损伤三种。根据丧失功能的程度，零件失效表现为下列三种情况：零件完全破断，丧失工作能力；零件已严重损伤，不能再安全工作；零件虽能安全工作，但已不能满意地起到预期作用。

2. 失效原因

(1) 零件设计不合理

零件结构设计不合理会造成应力集中。对工作时的过载估计不足或结构尺寸计算错误，会造成零件不能承受一定的过载。对环境温度、介质状况估计不足，会造成零件承载能力降低。

(2) 选材不当

未能正确判断零件的失效形式，会导致设计时选错材料。对材料性能指标、试验条件和应用场合缺乏全面了解，使所选材料抗力指标与实际失效形式不相符合而造成选材错误。材料冶金质量太差，由所选材料制成的零件达不到设计要求。

(3) 加工工艺不合理

成形工艺不当会造成缺陷。如铸造工艺不当在铸件中会造成缩孔、气孔；锻造工艺不当，造成过热组织，甚至发生过烧；机加工不当，造成深刀痕和磨削裂纹；热处理工艺不当，造成组织不合要求、脱碳、变形、开裂等。这都是导致零件失效的重要原因。

(4) 安装使用不当

安装时对中不好，配合过紧或过松，不按规程操作，维护不良等都可能导致零件失效。

3. 失效分析方法

零件失效原因是相当复杂的，可能是设计有误，或材料选用不合理，或加工工艺不当等。因此，失效分析是一个涉及面很广的复杂问题，所以分析零件失效必须有一个科学的方法。其工作程序大体为：

(1) 收集失效零件残体，确定失效的源发部位。

(2) 整理失效零件的有关资料，如设计资料、加工工艺文件及使用记录等。

(3) 对失效零件残体进行宏观及微观断口分析，确定失效的发源地及失效方式。

(4) 测定失效零件残体样品的必要数据，包括设计所依据的性能指标及与失效有关的性能数据，材料的组织及化学成分是否符合要求，分析在失效零件上收集到的腐蚀产物的成分、磨屑的成分等。必要时还要进行无损探伤、断裂力学分析等，确定有无裂纹或其他缺陷。

(5) 综合各方面的资料做出判断，确定失效的原因，提出改进措施、写出分析报告。零件失效的原因是多方面的。就材料而言，通过对零件工作条件和失效形式的分析，确定零件的使用性能要求，将使用性能具体转化为相应的性能指标，根据这些指标来选用材料。

4. 选材的三原则

(1) 使用性能原则

使用性能是保证零件实现规定功能的必要条件，是选材最主要的依据。使用性能主要指零件在使用状态下应具有的力学性能、物理性能和化学性能。零件必须满足的使用性能要在对工作条件和失效形式分析的基础上提出。

(2) 工艺性能原则

在选材中，工艺性能也可成为选材考虑的主要依据。当某一可选材料的性能很理想，但极难加工或加工成本很高时，选用该材料就没有意义了。因此，选材时必须考虑材料的工艺性能。

(3) 经济性原则

材料的经济性也是选材的重要原则之一。从材料的经济性考虑，选材时应注意以下几个方面：材料的价格、零件的总成本、国家的资源等。

5. 齿轮的选材及其热成型工艺

(1) 工作条件

齿轮是机械工业中应用最广的零件之一，是机床、汽车、拖拉机等机器设备中的重要零件，主要用于传递扭矩、改变运动方向和调节速度，其工作时的受力情况如下：由于传递扭矩，齿根承受较大的交变弯曲应力；齿面相互滑动和滚动，承受较大的接触应力，并发生强烈的摩擦；由于换挡、启动或啮合不良，齿部承受一定的冲击。

(2) 失效形式

① 齿根的疲劳断裂，通常一齿断裂引起数齿甚至更多的齿断裂，它是齿轮最严重的失效形式；

② 齿面磨损，导致齿厚变小，齿隙增大；在交变接触应力作用下，齿面产生微裂纹并逐渐发展，最终齿面接触疲劳破坏，出现点状剥落；

③ 过载断裂，主要是冲击载荷过大造成齿断。

(3) 性能要求

① 高的弯曲疲劳强度；

② 高的接触疲劳强度和耐磨性；

③ 轮齿心部要有足够的强度和韧性。

此外，对金属材料，应有较好的热处理工艺性，如淬透性高，过热敏感性小，变形小等。

(4) 齿轮零件的选材

根据工作条件,一些齿轮的工作条件、选材、热处理工艺和性能都有相应的要求。

(5) 工艺路线

工艺路线的一般形式:

下料→锻造→预热处理→机加工→终热处理→后序→零件。

工艺路线中的预热处理和终热处理取决于所选的齿轮材料。当齿轮材料为低碳的渗碳钢时,预热处理为正火,其目的除了均匀组织、改善组织外,更主要的是提高锻件的硬度便于切削加工。此时的终热处理为渗碳+低温回火。齿轮的表面组织为高碳回火马氏体,心部为低碳回火马氏体。

如果所选材料为中碳钢,则预热处理为正火或退火,目的消除内应力,均匀组织,改善组织。终热处理分调质处理,使整过齿轮的组织转变为回火索氏体,但对轴颈部位还需进行表面淬火+低温回火热处理,使轴颈部位的表面获得中碳回火马氏体组织,以提高轴颈的耐磨性能。

三、实验仪器与材料

金相显微镜、热处理炉、弹簧、板簧、枪管、齿轮、轴等。

四、实验内容与步骤

1. 实验内容

共同分析轴、齿轮、枪管、压缩螺旋弹簧及板簧的工作条件、使用性能、选材、工艺路线、热处理工艺的作用。

2. 实验步骤

① 弄清楚零件的工作条件,诸如所承载荷性质、大小,工作环境温度,介质性质,用户要求等;并分析估计零件失效的方式和原因,提出零件的性能要求。

② 将零件的性能要求量化为材料的性能指标。

③ 根据材料的性能指标,提出备选材料。备选材料可通过查阅有关手册,参考相类似零件提出。

④ 从使用性能、工艺性能及经济性等方面综合考虑,并进行计算、校核,从备选材料中确定理想的材料。

⑤ 通过实验室试验检测、台架试验和批量考核,最终确定选材方案。

五、实验报告要求

1. 写出实验目的和基本操作步骤。

2. 分析压缩螺旋弹簧及板簧的工作条件、使用性能、选材、工艺路线、热处理工艺的作用。

3. 分析枪管的工作条件、使用性能、选材、工艺路线、热处理工艺的作用。

4. 完成思考题。

六、思考题

1. 如何合理应用选材的三原则？
2. 选材不当时，能否通过热处理的方式来弥补？试举例说明。
3. 工艺路线中的预热处理能否省略？为什么？试举例说明。

七、实验注意事项

1. 应结合实际工作条件并借助现代实验手段进行选材分析；
2. 选材时除了结合三原则外，还应考虑材料实际供应的条件。

八、参考文献

[1] 朱张校，姚可夫. 工程材料[M]. 5 版. 北京：清华大学出版社，2011.
[2] 周凤云. 工程材料及应用[M]. 武汉：华中科技大学出版社，2014.

附录一 实验室准入与安全基础知识

1. 学生实验守则

(1) 学生进入实验室必须严格遵守实验室的各项规章制度。

(2) 按照学校规定，学生应参加实验室安全准入后方能进入实验室参与各项实验项目。

(3) 实验前必须做好预习，明确实验的目的、内容、方法和步骤，未经预习或无故迟到15分钟以上者，指导教师有权取消其实验资格。

(4) 保持实验室的严肃、安静，不得在实验室内大声喧哗、嬉闹，不准在实验室内进食、吸烟和乱吐乱丢杂物。

(5) 学生必须以实事求是的科学态度进行实验，严格遵守操作规程，服从教师或实验技术人员的指导(对有特殊要求的实验，必须按要求穿戴安全防护用具后方可进行实验)，严防事故，确保人身安全和实验室安全。若发现异常情况，及时报告教师或实验技术人员，并采取相应的措施，减少事故造成的损失；若违反操作规程或不听从指导而造成仪器设备损坏等事故者，按学校有关规定进行处理。

(6) 学生应备有专用实验记录本，实验记录是原始性记录，是撰写实验报告的主要依据，内容要求真实、客观地反映实际情况，实验结果须经教师认可。

(7) 实验完成后，应将仪器、工具及实验场地等进行清理、归还，经教师同意后，方可离开实验室。

(8) 独立完成实验报告，按时交给教师，不得抄袭或臆造。实验报告一律用黑色钢笔书写或打印，统一采用国家标准所规定的单位与符号，要求文字书写工整，不得潦草；作图规范，不得随手勾画。

2. 实验室规则

(1) 实验室是教学、科研重地，必须建立健全规则制定，加强管理，确保正常的教学、科研秩序。

(2) 实验室内应保持安静，不准高声谈笑，不准抽烟，不准随地吐痰，不准乱扔纸削杂物。

(3) 实验过程中必须注意安全，节约水、电、气及实验材料，遇到事故立即切断电源，及时报告指导教师或实验室管理人员。

(4) 使用仪器设备要严格遵守操作规程，对不遵守操作规程又不听劝告者，实验室管理人员有权令其停止实验，对违章操作造成事故者须追究相应责任，实验结束后按要求整理实验仪器及器材。

(5) 对贵重、精密、稀缺仪器设备，必须指定专人负责管理，使用后必须登记，维修要有记录，升级改造必须有论证与验收报告。

(6) 严禁擅自拆卸、改装仪器设备，报废仪器设备需做技术鉴定，并按学校有关规定程序报废。

(7) 实验室仪器必须按学校规定建立帐、卡，专人保管，严格履行领物、借用、登记手续，定期清查核对，保持帐、物、卡一致。

(8) 加强水、电、防火、防盗安全管理，下班时关好门窗、水龙头、切断电源、火源、锁好门，预防火灾、水患、盗窃事故的发生。

3. 材料类专业和基础教学实验室安全须知

材料类实验室虽然不如化学类专业实验室涉及化学品和危险品那样多，但近年来随着材料专业范围拓展，不再是单纯金属类基础实验为主，在大材料的研究和教学范畴下，材料类实验室和实验教学涉及更多的化学品，同时存在的风险点和危险源也更多、更复杂。因此作为材料类基础实验教学，除了遵守实验守则与实验室规则外，更需要在日常教学中加强安全培训。

(1) 安全意识

安全培训应从安全意识开始。学生应具备规则感、风险意识，了解实验室与实验项目所具有的风险点，学习相应的防护方法，理解遵守规则规章的重要性。

(2) 安全规则与规章

近年来，随着高校实验室安全事故屡有发生，高校实验室安全管理被提到了各校管理的重要地位。各校针对实验室安全均建立和实施了很多安全规章制度，而教育部近年来针对高校实验室安全，发布了《教育部关于加强高校实验室安全工作的意见》(教技函〔2019〕36号)，并发布《高等学校实验室安全检查项目表》，列出了高校实验室责任体系、规章制度、安全宣传教育、安全检查、实验场所、安全设施、基础安全、化学安全、生物安全、辐射安全与核材料管制、机电等安全、特种设备与常规冷热设备等12个方面逐条逐项地检查表单。

(3) 学生实验要求与流程

① 做好基本防护：进入实验室，应结合实验室应身着实验服，佩戴手套、护目镜等。

② 遵守实验室相关制度和设备操作规程：各实验室均张贴有实验室制度、设备操作规程等，学生进入实验室进行实验前，应熟读相关制度。

③ 养成良好实验习惯：实验过程及完成后要及时进行卫生清洁、实验收尾整理、设备耗材归位、关门水电管理。

④ 化学品的使用与管理：材料类部分实验项目涉及许多化学品，学生需要了解化学品的基本特性方能使用，按照安全要求进行化学品的日常存储与管理。

⑤ 实验室废弃物处理：学生应熟知实验室涉化固废处理要求，涉化固废及废液不可随意丢弃，应由专门的涉化废弃物处理公司处理。

⑥ 实验室风险处置：学生进入实验室前应熟读实验室应急预案、消防火灾处置处理等，一旦遇到紧急风险情况，应能及时按章处置。

⑦ 具体实验项目须知：针对具体实验项目，应由指导教师或指导人员告知学生实验过程与设备的风险点，学生应及早预习实验项目，熟知使用流程应知应会，实验过程应做好实验记录。

学生在进行实验前应主动学习、主动需求、主动防护，实验室以不影响别人、不伤害别人、顺手利于别人为原则，应用工科思维，针对实验误差分析、数据的客观性、准确性、有效性、数据处理与精确度、教学实验设备与科研实验设备的区别等多方面着重考虑。

针对材料类具体实验项目所涉及的风险点，主要在前述各实验项目教程中体现。特别对于涉危涉化类项目，如金相制样中，常用浸蚀剂均为腐蚀性物质，如硝酸酒精等，配置及使用涉危涉爆化学药品时一定要做好防护，穿实验服、佩戴护目镜、戴手套进行配置操作。日常使用时也应注意安全，如沾染皮肤应立即清水冲洗。如在实验中需要用到具有更大危险爆炸性的高氯酸、苦味酸等，更需要在使用前详细查询化学品基本性能，熟悉安全操作要求方能使用。原则上材料类教学实验不建议学生进行相关高危化学品的使用和浸蚀剂的配置。

附录二 实验设计与数据处理

材料科学是以实验为主要研究手段的学科，涉及大量的实物实验和数值模拟实验。在众多的因素中“好、快、省”地确定出影响显著的因素，并优化出各因素的水平组合，仅仅依靠专业知识是无法完成的，这要求工程师和科研工作者掌握必要的实验设计与数据处理方法。作为基础实验教学，学生进入实验室进行实验之前，均需要学生了解此部分内容。以下仅针对基础实验教学中可能涉及内容进行简介，更详细的内容详见相关专业教材。

实验设计与数据处理是以概率论、数理统计及线性代数为理论基础，经济、科学地安排实验和分析处理实验结果的一项技术，主要是围绕着科研中常见的单因素优化、多因素优化、实验数据处理等问题，讲授回归分析，方差分析，单因素实验优化设计、多因素实验设计、正交实验设计和均匀设计等内容。旨在为学生将来从事科学研究和实践准备必需的实验方案制定及数据处理方法和运算技能，为学生将来解决复杂工程问题奠定必要的实验设计与数据处理基础。

1. 实验设计的基本概念

实验设计包括优选实验因素，选择因素的水平，确定实验指标。因素的具体取值称为水平。按照因素的给定水平对实验对象所做的操作称为处理，接受处理的实验对象称为实验单元。衡量实验结果好坏程度的指标称为实验指标，也称响应变量。

2. 实验设计的作用

实验设计研究的是有关实验的设计理论与方法。通常所说的实验设计是以概率论、数理统计及线性代数为理论基础，科学地安排实验方案，正确地分析实验结果，尽快获得优化方案的一种方法。

国内外实践表明，实验设计可以帮助有效地解决如下问题：

(1) 科学、合理地安排实验，可以减少实验次数，缩短实验周期，节约人力、物力，提高经济效益。尤其当因素水平较多时，效果更为显著。

(2) 在产品的设计和制造中，影响指标值的因素往往很多，通过对实验的设计和结果分析能使我们在众多的因素中分清主次，找出影响指标的主要因素。

(3) 通过实验设计，可以分析因素之间交互作用影响的大小。

(4) 通过方差分析，可以分析出实验误差影响的大小，提高实验的精度。

(5) 通过实验设计，能尽快地找出较优的设计参数或生产工艺条件，并通过对实验结果的分析、比较，找出最优化方案和进一步实验的方向。

(6) 能对最优方案的指标值进行预测。

一项科学合理的实验安排应能做到以下三点：① 实验次数尽可能少；② 便于分析和处理实验数据；③ 通过分析能得到满意的实验结论。

3. 实验设计的类型

3.1 实验设计的基本类型

根据实验的目的，实验设计可以分为五种类型：

(1) 演示实验

演示实验的目的是演示一种科学现象，如中小学的各种物理、化学、生物实验课所做的实验。在大学中，大学物理、化学等课程实验中也存在大量的演示实验。只要按照正确的实验条件和实验程序操作，必然得到预定的结果。对该类实验的设计主要是专业设计，使得实验的操作更加简单可行，实验结果更直观清晰。

(2) 验证实验

验证实验的目的是验证一种科学推断的正确性，可以作为其他实验方法的补充实验。验证实验也可以是对已提出的科学现象的重复验证，检验其结果是否正确。例如赫伯特·格莱特教授于1980年首次提出纳米晶固体的构想，开创了全球纳米材料研究新方向，引发并推动了纳米科技的发展。后来其他研究人员在实验室中验证了他的设想。

(3) 对比实验

对比实验的目的是检验一种或几种处理的效果。如热处理对中碳钢的力学性能存在显著影响，热处理的工艺参数主要包括加热温度、保温时间、冷却速度等。当改变加热温度、保温时间、冷却速度时，可以得到不同的力学性能。对比这些参数中的一种或多种对中碳钢的力学性能的影响就是一种对比实验。对比实验的设计需要结合专业设计和统计设计两方面的知识，对实验结果的数据分析属于统计学中的假设检验问题。

(4) 优化实验

优化实验的目的是高效率地找出实验问题的最优实验条件，这种优化实验是一项尝试性的工作，有可能获得成功，也有可能不成功，所以常把优化实验称为实验(test)。以优化为目的的实验设计则称为实验设计。例如目前流行的正交设计和均匀设计的全称分别是正交实验设计和均匀实验设计。

(5) 探索实验

对未知事物的探索性科学研究实验称为探索实验，具体来说包括探索研究对象的未知性质，了解它具有怎样的组成，有哪些属性和特征以及与其他对象或现象的联系等的实验。目前，高校和中小学都会安排一些探索性实验课，培养学生像科学家一样思考问题和解决问题，包括实验的选题、确定实验条件、实验的设计、实验数据的记录以及实验结果的分析等。

探索实验在工程技术中属于开发设计，其设计工作既要依靠专业技术知识，也需要结合使用比较实验和优化实验的方法。在这些实验中使用优化设计技术可以大幅度减少实验次数。

3.2 优化实验的基本类型

在上述五大类实验设计类型中，优化实验是一个十分广阔的领域，几乎无所不在。在科研、开发和生产中，优化实验可以达到提高质量、增加产量、降低成本以及保护环境的目的。随着科学技术的迅猛发展，市场竞争的日益激烈，优化实验将会越发显示其巨大的威力。

优化实验的内容十分丰富，可以划分为以下几种类型。

(1) 按实验因素的数目：单因素优化实验和多因素优化实验。

(2) 按实验的目的：指标水平优化和稳健性优化。

指标水平优化的目的是优化实验指标的平均水平，例如增加化工产品的回收率，延长产品的使用寿命，降低产品的能耗。稳健性优化的目的是减小产品指标的波动（标准差），使产品的性能更稳定，用廉价的低等级的元件组装出性能稳定质量高的产品。

(3) 按实验的形式：实物实验和计算实验。

实物实验包括现场实验和实验室实验两种情况，是主要的实验方式。计算实验是根据数学模型计算出实验指标，在材料科学与工程领域得到大量的应用。如我国工程院院士柳百成教授领导的课题组开展的铸造过程的模拟就是一种计算实验。

(4) 按实验的过程：序贯实验设计和整体实验设计。

序贯实验是从一个起点出发，根据前面实验的结果决定后面实验的位置，使实验的指标不断优化，形象地称为“爬山法”。0.618 法、分数法、因素轮换法都属于爬山法。整体实验是在实验前就把所要做的实验的位置确定好，要求设计的这些实验点能够均匀地分布在全部可能的实验点之中，然后根据实验结果寻找最优的实验条件。正交设计和均匀设计都属于整体实验设计。

4. 实验设计的要素与原则

一个完善的实验设计方案应该考虑到如下问题：人力、物力和时间满足要求；重要的观测因素和实验指标没有遗漏并做了合理安排；重要的非实验因素都得到了有效的控制，实验中可能出现的各种意外情况都已考虑在内并有相应的对策；对实验的操作方法、实验数据的收集、整理、分析方式都已经确定了科学合理的方法。

从设计的统计要求看，一个完善的实验设计方案应该符合“三要素”与“四原则”。在讲述实验设计的要素与原则之前，首先介绍实验设计的几个基本概念。

4.1　实验设计的要素

从专业设计的角度看，实验设计的三个要素就是实验因素、实验单元和实验效应，其中实验效应用实验指标反映。在前面已经介绍了这几个概念，下面再对有关问题作进一步的介绍。

(1) 实验因素

实验设计的一项重要工作就是确定可能影响实验指标的实验因素，并根据专业知识初步确定因素水平的范围。若在整个实验过程中影响实验指标的因素很多，就必须结合专业知识，对众多的因素作全面分析，区分哪些是重要的实验因素，哪些是非重要的实验因素，以便选用合适的实验设计方法妥善安排这些因素。

因素水平选取得过于密集，实验次数就会增多，许多相邻的水平对结果的影响十分接近，将会浪费人力、物力和时间，降低实验的效率；反之，因素水平选取得过于稀少，因素的不同水平对实验指标的影响规律就不能真实地反映出来，就不能得到有用的结论。在缺乏经验的前提下，可以先做筛选实验，选取较为合适的因素和水平数目。另外，因素的水平取值也受实验条件的限制。例如，当一个加热炉温度波动为±10℃，则两个水平间数值之差为 10℃一定是不合理的。如果加热炉温度波动为±1℃，则两个水平间数值之差为

10℃理论上是合理的。

实验的因素应该尽量选择为数量因素，少用或不用品质因素。数量因素就是对其水平值能够用数值大小精确衡量的因素，例如温度、容积等；品质因素水平的取值是定性的，如药物的种类、设备的型号等。数量因素有利于对实验结果做深入的统计分析，例如回归分析等。在出现品质因素时，尽可能采用模糊数学方面的知识将其水平转化为数值。

在确定实验因素和因素水平时要注意实验的安全性某些因素水平组合的处理可能会损坏实验设备（例如高温、高压）、产生有害物质，甚至发生爆炸。这需要参加实验设计的专业人员能够事先预见，排除这种危险性处理，或者做好预防工作。

（2）实验单元

接受实验处理的对象或产品就是实验单元。在工程实验中，实验对象是材料和产品，只需要根据专业知识和统计学原理选用实验对象。在医学和生物实验中，实验单元也称为受试对象，选择受试对象不仅要依照统计学原理，还要考虑生理和伦理等问题。仅从统计学的角度看需要考虑以下问题：

① 在选择动物为受试对象时，要考虑动物的种属品系、窝别、性别、年龄、体重、健康状况等差异。

② 在以人作为受试对象时，除了考虑人的种族、性别、年龄、体重、健康状况等一般条件外，还要考虑社会背景，包括职业、爱好、生活习惯、居住条件、经济状况、家庭条件和心理状况等。

这些差异都会对实验结果产生影响，这些影响是不能完全被消除的，可以通过采用随机化设计和区组设计而降低其影响程度。

（3）实验效应

实验效应是反映实验处理效果的标志，它通过具体的实验指标来体现。与对实验因素的要求一样，要尽量选用定量的实验指标，不用定性的实验指标。另外要尽可能选用客观性强的指标，少用主观指标。有一些指标的来源虽然是客观的（如读取病理切片等），但是在判断上也受主观影响，称为半客观指标，对这类半客观指标一定要事先规定所取数值的严格标准，必要时还应进行统一的技术培训。

4.2　实验设计的四原则

费希尔在实验设计的研究中提出了实验设计的三个原则，即随机化原则、重复原则和局部控制原则。半个多世纪以来，实验设计得到迅速的发展和完善，这三个原则仍然是指导实验设计的基本原则。同时，人们通过理论研究和实践经验对这三个原则也给予进一步的发展和完善，把局部控制原则分解为对照原则和区组原则，提出了实验设计的四个基本原则随机化原则、重复原则、对照原则和区组原则。目前，这四大实验设计原则是已经被人们普遍接受的保证实验结果正确性的必要条件。同时，随着科学技术的发展，这四大原则的内容也在不断发展完善之中。

随机化原则是指以概率均等的原则，随机地选择实验单元。

重复原则是指相同实验条件下的独立重复实验的次数要足够多。

对照原则是指在实验中设置与实验组相互比较的对照组，给各组施加不同的处理，然后分析比较结果。对照的形式有多种，可根据研究目的和内容加以选择，常用的有空白对照、实验条件对照、标准对照、自身对照、历史对照和中外对照。

区组原则是指将人为划分的时间、空间、设备等实验条件纳入到实验因素中。

实验设计的四个原则之间有密切的关系区组原则是核心，贯穿于随机化、重复和对照原则之中，相辅相成、互相补充。有时仅把随机化、重复和对照称为实验设计的三个原则，这并不是意味着区组不是重要的原则，而是说区组是贯穿于这三个原则之中的一个原则。

5. 实验设计中的误差控制

5.1 实验误差

在实验过程中，环境、实验条件、设备、仪器、实验人员认识能力等原因，使得实验测量的数值和真值之间存在一定的差异，这就是误差。误差可以逐渐减小，但不能完全消除，在实验设计中应尽量控制误差，使其减小到最低程度，以提高实验结果的精确性。误差按其特点与性质可分为三种：系统误差，随机误差，粗大误差。

(1) 系统误差

系统误差是由于偏离测量规定的条件，或者测量方法不合适，按某一确定的规律所引起的误差。在相同实验条件下，多次测量同一量值时，系统误差的绝对值和符号保持不变：或者条件改变时，按一定规律变化。例如，标准值的不准确、仪器刻度的不准确而引起的误差都是系统误差。系统误差是由按确定规律变化的因素所造成的，这些误差因素是可以掌握的。具体来说，有以下四个方面的因素。

① 测量人员由于测量者的个人特点，在刻度上估计读数时，习惯偏于某一方向：动态测量时，记录某一信号，有滞后的倾向。

② 测量仪器装置：仪器装置结构设计原理存在缺陷，仪器零件制造和安装不正确，仪器附件制造有偏差。

③ 测量方法：采取近似的测量方法或近似的计算公式等引起的误差。

④ 测量环境：测量时的实际温度对标准温度的偏差，测量过程中温度、湿度等按一定规律变化的误差。

对系统误差的处理办法是发现和掌握其规律，然后尽量避免和消除。

(2) 随机误差(或称偶然误差)

在同一条件下，多次测量同一量值时，绝对值和符号以不可预定方式变化着的误差，称为偶然误差。即对系统误差进行修正后，还出现观测值与真值之间的误差。例如，仪器仪表中传动部件的间隙和摩擦，连接件的变形等引起的示值不稳定等都是偶然误差。这种误差的特点是在相同条件下，少量地重复测量同一个物理量时，误差有时大有时小，有时正有时负，没有确定的规律，且不可能预先测定。但是当观测次数足够多时，随机误差完全遵守概率统计的规律。即这些误差的出现没有确定的规律性，但就误差总体而言，却具有统计规律性。

随机误差是由很多暂时未被掌握的因素构成的，主要有三个方面。

① 测量人员：瞄准、读数的不稳定等；

② 测量仪器装置零部件、元器件配合的不稳定，零部件的变形，零件表面油膜不均、摩擦等；

③ 测量环境：测量温度的微小波动，湿度、气压的微量变化，光照强度变化，灰尘、电

磁场变化等。因而随机误差是实验者无法严格控制的，一般是不可完全避免的。

(3) 粗大误差

明显歪曲测量结果的误差称为粗大误差(或称过失误差)。例如，测量者在测量时对错了标志、读错了数、记错了数等。凡包含粗大误差的测量值称为坏值。只要实验者加强工作责任心，粗大误差是可以完全避免的。

发生粗大误差的原因主要有两个方面。

① 测量人员的主观原因：由于测量者责任心不强，工作过于疲劳，缺乏经验操作不当，或在测量时不仔细、不耐心、马马虎虎等，造成读错、听错、记错等；

② 客观条件变化的原因：测量条件意外的改变(如外界振动等)，引起仪器示值或被测对象位置改变而造成粗大误差。

5.2 实验数据的精准度

误差的大小可以反映实验结果的好坏，误差可能是由于随机误差或系统误差单独造成的，也可能是两者的叠加。为了说明这一问题，引出了精密度、正确度和准确度这三个表示误差性质的术语。

(1) 精密度

精密度反映了随机误差太小的程度，是指在一定的实验条件下，多次实验的彼此符合程度。如果实验数据分散程度较小，则说明是精密的。

由于精密度表示了随机误差的太小，因此对于无系统误差的实验，可以通过增加实验次数而达到提高数据精密度的目的。如果实验过程足够精密，则只需少量几次实验就能满足要求。

(2) 正确度

正确度反映系统误差的大小，是指在一定的实验条件下，所有系统误差的综合。

由于随机误差和系统误差是两种不同性质的误差，因此对于某一组实验数据而言，精密度高并不意味着正确度也高；反之，精密度不好，但当实验次数相当多时，有时也会得到好的正确度。

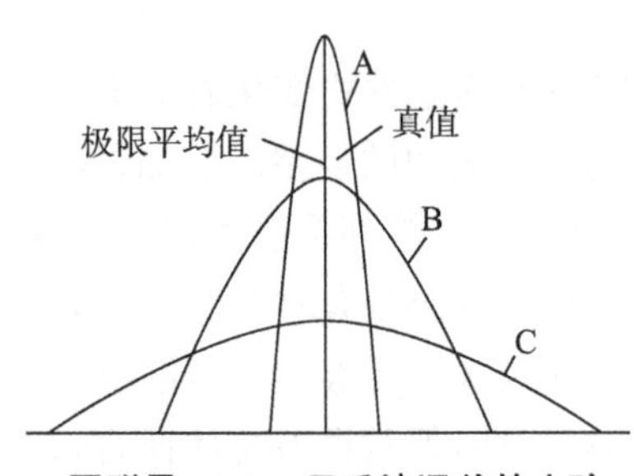

图附录二-1　无系统误差的实验

准确度反映了系统误差和随机误差的综合，表示了实验结果和真值的一致程度。如图附录二-1假设A、B、C三个实验都无系统误差，实验数据服从正态分布，而且对应着同一个真值，则可以看出A、B、C的精密度依次降低；由于无系统误差，三组数据的极限平均值(实验次数无穷多时的算术平均值)均接近真值，即它们的正确度是相当的；如果将精密度和正确度综合起来，则三组数据的准确度从高到低依次为A、B、C。

通过上面的讨论可知：① 对实验结果进行误差分析时，只讨论系统误差和随机误差两大类，而坏值在实验过程和分析中随时剔除；② 一个精密的测量(即精密度很高，随机误差很小的测量)可能是正确的，也可能是错误的(当系统误差很大，超出了允许的限度时)。所以，只有在消除了系统误差之后，随机误差越小的测量才是既正确又精密的，此时称它是精确(或准确)的测量，这也正是人们在实验中所要努力争取达到的目标。

又如图附录二-2,假设A、B、C三个实验都有系统误差,实验数据服从正态分布,而且对应着同一个真值,则可以看出A、B、C的精密度依次降低。由于都有系统误差,三组数据的极限平均值均与真值不符,所以它们是不准确的。但是,如果考虑到精密度因素,则图中A的大部分实验值可能比图中B和C的实验值要准确。

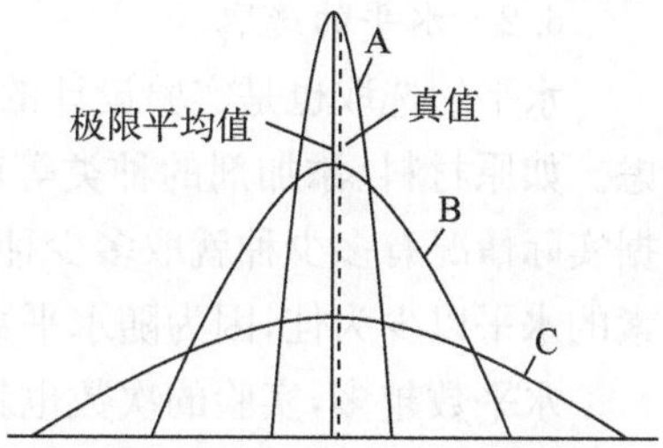

图附录二-2 有系统误差的实验

5.3 坏值及其剔除

在实际测量中,由于偶然误差的客观存在,所得的数据总存在着一定的离散性。但也可能由于粗大误差出现个别离散较远的数据,通常称为坏值或可疑值。如果保留了这些数据,由于坏值对测量结果的平均值的影响往往非常明显,故不能以其作为真值的估计值。反过来,如果把属于偶然误差的个别数据当作坏值处理,也许暂时可以报告出一个精确度较高的结果,但这是虚伪的、不科学的。

对于可疑数据的取舍一定要慎重,一般处理原则如下:

① 在实验过程中,若发现异常数据,应停止实验,分析原因,及时纠正错误。

② 实验结束后,在分析实验结果时,如发现异常数据,则应先找出产生差异的原因,再对其进行取舍。

③ 在分析实验结果时,如不清楚产生异常值的原因,则应对数据进行统计处理,常用的统计方法有拉伊达准则、肖维勒准则、格拉布斯准则、狄克逊准则、t 检验法、F 检验法等;若数据较少,则可重做一些数据。

④ 对于舍去的数据,在实验报告中应注明舍去的原因或所选用的统计方法。

总之,对待可疑数据要慎重,不能任意抛弃或修改。往往通过对可疑数据的考察,可以发现引起系统误差的原因,进而改进实验方法,有时甚至可得到新实验方法的线索。

6. 实验设计中因素与水平的选取

6.1 因素的选取

每一个具体的实验,由于实验目的不同或者因现场条件的限制等,通常只选取所有影响因素中的某些因素进行实验。实验过程中改变这些因素的水平而让其余因素保持不变。但是为了保证结论的可靠性,在选取因素时应把所有影响较大的因素选入实验。另外,某些因素之间还存在着交互作用。所以,影响较大的因素还应包括那些单独变化水平时效果不显著,而与其他因素同时变化水平时交互作用较大的因素,这样实验结果才具有代表性。如果设计实验时,漏掉了影响较大的因素,那么只要这些因素水平改变,结果就会改变。所以,为了保证结论的可靠性,设计实验时就应把所有影响较大的因素选入实验,进行全组合实验。一般而言,选入的因素越多越好。在近代工程中,20～50个因素的实验并不罕见,但从充分发挥实验设计方法的效果看,以7～8个因素为宜。当然,不同的实验,选取因素的数目也会不一样,因素的多少决定于客观事物本身和实验目的的要求。而当因素间有交互作用影响时,如何处理交互作用是实验设计中另一个极为重要的问题。

6.2 水平的选取

水平的选取也是实验设计的主要内容之一。对影响因素,可以从质和量两方面来考虑。如原材料、添加剂的种类等就属于质的方面,对于这一类因素,选取水平时就只能根据实际情况有多少种就取多少种;相反,诸如温度、水泥的用量等就属于量的方面,这类因素的水平以少为佳,因为随水平数的增加,实验次数会急剧增多。

水平数越多,实验的次数也就越多。如某一化学反应,其反应的完全程度与反应温度和触媒的用量有关。当温度取三水平,触媒用量取六水平时,就要做 $3\times6=18$ 次实验。在很多情况下,考虑到经济因素和实验的复杂程度,应尽量减少实验次数,以达到实验的最终目的。而减少实验次数在很多情况下决定于实验设计人员的专业水平和经验。根据化学反应动力学原理,温度水平较高时,触媒的用量可以少些;相反,温度水平低时,触媒用量必须多些。也就是说,可以去掉那些温度低、触媒用量少和温度高、触媒用量多的组合,这样,实验次数就可以减少,实验费用就会降低;但是如果把握不大,那就只好做 18 次实验。

7. 数据处理方法

处理与分析实验数据是实验设计与分析的重要组成部分。在生产和科学研究中,会遇到大量的实验数据,实验数据的正确处理关系到能否达到实验目的、得出明确结论,如何从杂乱无章的实验数据中提取有用的信息帮助解决问题,用于指导科学研究和生产实践,为此需要选择合理的实验数据分析方法对实验数据进行科学的处理和分析,只有这样才能充分有效地利用实验结果信息。

实验数据分析通常是建立在数理统计基础上。在数理统计中就是通过随机变量的观察值(实验数据)来推断随机变量的特征,例如分布规律和数字特征。数理统计是广泛应用的一个数学分支,它以概率论为理论基础,根据实验或观察所得的数据,对研究对象的客观规律做出合理的估计和判断。常用的实验数据分析方法主要有直观分析方法、方差分析方法、因素一指标关系趋势图分析方法和回归分析方法等几种。

(1) 直观分析方法

直观分析法是通过对实验结果的简单计算,直接分析比较确定最佳效果。直观分析主要可以解决以下两个问题:

① 确定因素最佳水平组合。

该问题归结为找到各因素分别取何水平时,所得到的实验结果会最好。这一问题可以通过计算出每个因素每一个水平的实验指标值的总和与平均值,通过比较来确定最佳水平。

② 确定影响实验指标的因素的主次地位。

该问题可以归结为将所有影响因素按其对实验指标的影响大小进行排队。解决这一问题可采用级差法,某个因素的级差定义为该因素在不同水平下的指标平均值的最大值与最小值之间的差值。级差的大小反映了实验中各个因素对实验指标影响的大小,级差大表明该因素对实验结果的影响大,是主要因素;反之,级差小表明该因素对实验结果的影响小,是次要因素或不重要因素。

值得注意的是,根据直观分析得到的主要因素不一定是影响显著的因素,次要因素也不一定是影响不显著的因素,因素影响的显著性需通过方差分析确定。

直观分析方法的优点是简便、工作量小;缺点是判断因素效应的精度差,不能给出实验误差大小的估计,在实验误差较大时,往往可能造成误判。

(2) 方差分析方法

简单来说,把实验数据的波动分解为各个因素的波动和误差波动,然后对它们的平均波动进行比较,这种方法称为方差分析。方差分析的中心要点是把实验数据总的波动分解成两部分,一部分反映因素水平变化引起的波动;另一部分反映实验误差引起的波动,即把实验数据总的偏差平方和(S_T)分解为反映必然性的各个因素的偏差平方和(S_1,S_2,…,S_N)与反映偶然性的误差平方和(S_0),并计算比较它们的平均偏差平方和,以找出对实验数据起决定性影响的因素(即显著性或高度显著性因素)作为进行定量分析判断的依据。

方差分析方法的优点主要是能够充分地利用实验所得数据估计实验误差,可以将各因素对实验指标的影响从实验误差中分离出来,是一种定量分析方法,可比性强,分析判断因素效应的精度高。

(3) 因素—指标关系趋势图分析方法

即计算各因素各个水平平均实验指标,采用因素的水平作为横坐标,采用各水平的平均实验指标作为纵坐标绘制因素—指标关系趋势图,找出各因素水平与实验指标间的变化规律。

因素—指标关系趋势图分析方法的主要优点是简单,计算量小,实验结果直观明了。

(4) 回归分析方法

回归分析方法是用来寻找实验因素与实验指标之间是否存在函数关系的一种方法。一般回归方程的表示方法如下:$y = b_0 + b_1x_1 + \cdots + b_nx_n$

在实验过程中,实验误差越小,则各因素 x_i 变化时,得出的考察指标 y 越精确。因此利用最小二乘法原理,列出正规方程组,解这个方程组,求出同归方程的系数,代入并求出回归方程。对于所建立的回归方程是否有意义,要进行统计假设检验。

回归分析的主要优点是应用数学方法对实验数据去粗取精,去伪存真,从而得到反映事物内部规律的特性。

在实验数据处理过程中可以根据需要选用不同的实验数据分析方法,也可以同时采用几种分析方法。

8. 实验设计与数据处理的基本过程

实验设计与数据处理的基本过程包括:

(1) 实验设计阶段。根据实验要求,明确实验目的,确定要考察的因素以及它们的变动范围,由此制定出合理的实验方案。从实验因素和水平方面考虑,对实验设计方案可采取多种方法,比较常见的如单因素优选法中的 0.618 法(黄金分割法)、多因素优选法重点的正交实验法等。

(2) 实验的实施。按照设计出的实验方案,实地进行实验,取得必要的实验数据结果。

(3) 实验结果的分析。对实验所得的数据结果进行分析,判定所考察的因素中哪些是主要的，哪些是次要的，从而确定出最好的生产条件，即最优方案。

9. 参考文献

[1] 张新平，封善飞，洪祥挺，等. 材料工程实验设计及数据处理[M]. 北京：国防工业出版社，2013.